应用技术型高等教育"十三五"精品规划教材

大学物理

(第二版·上册)

主　编　梁志强　陈建中

副主编　尹妍妍　王　青　王　伟　于英霞

中国水利水电出版社
www.waterpub.com.cn

·北京·

内 容 提 要

本教材的编写参照了教育部物理基础课程教学指导委员会编制的《理工科类大学物理课程教学基本要求》（2010 年版），教材内容涵盖基本要求的核心内容及部分扩展内容。例题、习题等内容的编写，借鉴了国外优秀物理教材的做法，尽量结合工程技术实例和日常生活事例，具有突出物理学应用、适度淡化理论推导等特点。

本教材分为上、下两册共 14 章。上册包括力学、电磁学 8 章内容，下册为机械振动、波动、热学、光学、近代物理基础 6 章内容。

本教材可作为高等学校工科各专业的教材或参考书，也可作为高职类大学的教材，或供自学者阅读。

本书配有免费电子教案，读者可以从中国水利水电出版社网站下载，网址为：**http://www.waterpub.com.cn/softdown/**。

图书在版编目（CIP）数据

大学物理. 上册 / 梁志强，陈建中主编. -- 2版
. -- 北京 : 中国水利水电出版社，2017.2（2021.1重印）
应用技术型高等教育“十三五”精品规划教材
ISBN 978-7-5170-4976-0

Ⅰ. ①大… Ⅱ. ①梁… ②陈… Ⅲ. ①物理学－高等学校－教材 Ⅳ. ①O4

中国版本图书馆CIP数据核字(2016)第305920号

书　　名	应用技术型高等教育“十三五”精品规划教材 大学物理 DAXUE WULI（第二版·上册）
作　　者	主　编　梁志强　陈建中 副主编　尹妍妍　王　青　王　伟　于英霞
出版发行	中国水利水电出版社 （北京市海淀区玉渊潭南路 1 号 D 座　100038） 网址：www.waterpub.com.cn E-mail：sales@waterpub.com.cn 电话：（010）68367658（营销中心）
经　　售	北京科水图书销售中心（零售） 电话：（010）88383994、63202643、68545874 全国各地新华书店和相关出版物销售网点
排　　版	北京智博尚书文化传媒有限公司
印　　刷	三河市龙大印装有限公司
规　　格	170mm×227mm　16 开本　12.5 印张　253 千字
版　　次	2015 年 1 月第 1 版 2017 年 2 月第 2 版　2021 年 1 月第 5 次印刷
印　　数	17001-22000 册
定　　价	35.00 元

第二版前言

本教材的编写参照了教育部物理基础课程教学指导委员会编制的《理工科类大学物理课程教学基本要求》（2010年版），教材内容涵盖基本要求的核心内容及部分扩展内容。教材编写尽量结合工程技术实例和日常生活事例，具有突出物理学应用，适度淡化理论推导等特点，以适应各类应用技术型高校对大学物理课程的教学要求。

本教材继承了国内优秀物理教材的传统特色，思路清晰，表述精炼。同时在例题、习题编写设计等方面，又借鉴了国外优秀物理教材的做法，强调理论与实际紧密结合，注重物理思想的表述和物理图像的描述。特别注意将例题、习题与工程技术和日常生活密切联系，尽可能减少“质点”“滑块”等生硬的名词在例题和习题中出现，最大限度体现应用技术型大学的特色。

本教材分为上、下两册共14章。上册包括力学、电磁学8章内容，下册为机械振动、波动、热学、光学、近代物理基础6章内容。本教材可作为高等学校工科各专业的教材或参考书，也可作为高职类大学的教材，或供自学者阅读。与教材配套，且融合学习指导、习题解析及教学指南为一体的《大学物理解析对策与讨论总结》已由中国水利水电出版社出版发行。

本教材由山东省教学名师梁志强教授主持编写，是山东交通学院“物理公共基础课及物理专业理论课教学团队”十余年大学物理课程教学实践及教研成果的概括和总结。教材第二版是在第一版基础之上修改完善的结果，重新编写了部分章节和习题，增补了附录、选择题等内容。改编工作由梁志强教授、李洪云博士、陈建中博士主持，王伟、刘进庆、尹妍妍、吴世亮、王青、李畅、于英霞、王鹏飞等青年教师参与共同完成。其中梁志强、尹妍妍、吴世亮负责全部书稿的勘误及增补选择题等工作，梁志强、丁英霞负责新增附录、基本物理常量表、物理量及其单位和希腊字母表的编写工作。

感谢中国水利水电出版社为本教材出版付出的辛勤劳动。

本教材不当之处，欢迎使用者指正，以便再版时更正。

编 者

2016年12月

基本物理常量表

物理量名称	符号	计算取值	单位
引力常量	G	6.67×10^{-11}	$N\cdot m^2\cdot kg^{-2}$
元电荷	e	1.60×10^{-19}	C
真空电容率	ε_0	8.85×10^{-12}	$F\cdot m$ 、 $C^2\cdot N^{-1}\cdot m^{-2}$
真空磁导率	μ_0	$4\pi\times10^{-7}$	$N\cdot A^{-2}$
玻耳兹曼常量	k	1.38×10^{-23}	$J\cdot K^{-1}$
摩尔气体常量	R	8.31	$J\cdot mol^{-1}\cdot K^{-1}$
阿伏伽德罗常量	N_A	6.02×10^{23}	mol^{-1}
真空中光速	c	3×10^8	$m\cdot s^{-1}$
斯特藩-玻耳兹曼常量	σ	5.67×10^{-8}	$W\cdot m^{-2}\cdot K^{-4}$
维恩常量	b	2.90×10^{-3}	$m\cdot K$
普朗克常量	h	6.63×10^{-34}	$J\cdot s$
里德伯常量	R_∞	1.097×10^{7}	m^{-1}
电子质量	m_e	9.11×10^{-31}	kg
玻尔半径	α_0	5.29×10^{-11}	m
康普顿波长	λ_c	2.43×10^{-12}	m
质子质量	m_p	1.67×10^{-27}	kg
中子质量	m_n	1.67×10^{-27}	kg
原子质量单位	m_u	1.66×10^{-27}	kg

物理量及其单位

分类	物理量		单位（SI）	
	名称	常用符号	名称	符号
力学	位移 路程 高度 长度	$\Delta\boldsymbol{r}$ $\Delta\boldsymbol{s}$ H、h L、l	米	m
	时间	t	秒	s
	速度	$\boldsymbol{v}$	米每秒	$\mathrm{m\cdot s^{-1}}$
	加速度	$\boldsymbol{a}$	米每二次方秒	$\mathrm{m\cdot s^{-2}}$
	角度	θ、ϕ、α、β、γ	弧度、度	rad、（°）
	角速度	ω	弧度每秒	$\mathrm{rad\cdot s^{-1}}$
	角加速度	α、β	弧度每二次方秒	$\mathrm{rad\cdot s^{-2}}$
	质量	m、M	千克	kg
	线密度	λ	千克每米	$\mathrm{kg\cdot m^{-1}}$
	面密度	σ	千克每平方米	$\mathrm{kg\cdot m^{-2}}$
	体密度	ρ	千克每立方米	$\mathrm{kg\cdot m^{-3}}$
	面积	S	平方米	$\mathrm{m^2}$
	体积	V	立方米	$\mathrm{m^3}$
	力	$\boldsymbol{F}$、$\boldsymbol{F}_f$、$\boldsymbol{T}$、$\boldsymbol{N}$	牛顿	N
	滑动摩擦系数 静摩擦系数	μ μ_0	—	—
	冲量	$\boldsymbol{I}$	牛顿秒	$\mathrm{N\cdot s}$
	动量	$\boldsymbol{p}$	千克米每秒	$\mathrm{kg\cdot m\cdot s^{-1}}$
	角动量	$\boldsymbol{L}$	千克二次方米每秒	$\mathrm{kg\cdot m^2\cdot s^{-1}}$
	力矩	$\boldsymbol{M}$	牛顿米	$\mathrm{N\cdot m}$
	功	W	焦耳	J
	功率	P	瓦特	W
	动能 势能	E_k E_p	焦耳	J
	转动惯量	J	千克二次方米	$\mathrm{kg\cdot m^2}$
	周期	T	秒	s
	频率	f、ν	赫兹	Hz
	转速	n	转每秒	$\mathrm{r\cdot s^{-1}}$

续表

分类	物理量		单位（SI）	
	名称	常用符号	名称	符号
电磁学	电量	Q、q	库仑	C
	电荷体密度	ρ	库仑每立方米	$C \cdot m^{-3}$
	电荷面密度	σ	库仑每平方米	$C \cdot m^{-2}$
	电荷线密度	λ	库仑每米	$C \cdot m^{-1}$
	电容率 真空电容率	ε ε_0	法拉每米(库仑平方每牛顿平方米)	$F \cdot m^{-1}(C^2 \cdot N^{-1} \cdot m^{-2})$
	相对电容率	ε_r	—	—
	电场强度	$\boldsymbol{E}$	伏特每米（牛顿每库伦）	$V \cdot m^{-1}(C \cdot A^{-1})$
	电偶极矩	$\boldsymbol{p}$	库仑米	$C \cdot m$
	电场强度通量	Φ_e	伏特米	$V \cdot m$
	电势	V	伏特	V
	电势能	E_p	焦耳	J
	电极化强度	$\boldsymbol{P}$	库仑每平方米	$C \cdot m^{-2}$
	电位移	$\boldsymbol{D}$	库仑每平方米	$C \cdot m^{-2}$
	电容	C	法拉	F
	静电能	W_e	焦耳	J
	电场能量密度	w_e	焦耳每立方米	$J \cdot m^{-3}$
	电流	I	安培	A
	电流密度	j	安培每平方米	$A \cdot m^{-2}$
	磁感应强度	$\boldsymbol{B}$	特斯拉	T
	磁导率 真空磁导率	μ μ_0	牛顿每平方安培	$N \cdot A^{-2}$
	相对磁导率	μ_r	—	—
	磁通量	Φ	韦伯	Wb
	磁化强度	$\boldsymbol{M}$	安培每米	$A \cdot m^{-1}$
	磁场强度	$\boldsymbol{H}$	安培每米	$A \cdot m^{-1}$
	电动势	$\mathcal{E}$	伏特	V
	自感 互感	L M	亨利	H
	磁场能量	W_m	焦耳	J
	磁场能量密度	w_m	焦耳每立方米	$J \cdot m^{-3}$

希腊字母表

大写	小写	读音		国际音标
		英语读音	汉语读音	
Α	α	alpha	阿尔法	/'ælfə/
Β	β	beta	贝塔	/'beitə/
Γ	γ	gamma	伽玛	/'gæmə/
Δ	δ	delta	德尔塔	/'deltə/
Ε	ε	epsilon	艾普西隆	/'epsɪlɒn/
Ζ	ζ	zeta	泽塔	/'zi:tə/
Η	η	eta	伊塔	/'i:tə/
Θ	θ	theta	西塔	/'θi:tə/
Ι	ι	iota	埃欧塔	/aɪ'əʊtə/
Κ	κ	kappa	卡帕	/'kæpə/
Λ	λ	lambda	兰姆达	/'læmdə/
Μ	μ	mu	缪	/mju:/
Ν	ν	nu	纽	/nju:/
Ξ	ξ	xi	克西	/ksi/
Ο	ο	omicron	欧米克荣	/əu'maikrən/
Π	π	pi	派	/paɪ/
Ρ	ρ	rho	柔	/rəʊ/
Σ	σ	sigma	西格玛	/'sɪgmə/
Τ	τ	tau	套	/tɔ:/
Υ	υ	upsilon	宇普西隆	/'ipsɪlon/
Φ	φ	phi	弗爱	/faɪ/
Χ	χ	chi	柯义	/kaɪ/
Ψ	ψ	psi	普赛	/psaɪ/
Ω	ω	omega	欧米伽	/'əʊmɪgə/

目　　录

第二版前言

第 1 章　质点运动学 1

1.1　质点运动的描述 1

1.1.1　参照系　质点 1

1.1.2　位置矢量　运动方程　位移 2

1.1.3　速度　加速度 3

1.2　质点的曲线运动 6

1.2.1　抛体运动 7

1.2.2　圆周运动 8

1.3　相对运动 11

本章总结 12

习题 1 12

第 2 章　牛顿定律 17

2.1　牛顿定律 17

2.1.1　牛顿第一定律 17

2.1.2　牛顿第二定律 18

2.1.3　牛顿第三定律 20

2.2　几种常见的力 20

2.2.1　万有引力 21

2.2.2　重力 21

2.2.3　弹性力 22

2.2.4　摩擦力 23

2.3　牛顿定律的应用 25

2.4　牛顿定律的应用范围 28

习题 2 29

第 3 章　动力学基本定理与守恒定律 34

3.1　动量定理及动量守恒定律 34

3.1.1　质点动量定理 34

3.1.2　质点系动量定理和动量守恒定律 36

3.2　角动量定理及角动量守恒定律 40

3.2.1　质点角动量定理 40

3.2.2　角动量守恒定律 42

3.3 动能定理及机械能守恒定律……44
3.3.1 功 功率……44
3.3.2 动能定理……45
3.3.3 保守力与势能……47
3.3.4 功能原理 机械能守恒定律……51
3.3.5 完全弹性碰撞与完全非弹性碰撞……53
3.3.6 能量守恒与转换定律……54
3.4 对称性与守恒律……55
3.5 质心运动定律……55
3.5.1 质心位置的确定……55
3.5.2 质心运动定律……56
习题 3……57
第 4 章 刚体定轴转动……63
4.1 刚体定轴转动的角量描述……64
4.1.1 刚体定轴转动的角速度和角加速度……64
4.1.2 匀变速转动公式……65
4.1.3 角量与线量的关系……65
4.2 刚体定轴转动定律……67
4.2.1 刚体定轴转动定律……67
4.2.2 刚体的转动惯量……69
4.2.3 平行轴定理……71
4.3 刚体定轴转动的角动量守恒定律……73
4.3.1 刚体定轴转动的角动量定理……74
4.3.2 刚体定轴转动的角动量守恒定律……75
4.4 刚体绕定轴转动的动能定理……77
4.4.1 力矩的功……77
4.4.2 刚体绕定轴转动的动能定理……78
习题 4……81
第 5 章 静电场……85
5.1 电荷与库仑定律……85
5.1.1 电荷的量子化……85
5.1.2 电荷守恒定律……86
5.1.3 库仑定律……86
5.2 电场强度……87
5.2.1 静电场……87
5.2.2 电场强度……87
5.2.3 点电荷和点电荷系的电场强度……87

5.3 静电场的高斯定理 92
5.3.1 电场线 92
5.3.2 电场强度通量 94
5.3.3 静电场的高斯定理 95
5.3.4 高斯定理的应用 97
5.4 静电场的环路定理 100
5.4.1 静电场力做功的特点 100
5.4.2 静电场的环路定理 101
5.5 电势 102
5.5.1 电势能 102
5.5.2 电势 103
5.5.3 点电荷和点电荷系的电势 104
5.6 电场强度与电势 107
5.6.1 等势面 107
5.6.2 电场强度与电势梯度 108
习题 5 110
第 6 章 静电场中的导体与电介质 114
6.1 静电场中的导体 114
6.1.1 导体的静电平衡 114
6.1.2 导体静电平衡时电荷的分布 115
6.1.3 导体表面附近的场强 116
6.1.4 尖端放电 117
6.1.5 静电屏蔽 117
6.2 静电场中的电介质 118
6.2.1 电介质的极化 118
6.2.2 电极化强度 120
6.2.3 极化电荷与自由电荷的关系 120
6.3 电位移 电介质中的高斯定理 121
6.4 电容器及其电容 124
6.4.1 孤立导体的电容 124
6.4.2 电容器的电容 124
6.4.3 电容器的联接 127
6.5 静电场的能量 能量密度 129
习题 6 129
第 7 章 恒定磁场 133
7.1 恒定电流 133
7.1.1 恒定电流 133

7.1.2 电流和电流密度......133
7.2 恒定磁场和磁感应强度......134
7.2.1 磁的基本现象......134
7.2.2 磁感应强度......134
7.2.3 磁感应线......135
7.3 毕奥-萨伐尔定律......136
7.3.1 毕奥-萨伐尔定律......136
7.3.2 毕奥-萨伐尔定律的应用......136
7.3.3 运动电荷的磁场......138
7.4 磁场中的高斯定理......139
7.4.1 磁通量......139
7.4.2 磁场的高斯定理......140
7.5 磁场的安培环路定理......140
7.5.1 安培环路定理......140
7.5.2 安培环路定理的应用......141
7.6 安培定律......143
7.6.1 安培定律......143
7.6.2 磁场作用在载流线圈的磁力矩......144
7.7 磁场对运动电荷的作用......145
7.8 磁场中的磁介质......146
7.8.1 磁介质及磁化强度......146
7.8.2 磁介质中的安培环路定理 磁场强度......147
7.8.3 铁磁质......148
习题 7......150
第 8 章 电磁感应与电磁场......156
8.1 电磁感应定律......156
8.1.1 电磁感应现象......156
8.1.2 法拉第电磁感应定律......157
8.1.3 楞次定律......159
8.2 动生电动势和感生电动势......159
8.2.1 动生电动势......159
8.2.2 感生电动势......162
8.3 自感和互感......162
8.3.1 自感 自感电动势......163
8.3.2 互感 互感电动势......164
8.4 磁场能量 磁场能量密度......167
8.5 麦克斯韦电磁场理论简介......170

8.5.1 位移电流......170
8.5.2 麦克斯韦方程组的积分形式......172
习题 8......173
附录 常用数学公式......177
习题答案......179
参考文献......187

第 1 章

质点运动学

电子教案

机械运动是物体最简单、最基本的运动形式，研究机械运动及其规律的学科称为力学。力学是物理学的基础，也是工程技术的基础。当前力学已渗透到工程技术的众多领域，诸如土木工程、机械工程、交通工程、电气工程、航空航天工程等均以力学为基础。本教材的力学部分仅包括质点运动学、质点动力学、刚体定轴转动和机械振动等内容，是学习电磁学、热学等内容的基础，也是理工科各专业学习后继课程的基础，如理论力学、工程力学、材料力学、弹性力学、流体力学、结构力学等专业基础课程均以上述力学内容为基础。

力学可划分为运动学、动力学和静力学，运动学主要研究物体的空间位置随时间的变化规律，不涉及物体产生和改变运动的原因。本章重点介绍质点运动学的参照系、质点、坐标系等基本概念，以及描述质点运动的物理量：位置矢量、位移矢量、速度和加速度等，详细讨论质点的直线运动、抛体运动和圆周运动，最后简介质点的相对运动。在本章的学习过程中，应重视高等数学的应用，尽快掌握坐标系的选取、矢量运算和微积分的运用，逐步提高解决物理问题的能力，为本课程和专业课程的学习奠定扎实的基础。

1.1 质点运动的描述

1.1.1 参照系 质点

大到绕恒星运行的行星，小到原子核外的电子云，高空呼啸而过的喷气客机、铁轨上飞驰的高速列车、海面上乘风破浪的舰艇，自然界处处可见运动的物体。物体的运动是绝对的，但对物体运动的描述却是相对的，即相对不同的参照物，对于同一物体运动的描述结果相异。为描述物体的运动而人为选择的参照物称为**参照系**。在讨论地面上或地球表面附近物体的运动时，一般选取地面为参照系较为方便。

质点是一种理想模型，为仅具有质量的几何点。当实际物体的形状和大小对其运动无影响或影响较小可以忽略不计时，即可将该物体视为质点，此举可以简化客观实际问题的处理。如讨论地球相对太阳的公转时，尽管地球的平均半径

$\bar{r} \sim 10^6$ m，但与地球距太阳的平均间距 $\bar{L} \sim 10^{11}$ m 以及太阳的平均半径 $\bar{R} \sim 10^8$ m 相比较仍是小量，对其运动的影响不大，故可将地球视为质点。任何理想模型均有其局限性和适用条件，应用过程中应当准确把握。

1.1.2 位置矢量 运动方程 位移

为了定量描述质点的运动，在选取参照系后，通常还要选取坐标系，并将该坐标系固定于所选参照系上。以下所述坐标系，如无特别声明，一般均指固定于地面的坐标系。如图 1.1 所示为在地面参照系固定的空间直角坐标系，位于空间 P 点一个质点的位置，可由 O 点向 P 点作一矢量 $\boldsymbol{r}$ 表示，称其为质点 P 的**位置矢量**，简称位矢。

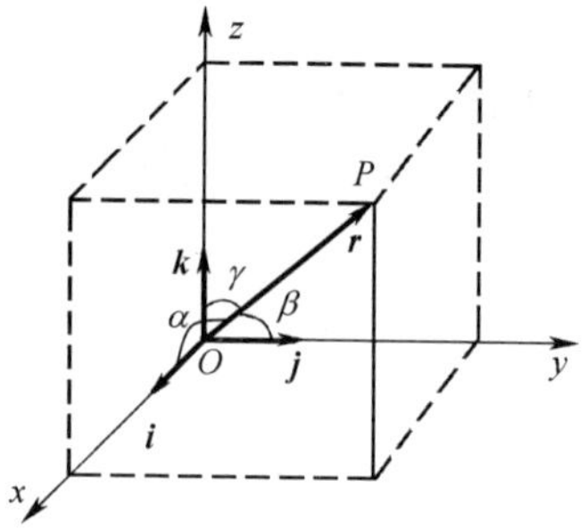

图 1.1 位置矢量

位矢在空间直角坐标系中可以表示为：

$$\boldsymbol{r} = x\boldsymbol{i} + y\boldsymbol{j} + z\boldsymbol{k} \tag{1.1.1}$$

式中 $\boldsymbol{i}$、$\boldsymbol{j}$、$\boldsymbol{k}$ 分别为沿直角坐标 x、y、z 轴正向的单位矢量。位矢的大小和方向余弦分别为：

$$|\boldsymbol{r}| = r = \sqrt{x^2 + y^2 + z^2} \tag{1.1.2}$$

$$\cos\alpha = \frac{x}{r},\ \cos\beta = \frac{y}{r},\ \cos\gamma = \frac{z}{r} \tag{1.1.3}$$

质点的机械运动就是其空间位置随时间不断变化的过程，此时质点的位矢、直角坐标均为时间 t 的函数，称为**运动方程**，分别表示如下：

$$\boldsymbol{r} = \boldsymbol{r}(t) \tag{1.1.4a}$$

$$\boldsymbol{r} = x(t)\boldsymbol{i} + y(t)\boldsymbol{j} + z(t)\boldsymbol{k} \tag{1.1.4b}$$

$$x = x(t),\ y = y(t),\ z = z(t) \tag{1.1.4c}$$

需要注意的是，（1.1.4a）式不涉及任何坐标系，而式（1.1.4b）和（1.1.4c）分别为式（1.1.4a）在空间直角坐标系中的矢量式和标量式。将运动方程的时间变量 t 消去，就可得到质点的**轨道方程**。如由式（1.1.4b）消去 t 可得到空间直角坐标系中质点的轨道方程 $\boldsymbol{r} = \boldsymbol{r}(x, y, z)$。运动方程为质点随时间变化的运动规律，包含了诸多质点运动学信息，是联系其他运动学物理量的桥梁。轨道方程则给出运动质点的轨迹，一般依据质点轨迹在所选坐标系中是直线或曲线而称其为直线运动或曲线运动。需要强调的是，运动方程和轨道方程均为质点运动学的重要方程。

如图 1.2 所示，经过 Δt 时间间隔，质点由 P 点运动到 Q 点，其经历的轨迹长度称为**路程** Δs 。

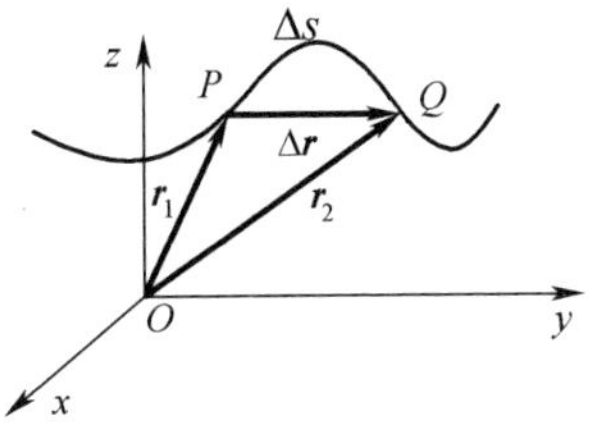

图 1.2　路程与位移

其位置变动可用由 P 点指向 Q 点的矢量表示，称之为对应 Δt 质点的**位移矢量**，简称**位移**，该物理量反映了 Δt 内质点位矢的变化，表示为：

$$\Delta \boldsymbol{r} = \boldsymbol{r}_2 - \boldsymbol{r}_1 \tag{1.1.5}$$

$$\Delta \boldsymbol{r} = \Delta x \boldsymbol{i} + \Delta y \boldsymbol{j} + \Delta z \boldsymbol{k} \tag{1.1.6}$$

式（1.1.6）为式（1.1.5）在空间直角坐标系的表示，可由式（1.1.1）得到。由式（1.1.6）结合图 1.2 可知，位移仅与质点的始末位置有关。

1.1.3　速度 加速度

速度是描述质点运动快慢及运动方向的物理量。如图 1.2 所示 Δt 内，质点由 P 点运动到 Q 点，对应位移 $\Delta \boldsymbol{r}$ ，则 Δt 内质点的**平均速度**为：

$$\overline{\boldsymbol{v}} = \frac{\boldsymbol{r}_2 - \boldsymbol{r}_1}{\Delta t} = \frac{\Delta \boldsymbol{r}}{\Delta t} \tag{1.1.7}$$

由上式可知，平均速度的方向与位移 $\Delta \boldsymbol{r}$ 相同，其大小为 Δt 内位矢的平均变化率。显然平均速度仅能粗略反映 Δt 内质点位矢的变化。如图 1.3 所示，若将 Δt 逐渐缩小并使之趋近于零，相应 $\Delta \boldsymbol{r}$ 也同时趋近于零，这时 $\Delta \boldsymbol{r}$ 的方向趋近于 P 点的切线方向，于是得到平均速度的极限，称之为**瞬时速度**，简称**速度**，SI 单位为 $\mathrm{m \cdot s^{-1}}$，表示为：

$$\boldsymbol{v} = \lim_{\Delta t \to 0} \frac{\Delta \boldsymbol{r}}{\Delta t} = \frac{\mathrm{d}\boldsymbol{r}}{\mathrm{d}t} \tag{1.1.8}$$

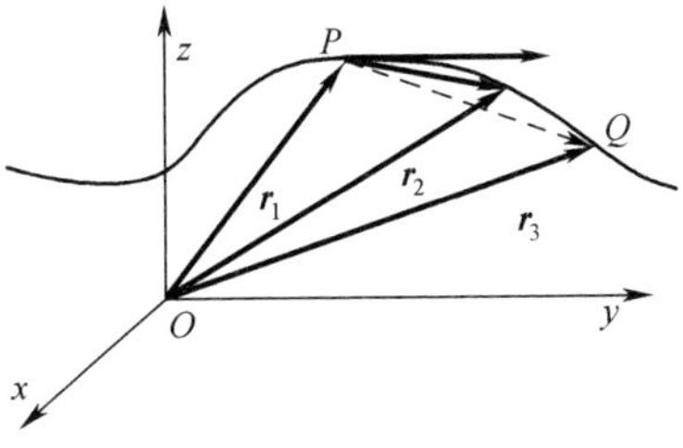

图 1.3　速度的方向

瞬时速度是矢量，可以精确反映质点的瞬时运动状态，任意时刻t，质点位于轨迹上某点速度的方向，即为该处曲线的切线方向，并指向质点运动的方向，如图1.3所示。只有当质点的位矢和速度同时被确定时，质点的运动状态才能被完全确定。因此，位矢和速度是描述质点运动状态的两个重要物理量。如式（1.1.8）所示，由位矢对时间变量求一次导数即可得到速度。

由式（1.1.1）及式（1.1.8），可以得到速度在空间直角坐标系的表达式及其大小分别为：

$$\boldsymbol{v}=\frac{\mathrm{d}\boldsymbol{r}}{\mathrm{d}t}=v_x\boldsymbol{i}+v_y\boldsymbol{j}+v_z\boldsymbol{k}=\frac{\mathrm{d}x}{\mathrm{d}t}\boldsymbol{i}+\frac{\mathrm{d}y}{\mathrm{d}t}\boldsymbol{j}+\frac{\mathrm{d}z}{\mathrm{d}t}\boldsymbol{k} \tag{1.1.9}$$

$$|\boldsymbol{v}|=v=\sqrt{(v_x)^2+(v_y)^2+(v_z)^2}=\sqrt{\left(\frac{\mathrm{d}x}{\mathrm{d}t}\right)^2+\left(\frac{\mathrm{d}y}{\mathrm{d}t}\right)^2+\left(\frac{\mathrm{d}z}{\mathrm{d}t}\right)^2} \tag{1.1.10}$$

关于速度的方向，可以模仿位矢方向的表达式（1.1.3），写出其方向余弦表示。

若质点的速度随时间的变化而变化，则质点做变速运动，质点的曲线运动即为变速运动。**加速度**是描述质点的速度矢量随时间变化快慢的物理量。如图1.2所示，若在Δt内质点由P点运动到Q点，对应速度增量为$\Delta\boldsymbol{v}$，则Δt内质点的**平均加速度**为：

$$\overline{\boldsymbol{a}}=\frac{\boldsymbol{v}_2-\boldsymbol{v}_1}{\Delta t}=\frac{\Delta\boldsymbol{v}}{\Delta t} \tag{1.1.11}$$

平均加速度只能描述在Δt内质点速度的平均变化。类似上述关于瞬时速度的讨论，对式（1.1.11）取极限即可得到**瞬时加速度**，简称**加速度**，SI单位为$\mathrm{m\cdot s^{-2}}$，表示为：

$$\boldsymbol{a}=\lim_{\Delta t\to 0}\frac{\Delta\boldsymbol{v}}{\Delta t}=\frac{\mathrm{d}\boldsymbol{v}}{\mathrm{d}t}=\frac{\mathrm{d}^2\boldsymbol{r}}{\mathrm{d}t^2} \tag{1.1.12}$$

由式（1.1.9）、式（1.1.12）可以得到加速度矢量在空间直角坐标系中的表达式及其大小分别为：

$$\boldsymbol{a}=a_x\boldsymbol{i}+a_y\boldsymbol{j}+a_z\boldsymbol{k}=\frac{\mathrm{d}v_x}{\mathrm{d}t}\boldsymbol{i}+\frac{\mathrm{d}v_y}{\mathrm{d}t}\boldsymbol{j}+\frac{\mathrm{d}v_z}{\mathrm{d}t}\boldsymbol{k}=\frac{\mathrm{d}^2x}{\mathrm{d}t^2}\boldsymbol{i}+\frac{\mathrm{d}^2y}{\mathrm{d}t^2}\boldsymbol{j}+\frac{\mathrm{d}^2z}{\mathrm{d}t^2}\boldsymbol{k} \tag{1.1.13}$$

$$\begin{aligned}|\boldsymbol{a}|=a=\sqrt{a_x^2+a_y^2+a_z^2}&=\sqrt{\left(\frac{\mathrm{d}v_x}{\mathrm{d}t}\right)^2+\left(\frac{\mathrm{d}v_y}{\mathrm{d}t}\right)^2+\left(\frac{\mathrm{d}v_z}{\mathrm{d}t}\right)^2}\\&=\sqrt{\left(\frac{\mathrm{d}^2x}{\mathrm{d}t^2}\right)^2+\left(\frac{\mathrm{d}^2y}{\mathrm{d}t^2}\right)^2+\left(\frac{\mathrm{d}^2z}{\mathrm{d}t^2}\right)^2}\end{aligned} \tag{1.1.14}$$

同理，也可模仿式（1.1.3）位矢的方向表示，写出加速度的方向余弦表示。如式（1.1.12）所示，由速度对时间变量求一次导数，或由位矢对时间变量求两次导数均可得到加速度。因此，对于运动学此类已知运动方程求速度、加速度的问题，可用求导方法处理。

例题 1.1.1 设高空中庞大的积雨云相对地面静止，一雨滴自该云层自由下落，其运动方程如下：

$$y = gc(c\mathrm{e}^{-\frac{t}{c}} + t - c)$$

其中 g 为重力加速度的数值，c 为大于零的常量，试求任意时刻该雨滴下落的速度和加速度（SI 单位）。

解：由题意知，相对于云层，雨滴的自由下落可视为质点直线运动问题，而且已知雨滴一维直角坐标系中的运动方程，故应用求导方法可解。由运动方程知，已选定云层雨滴下落处为坐标原点，竖直向下为 y 轴正方向。将所给运动方程代入式（1.1.9）和式（1.1.13），直接对时间变量求导得：

$$\boldsymbol{v} = v_y \boldsymbol{j} = \frac{\mathrm{d}y}{\mathrm{d}t}\boldsymbol{j} = gc(1 - \mathrm{e}^{-\frac{t}{c}})\boldsymbol{j} \ (\mathrm{m \cdot s^{-1}})$$

$$\boldsymbol{a} = a_y \boldsymbol{j} = \frac{\mathrm{d}^2 y}{\mathrm{d}t^2}\boldsymbol{j} = \left(g - \frac{v_y}{c}\right)\boldsymbol{j} \ (\mathrm{m \cdot s^{-2}})$$

由所得结果可知，下落雨滴的速度始终沿 y 轴向下，且其数值随时间变量 t 的增加而增加，其极大值为 $v_{\max} = gc$。雨滴下落的加速度也始终沿 y 轴向下，但随时间 t 的增加而减小，其极小值为 $a_{\min} = 0$。请思考，若选地面参照系，以竖直向上一维直角坐标系求解此类问题，又有何结果？

例题 1.1.2 一架波音 787 客机以 $\boldsymbol{v}_0$ 匀速直线滑行进入起飞跑道，t_0 时刻又以 $\boldsymbol{a}_0$ 匀加速进入起飞状态，试求该客机地面滑行速度随时间的变化关系，以及其地面加速后的行驶距离与时间的关系（SI 单位）。

解：本题若选机场跑道为参照系，又选其直线行驶方向为一维直角坐标轴正方向，则客机的地面滑行可视为质点直线运动，于是该问题为已知质点加速度及初始条件的匀加速直线问题，则对应的矢量可用标量替代。请注意此类已知质点加速度及初始条件求其他物理量的问题，是已知运动方程求其他物理量问题的逆问题，可应用积分方法求解。选取如图 1.4 所示坐标系，取客机出发处为坐标原点，t_0 时刻对应坐标 x_0，则有：

$$\boldsymbol{v}_0 = v_0 \boldsymbol{i}，\ \boldsymbol{a}_0 = a_0 \boldsymbol{i}$$

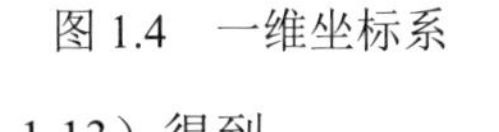

图 1.4 一维坐标系

于是由式（1.1.9）、式（1.1.13）得到：

$$\boldsymbol{a} = \frac{\mathrm{d}\boldsymbol{v}}{\mathrm{d}t} = a\boldsymbol{i} = \frac{\mathrm{d}v}{\mathrm{d}t}\boldsymbol{i} \Rightarrow a_0 = \frac{\mathrm{d}v}{\mathrm{d}t} \Rightarrow a_0\mathrm{d}t = \mathrm{d}v$$

$$\therefore \quad \int_{t_0}^{t} a_0 \mathrm{d}t = \int_{v_0}^{v} \mathrm{d}v \Rightarrow v(t) = [a_0(t - t_0) + v_0] \ (\mathrm{m \cdot s^{-1}})$$

上式即为客机地面滑行速度随时间的变化关系。

又∵
$$\boldsymbol{v}=\frac{\mathrm{d}\boldsymbol{r}}{\mathrm{d}t}=v_x\boldsymbol{i}=\frac{\mathrm{d}x}{\mathrm{d}t}\boldsymbol{i}\Rightarrow v_x=\frac{\mathrm{d}x}{\mathrm{d}t}\Rightarrow v_x\mathrm{d}t=\mathrm{d}x$$

∴
$$\int_{t_0}^{t}v_x\mathrm{d}t=\int_{t_0}^{t}\left[a_0(t-t_0)+v_0\right]\mathrm{d}t=\int_{x_0}^{x}\mathrm{d}x\Rightarrow$$
$$x(t)=x_0+a_0\left[\frac{1}{2}(t^2+t_0^2)-t_0t\right]+v_0(t-t_0)\Rightarrow$$
$$x(t)-x_0=a_0\left[\frac{1}{2}(t^2+t_0^2)-t_0t\right]+v_0(t-t_0)\quad(\mathrm{m})$$

上式即为客机地面加速后的行驶距离与时间的关系。请注意上述定积分中的积分上、下限，分别对应初始条件：$t=t_0$，$x=x_0$，$v=v_0$，及任意时刻：$t=t$，$x=x$，$v=v$。

其实本例题所得结果分别为质点匀加速直线运动在一维直角坐标系中的速度公式和运动方程。请思考，如何将上述结果应用于自由落体运动问题？

例题 1.1.3 已知地球相对太阳系某定点 O 的运动为一平面曲线运动，若将其视为质点并仅考虑太阳的影响，其运动方程为：
$$\boldsymbol{r}(t)=(a\cos t)\boldsymbol{i}+(b\sin t)\boldsymbol{j}$$
其中 a、b 均为常量，试求地球相对定点 O 的速度、加速度及轨道方程（SI 单位）。

解：本题是以太阳系某定点 O 为参照系讨论地球运动的问题。由题意知，地球相对定点 O 的运动可分解为沿横、纵坐标轴的两个一维运动，而给出的运动方程是在平面直角坐标系中的表达式。由题意知：已设定太阳系某定点 O 为坐标系原点，于是由式（1.1.9）、式（1.1.13），直接应用求导方法得：
$$\boldsymbol{v}=\frac{\mathrm{d}\boldsymbol{r}}{\mathrm{d}t}=v_x\boldsymbol{i}+v_y\boldsymbol{j}=\frac{\mathrm{d}x}{\mathrm{d}t}\boldsymbol{i}+\frac{\mathrm{d}y}{\mathrm{d}t}\boldsymbol{j}=(-a\sin t)\boldsymbol{i}+(b\cos t)\boldsymbol{j}\quad(\mathrm{m\cdot s^{-1}})$$
$$\boldsymbol{a}=a_x\boldsymbol{i}+a_y\boldsymbol{j}=\frac{\mathrm{d}^2x}{\mathrm{d}t^2}\boldsymbol{i}+\frac{\mathrm{d}^2y}{\mathrm{d}t^2}\boldsymbol{j}=-(a\cos t)\boldsymbol{i}-(b\sin t)\boldsymbol{j}=-\boldsymbol{r}\quad(\mathrm{m\cdot s^{-2}})$$

由所给运动方程的矢量式又可得到：
$$x(t)=a\cos t,\quad y(t)=b\sin t$$
于是由以上两式消去时间变量得轨道方程为：
$$\frac{x^2}{a^2}+\frac{y^2}{b^2}=1$$

上式表明，地球相对太阳系某定点 O 的运动轨迹是一椭圆曲线。事实上，由于地球同时受到太阳和月球的影响，地球相对太阳的运动轨迹与椭圆曲线稍有偏离，称其为蛇形线。

1.2 质点的曲线运动

质点的曲线运动属于运动学较复杂的问题，为了方便讨论，可以选择不同的坐标系处理。以下将选用平面直角坐标系和自然坐标系，讨论两种常见的质点平面曲线运动。

1.2.1 抛体运动

若忽略空气阻力及物体的形状和大小，且选取地面为参照系，则诸多物体在地球表面附近的运动，均可视为质点的**抛体运动**，如发射的枪弹，投掷的手榴弹，抛出的铅球、篮球和踢出的足球，受到击打的乒乓球、排球和高尔夫球等。此类质点运动的特点是：质点的加速度为重力加速度，且为常矢量，质点的运动轨迹为抛物线。此类质点匀加速运动问题是较为简单的二维曲线问题，通常选用平面直角坐标系处理。如图 1.5 所示，质点的抛体运动，可以分解为沿横、纵坐标轴的两个相互垂直的直线运动。设其初始条件为：$t=0$，$x=0$，$y=0$，$\boldsymbol{v}=\boldsymbol{v}_0$，且 $\boldsymbol{a}=-g\boldsymbol{j}$，质点的初速度与 x 轴的正向夹角为 θ。这是已知质点加速度、初始条件求其他物理量的问题，参考例题 1.1.2、1.1.3，得到质点的抛体运动方程和速度为：

$$x(t)=v_0 t\cos\theta，\ y(t)=tv_0\sin\theta-\frac{1}{2}gt^2 \tag{1.2.1}$$

$$v_x=v_0\cos\theta，\ v_y=v_0\sin\theta-gt \tag{1.2.2}$$

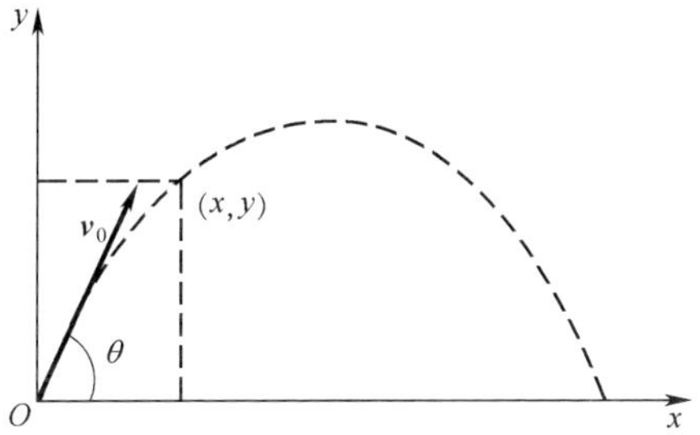

图 1.5　质点的斜抛运动

由运动方程（1.2.1）式消去时间 t 得到质点抛体运动的轨道方程为：

$$y=x\tan\theta-\frac{g}{2(v_0\cos\theta)^2}x^2 \tag{1.2.3}$$

式（1.2.3）表明，忽略空气阻力作用，质点的轨迹为抛物线。由式（1.2.3）令 $y=0$ 得到抛体运动质点的水平射程为：

$$d_0=\frac{v_0^2\sin 2\theta}{g} \tag{1.2.4}$$

由上式出发，还可以讨论水平射程的极值问题。由于质点位于轨迹最高点时仅有水平速度，故有 $v_y=0$，代入式（1.2.2）可得对应时间为：

$$t_H=\frac{v_0\sin\theta}{g} \tag{1.2.5}$$

将式（1.2.5）代入式（1.2.1）得抛体运动质点的射高为：

$$H=\frac{v_0^2\sin^2\theta}{2g} \tag{1.2.6}$$

以上讨论的是质点的斜抛问题，若令以上诸式的 $\theta=0$ 或 $\pm\frac{\pi}{2}$，则分别对应质点的平抛问题、竖直上抛和竖直下抛问题。

应用式（1.2.1）～式（1.2.6），可以对发射的枪弹、投掷的手榴弹和踢出的足球等抛体问题进行详细讨论，例如，篮球、手榴弹投准问题的讨论就属于斜抛问题的应用。但是若考虑空气阻力等因素对质点抛体问题的影响，其轨迹就要偏离抛物线，这就属于较复杂的质点平面曲线运动，例如，枪弹、炮弹的"弹道曲线问题"，就与上述不计空气阻力的质点抛体运动有所不同。

例题 1.2.1 若不计空气阻力，则高尔夫球在空中的运动方程如下式：

$$\boldsymbol{r}=t(v_0\cos\theta)\boldsymbol{i}+\left(tv_0\sin\theta-\frac{1}{2}gt^2\right)\boldsymbol{j}$$

其中 v_0、θ、g 均为常量，试求其 t 时刻的速度、加速度（SI 单位）。

解：将高尔夫球视为质点，依题意作如图 1.5 所示的抛体运动图。由给出的运动方程知，高尔夫球在空中的运动可分解为沿横、纵坐标轴的两个一维运动，且本题属于质点斜抛问题。由于是已知平面直角坐标系中的运动方程求解质点的速度、加速度，故可应用求导方法处理。由所给运动方程，应用式（1.1.9）、式（1.1.13）可得：

$$\boldsymbol{v}=\frac{\mathrm{d}\boldsymbol{r}}{\mathrm{d}t}=v_x\boldsymbol{i}+v_y\boldsymbol{j}=\frac{\mathrm{d}x}{\mathrm{d}t}\boldsymbol{i}+\frac{\mathrm{d}y}{\mathrm{d}t}\boldsymbol{j}=[(v_0\cos\theta)\boldsymbol{i}+(v_0\sin\theta-gt)\boldsymbol{j}]\ (\mathrm{m\cdot s^{-1}})$$

$$\boldsymbol{a}=\frac{\mathrm{d}\boldsymbol{v}}{\mathrm{d}t}=\frac{\mathrm{d}^2\boldsymbol{r}}{\mathrm{d}t^2}=a_x\boldsymbol{i}+a_y\boldsymbol{j}=\frac{\mathrm{d}^2x}{\mathrm{d}t^2}\boldsymbol{i}+\frac{\mathrm{d}^2y}{\mathrm{d}t^2}\boldsymbol{j}=-g\,\boldsymbol{j}\quad(\mathrm{m\cdot s^{-2}})$$

上述结果的第一式为 t 时刻高尔夫球在空中的速度，第二式则表明 t 时刻高尔夫球在空中的加速度是常矢量，方向沿 y 轴负方向，其中 g 即为重力加速度的数值。请参考本节抛体运动的内容深入思考本例题，将会得到更丰富的信息。

1.2.2 圆周运动

质点做平面曲线运动时，若其曲率中心、曲率半径均保持不变，质点的运动轨迹即为圆曲线，称为质点的**圆周运动**，此时质点的速度始终沿圆轨迹某点的切向。质点圆周运动是常见的质点平面曲线运动，也是研究质点复杂曲线运动和物体转动的基础，通常采用自然坐标系处理。设质点做平面曲线运动，在其轨迹上任取一个起始点作为自然坐标系的原点 O，设时刻 t 质点位于轨迹上 P 点，如图 1.6 所示，规定切向坐标轴沿 P 点切向指向质点的运动方向，对应**切向单位矢量** $\boldsymbol{e}_t$，规定法向坐标轴指向轨迹的凹侧，对应**法向单位矢量** $\boldsymbol{e}_n$，任意时刻 t 对应质点的自然坐标用距离坐标原点的路程 s 表示，这样建立的坐标系称为**自然坐标**

系。于是有：

$$s = s(t) \tag{1.2.7}$$

$$\boldsymbol{v} = v\boldsymbol{e}_t = \frac{\mathrm{d}s}{\mathrm{d}t}\boldsymbol{e}_t \tag{1.2.8}$$

$$\boldsymbol{a} = a_t\boldsymbol{e}_t + a_n\boldsymbol{e}_n = \frac{\mathrm{d}v}{\mathrm{d}t}\boldsymbol{e}_t + \frac{v^2}{\rho}\boldsymbol{e}_n \tag{1.2.9}$$

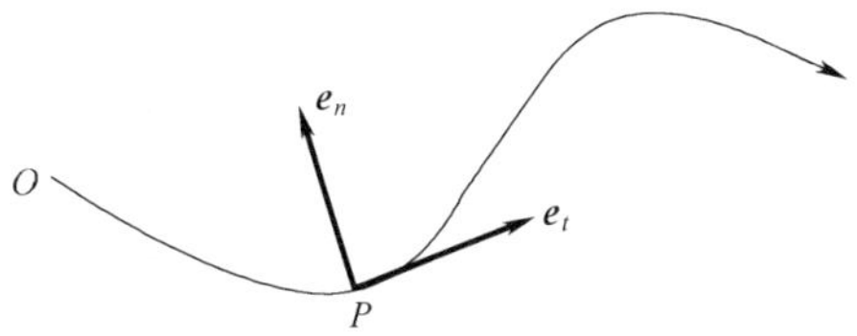

图 1.6　自然坐标系

式（1.2.7）～式（1.2.9）分别为质点的运动方程、速度和加速度在自然坐标系中的表达式。值得注意的是，式（1.2.9）的第一项为质点的**切向加速度**，是质点加速度沿切向的分量，第二项为质点的**法向加速度**，是质点加速度沿法向的分量。切向加速度反映速度的大小变化，法向加速度反映速度的方向变化。式（1.2.9）中的 ρ 为质点轨迹某点处的曲率半径。对于半径为 R 的质点圆周运动，令式（1.2.9）中的 $\rho = R$，得到自然坐标中质点圆周运动的加速度为：

$$\boldsymbol{a} = \frac{\mathrm{d}v}{\mathrm{d}t}\boldsymbol{e}_t + \frac{v^2}{R}\boldsymbol{e}_n \tag{1.2.10}$$

如图 1.7 所示质点做半径确定的圆周运动，其速度始终沿圆轨迹的切向并指向质点的运动方向，质点加速度的法向分量始终指向圆心，质点加速度的切向分量始终沿轨迹的切向，且依据 $a_t = \dfrac{\mathrm{d}v}{\mathrm{d}t}$ 的正负确定其沿 $\boldsymbol{e}_t$ 的正、负指向。

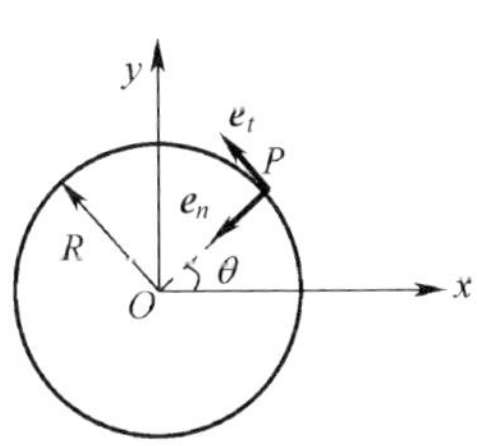

图 1.7　质点圆周运动

对于质点的圆周运动，可以采用位移、速度、加速度等线量描述，也可以采用角量描述，而且后者有其独到的方便之处。如图 1.7 所示，质点在平面直角坐标系中以原点 O 为圆心做半径 R 的圆周运动，设时刻 t 质点位于轨迹上的 P 点，其位矢与 x 轴的正向夹角 θ 称为**角坐标**，该物理量随时间的变化关系即为以角量描述的质点运动方程：

$$\theta=\theta(t) \tag{1.2.11}$$

对应Δt，质点相对圆心O的**角位移**为$\Delta\theta$，SI 单位为 rad（弧度），规定逆时针转向的角位移为正，顺时针转向的角位移为负。角位移对时间的变化率定义为**角速度**，SI 单位为$\text{rad}\cdot\text{s}^{-1}$。角速度对时间的变化率定义为**角加速度**，SI 单位为$\text{rad}\cdot\text{s}^{-2}$。分别表示为：

$$\omega=\lim_{\Delta t\to 0}\frac{\Delta\theta}{\Delta t}=\frac{\mathrm{d}\theta}{\mathrm{d}t} \tag{1.2.12}$$

$$\alpha=\lim_{\Delta t\to 0}\frac{\Delta\omega}{\Delta t}=\frac{\mathrm{d}\omega}{\mathrm{d}t}=\frac{\mathrm{d}^2\theta}{\mathrm{d}t^2} \tag{1.2.13}$$

在自然坐标系中，质点圆周运动的运动方程可以表示为：

$$s=R\theta(t) \tag{1.2.14}$$

于是有：

$$v=\frac{\mathrm{d}s}{\mathrm{d}t}=R\frac{\mathrm{d}\theta}{\mathrm{d}t}=R\omega \tag{1.2.15}$$

$$a_t=\frac{\mathrm{d}v}{\mathrm{d}t}=R\frac{\mathrm{d}\omega}{\mathrm{d}t}=R\alpha\text{，}\quad a_n=\frac{v^2}{R}=R\omega^2 \tag{1.2.16}$$

式（1.2.14）～式（1.2.16）即为质点做平面圆周运动时线量与角量的关系，在第 4 章刚体定轴转动中有具体应用。

例题 1.2.2 一辆跑车在半径为R的圆跑道上试车，若其运动方程为$s=at+bt^2$，其中a、b为常量（SI 单位），试求：

（1）将跑车的加速度在自然坐标中表示为式（1.2.10）的形式；

（2）跑车t时刻的速率、加速度的大小、角速度及角加速度。

解：本例题为已知运动方程求解其他物理量的问题。而问题（1）实际是求证质点圆周运动的加速度在自然坐标系可表示为式（1.2.10）。可以利用平面直角坐标系与自然坐标系联合求解问题（1）。首先将自然坐标系的单位矢量在直角坐标系中投影，然后利用加速度定义式得到结果。由式（1.2.14）～式（1.2.16）可知，将运动方程代入即可得到问题（2）的结果。

（1）如图 1.7 所示，将$\boldsymbol{e}_t$、$\boldsymbol{e}_n$在平面直角坐标系投影得：

$$\boldsymbol{e}_t=-\sin\theta\boldsymbol{i}+\cos\theta\boldsymbol{j}\text{，}\quad \boldsymbol{e}_n=-\cos\theta\boldsymbol{i}-\sin\theta\boldsymbol{j}$$

将上述第一式两边对时间求导得：

$$\frac{\mathrm{d}\boldsymbol{e}_t}{\mathrm{d}t}=\frac{\mathrm{d}(-\sin\theta\boldsymbol{i}+\cos\theta\boldsymbol{j})}{\mathrm{d}t}=-\frac{\mathrm{d}\theta}{\mathrm{d}t}(\cos\theta\boldsymbol{i}+\sin\theta\boldsymbol{j})=\frac{\mathrm{d}\theta}{\mathrm{d}t}\boldsymbol{e}_n$$

于是由加速度定义式（1.1.13）及自然坐标中速度定义式（1.2.8）得：

$$\boldsymbol{a}=\frac{\mathrm{d}\boldsymbol{v}}{\mathrm{d}t}=\frac{\mathrm{d}(v\boldsymbol{e}_t)}{\mathrm{d}t}=\frac{\mathrm{d}v}{\mathrm{d}t}\boldsymbol{e}_t+v\frac{\mathrm{d}\boldsymbol{e}_t}{\mathrm{d}t}=\frac{\mathrm{d}v}{\mathrm{d}t}\boldsymbol{e}_t+v\frac{\mathrm{d}\theta}{\mathrm{d}t}\boldsymbol{e}_n$$

对于质点圆周运动有 $s(t)=R\theta \Rightarrow \frac{\mathrm{d}s}{\mathrm{d}t}=v=R\frac{\mathrm{d}\theta}{\mathrm{d}t}$

最后得到 $\boldsymbol{a}=\frac{\mathrm{d}v}{\mathrm{d}t}\boldsymbol{e}_t+v\frac{\mathrm{d}\theta}{\mathrm{d}t}\boldsymbol{e}_n=\left[\frac{\mathrm{d}v}{\mathrm{d}t}\boldsymbol{e}_t+\frac{v^2}{R}\boldsymbol{e}_n\right]$（$\mathrm{m\cdot s^{-2}}$）

（2）将运动方程代入式（1.2.15）、式（1.2.16）可得：

$$v=\frac{\mathrm{d}s}{\mathrm{d}t}=a+2bt\ （\mathrm{m\cdot s^{-1}}）$$

$$a_t=\frac{\mathrm{d}v}{\mathrm{d}t}=2b，\ a_n=\frac{v^2}{R}=\frac{(a+2bt)^2}{R}\Rightarrow a=\sqrt{a_t^2+a_n^2}=\sqrt{4b^2+\frac{(a+2bt)^4}{R^2}}\ （\mathrm{m\cdot s^{-2}}）$$

$$\omega=\frac{v}{R}=\frac{a+2bt}{R}\ （\mathrm{rad\cdot s^{-1}}），\ \alpha=\frac{a_t}{R}=\frac{2b}{R}\ （\mathrm{rad\cdot s^{-2}}）$$

由上述问题（1）的结果可知，质点做平面曲线运动时，其自然坐标系的切向、法向单位矢量 $\boldsymbol{e}_t$、$\boldsymbol{e}_n$ 均为时间的函数。问题（2）的结果表明，跑车的切向加速度、角加速度均为常量，但跑车的法向加速度是时间的函数。

1.3 相对运动

相对于不同的参照系，对于同一物体运动的描述结果不同，此为物体运动描述的相对性。以下将讨论质点相对两个不同参照系的运动，以及运动描述结果间的联系，即相对不同参照系质点的位矢、速度和加速度等物理量以及相对不同参照系的物理量之间的关系。

设 S 系为**基本参照系**，S' 系为**运动参照系**，S' 相对基本参照系做直线运动。研究地面上或地球表面附近物体的运动时，常选取地面为基本参照系。将质点相对 S 的运动称为**绝对运动**，质点相对 S' 的运动称为**相对运动**，S' 相对 S 的运动称为**牵连运动**。在参照系 S、S' 上分别建立空间直角坐标系，并设两坐标系对应坐标轴始终保持平行，如图 1.8 所示。位于空间点 P 的质点，在 S、S' 中的位矢分别为 $\boldsymbol{r}$、$\boldsymbol{r}'$，S' 的 O' 点在 S 的位矢为 $\boldsymbol{r}_0$，参考图 1.8 所示有：

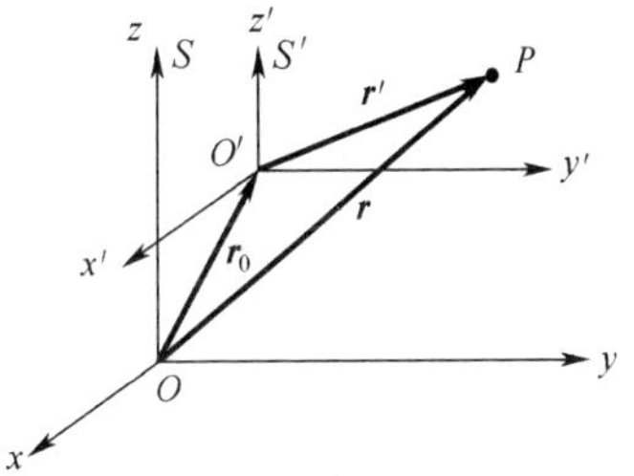

图 1.8 质点的相对运动

$$\boldsymbol{r}=\boldsymbol{r}_0+\boldsymbol{r}' \tag{1.3.1}$$

$$\frac{\mathrm{d}\boldsymbol{r}}{\mathrm{d}t}=\frac{\mathrm{d}\boldsymbol{r}'}{\mathrm{d}t}+\frac{\mathrm{d}\boldsymbol{r}_0}{\mathrm{d}t}\Rightarrow \boldsymbol{v}=\boldsymbol{v}'+\boldsymbol{v}_0 \tag{1.3.2}$$

$$\frac{\mathrm{d}\boldsymbol{v}}{\mathrm{d}t}=\frac{\mathrm{d}\boldsymbol{v}'}{\mathrm{d}t}+\frac{\mathrm{d}\boldsymbol{v}_0}{\mathrm{d}t}\Rightarrow \boldsymbol{a}=\boldsymbol{a}'+\boldsymbol{a}_0 \tag{1.3.3}$$

其中 $\frac{\mathrm{d}\boldsymbol{r}}{\mathrm{d}t}=\boldsymbol{v}$ 为质点相对 S 的速度，称为**绝对速度**，$\frac{\mathrm{d}\boldsymbol{r}'}{\mathrm{d}t}=\boldsymbol{v}'$ 为质点相对 S' 的速度，

称为**相对速度**，$\frac{d\boldsymbol{r}_0}{dt}=\boldsymbol{v}_0$ 为 S' 相对 S 的速度，称为**牵连速度**。$\frac{d\boldsymbol{v}}{dt}=\boldsymbol{a}$ 为质点相对 S 的加速度，称为**绝对加速度**，$\frac{d\boldsymbol{v}'}{dt}=\boldsymbol{a}'$ 为质点相对 S' 的加速度，称为**相对加速度**，$\frac{d\boldsymbol{v}_0}{dt}=\boldsymbol{a}_0$ 为 S' 相对 S 的加速度，称为**牵连加速度**。式（1.3.2）给出的则是 S、S' 两个参照系中质点速度的变换关系，而式（1.3.3）给出的是在 S、S' 两个参照系中质点加速度的变换关系，若设 S' 系相对 S 系做匀速直线运动，则牵连加速度 $\boldsymbol{a}_0=\boldsymbol{0}$，由式（1.3.3）得到：

$$\boldsymbol{a}=\boldsymbol{a}' \tag{1.3.4}$$

上式表明，相对基本参照系做匀速直线运动的参照系中，质点的加速度不变化，而此时式（1.3.2）称为伽利略速度变换式，即 S' 相对 S 做匀速直线运动时，两个参照系中质点速度的变换关系。

值得注意的是，在上述结果推导过程中，已默认物体的运动速度远远低于真空中的光速 $c=3\times10^8\text{m}\cdot\text{s}^{-1}$，同时以上结果的适用范围也仅局限于经典力学。

本章总结

将学习过的内容，经过深思、归纳、整理、总结，转化为自己的东西，应用起来才能得心应手。以下提供的本章总结仅为给出的范例，建议尽快熟练掌握此类学习方法，通过自己的努力给出本课程每一章的总结。

（1）四类物理量：位置矢量、位移矢量、速度矢量、加速度矢量。

（2）三类基本运动：直线运动、曲线运动、相对运动。

（3）两类基本问题：第一类问题，由质点运动方程求质点 t 时刻的速度、加速度，可用求导方法；第二类问题，已知质点加速度及初始条件，求质点速度及运动方程，可用积分方法。

（4）两类方程：运动方程、轨迹方程。

习题 1

一、选择题

1.1 试由加速度的物理意义， 判断以下正确的答案是：______。

A．加速度是描述物体运动快慢的物理量；

B．加速度是描述物体位移变化率的物理量；

C．加速度是描述物体速度变化的物理量；

D．加速度是描述物体速度变化率的物理量。

1.2 运动学方程描述质点的运动规律，试分析其特点为：______。

A．其形式是绝对的，与参考系的选择无关；

B．仅适用于惯性系；

C．坐标系选定后，其形式唯一；

D．参考系改变，其形式不一定改变。

1.3 相对参考系 S，试确定如下错误的判断是：______。

A．质点作直线运动时，其加速度与运动方向必定一致；

B．质点作匀速率圆周运动时，其加速度总是指向圆心；

C．质点作斜抛运动时，其加速度的方向恒定；

D．质点作曲线运动时，其加速度总是指向曲线凹的一侧。

1.4 相对参考系 S，试选择下列表述正确的是：______。

A．质点作圆周运动时，其加速度一定与速度垂直；

B．物体作直线运动时，其法向加速度必为零；

C．质点轨道最弯处，其法向加速度最大；

D．质点速率为零时，其切向加速度必为零。

1.5 若初速度大小 v_0、抛射角 θ，以水平地面为参考系，试确定抛射物体轨迹最高点处的曲率半径为：______。

A．$\dfrac{v_0}{g}\cos\theta$；　　B．0；

C．$\dfrac{v_0^2}{g}$；　　D．$\dfrac{v_0^2}{g}\cos^2\theta$。

1.6 设直线运动的物体其速度与时间成反比，以地面为参考系，试判断其加速度、速度大小的关系是：______。

A．加速度大小与速度大小成正比；

B．加速度大小与速度大小的平方成正比；

C．加速度大小与速度大小成反比；

D．加速度大小与速度大小的平方成反比。

1.7 相对参考系 S 质点作曲线运动，r 表示位置矢量的大小，s 表示路程，a 表示加速度大小，试判断如下结果正确的是：______。

A．$\dfrac{\mathrm{d}v}{\mathrm{d}t}=a$；　　B．$\dfrac{\mathrm{d}r}{\mathrm{d}t}=v$；

C．$\dfrac{\mathrm{d}s}{\mathrm{d}t}=v$；　　D．$\dfrac{\mathrm{d}\boldsymbol{v}}{\mathrm{d}t}=a$。

1.8 试分析相对水平地面平抛物体在空中运动的时间决定于：______。

A．初速度的大小；　　B．抛体的质量；

C．抛出点与落地点的垂直间距；　　D．抛出点与落地点的水平间距。

1.9　水平地面上初速率相等的两个抛射体，抛射仰角分别为 α、β，且 $\alpha+\beta=\frac{\pi}{2}$。试判断两者：______。

A．射高相等；　　B．射程相等；

C．空间运行时间相等；　　D．射高、射程及运行时间均不等。

1.10　由距水平地面高 h 处抛射物体，试分析抛出点到落地过程其位移数值最大的为：______。

A．自由下落；　　B．以初速 $\boldsymbol{v}$ 竖直下抛；

C．以初速 $\boldsymbol{v}$ 平抛；　　D．以初速 $\boldsymbol{v}$ 竖直上抛。

1.11　若质点相对水平地面作圆周运动，试判断其：______。

A．加速度的方向必指向圆心；　　B．切向加速度必定为零；

C．法向加速度必定为零；　　D．总加速度必定不为零。

1.12　若质点相对参考系 S 作变速直线运动，试分析其速度、加速度的关系为：______。

A．速度为零，加速度必为零；

B．速度不为零，加速度必不为零；

C．加速度很大，速度一定很大；

D．加速度减小，速度的变化率一定减小。

1.13　相对地面作匀速圆周运动的质点，试确定其：______。

A．速度不变；　　B．加速度不变；

C．切向加速度等于零；　　D．法向加速度等于零。

1.14　已知相对参考系 S 质点运动学方程 $\boldsymbol{r}=at^2\boldsymbol{i}+bt^2\boldsymbol{j}$，且 a、b 为常量，试分析该质点作：______。

A．匀速直线运动；　　B．变速直线运动；

C．抛物曲线运动；　　D．一般曲线运动。

1.15　已知参考系 S 中质点的运动学方程 $x=R\sin\omega t+\omega Rt$，　$y=R\cos\omega t+R$，且 R、ω 为常量。试确定当 y 达到最大值时其速度为：______。

A．$v_x=0$，$v_y=0$；　　B．$v_x=2R\omega$，$v_y=0$；

C．$v_x=0$，$v_y=-R\omega$；　　D．$v_x=2R\omega$，$v_y=-R\omega$。

1.16　若相对参考系 S 有 $\frac{\mathrm{d}v}{\mathrm{d}t}=-kv^2t$，且 k 为大于零的常量。设 $t=0$ 时，初速度 v_0，试判断该质点速度与时间的关系是：______。

A．$v=\frac{1}{2}kt^2+v_0$；　　B．$v=-\frac{1}{2}kt^2+v_0$；

C. $\frac{1}{v}=\frac{kt^2}{2}+\frac{1}{v_0}$；　　D. $\frac{1}{v}=-\frac{kt^2}{2}+\frac{1}{v_0}$。

1.17 运动员骑自行车相对公路以速率 v 向正西方行驶，遇到由北向南刮的风，若风的速率也为 v，试分析其感觉风从：______。

A. 东北方向吹来；　　B. 东南方向吹来；

C. 西北方向吹来；　　D. 西南方向吹来；

1.18 若飞机相对空气的速率 200 $km\cdot h^{-1}$，风的速率 56 $km\cdot h^{-1}$，方向从西向东。地面雷达测得飞机的速率 192 $km\cdot h^{-1}$，试确定其飞行方向为：______。

A. 南偏西 16.3；　　B. 北偏东 16.3；

C. 西偏东 16.3；　　D. 正南或正北。

二、计算题

1.19 云室为记录带电粒子轨迹的仪器。当快速带电粒子射入云室时，在其经过的路径上产生离子，使过饱和蒸气以离子为核心凝结成液滴，从而可采用照相方法记录该带电粒子的轨迹。若设做直线运动带电粒子的运动方程为：$x=C_1-C_2e^{-\alpha t}$（SI 单位），C_1、C_2、α 均为常量，并在粒子进入云室时计时，试描述其运动情况。

1.20 将牛顿管抽为真空且竖直于水平地面放置，如图 1.9 所示自管中 O 点向上抛射小球又落至原处用时 t_2，球向上运动经 h 处又下落至 h 处用时 t_1。现测得 t_1、t_2 和 h，试由此确定当地重力加速度的数值。

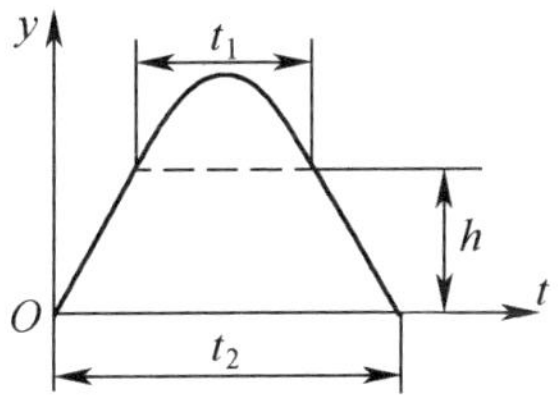

图 1.9　1.20 题用图

1.21 已知一颗小彗星相对太阳系某定点 O 的平面运动方程为 $x(t)=a\cos t$，$y(t)=b\sin t$（SI 单位），其中 a、b 均为大于零的常量。试求相对 O 点：（1）彗星的位置矢量；（2）彗星的轨道方程；（3）彗星的运行速度及加速度。

1.22 场地赛车由静止开始做直线运动，初始加速度为 a_0，每经过时间间隔 $\Delta t=\tau$ 后加速度增加 a_0，试求经过 t 秒后该赛车的速度及运动距离。

1.23 跳水运动员沿垂直泳池水面入水，取自水面竖直向下为 y 轴，设其入水后仅受水的阻碍而减速，加速度为 $a_y=-kv_y^2$，其中 v_y 为速度，k 为常量。若设运动员接触水面时的速率为 v_0，试求其入水后速度随时间的变化关系。

1.24　加农榴弹炮自山脚下向山坡上的目标开火，设山坡与地平面夹角为α，试求发射角设置为多少时，沿山坡发射的炮弹射程最远？

1.25　列装我军的 PP93 式迫击炮，是山地步兵、海军陆战队和快速机动部队的理想压制火炮，具有重量轻、射程远和机动性好等优点。设 PP93 式迫击炮以 45° 发射角发射，炮弹的初速率$v_0 = 90\ \mathrm{m \cdot s^{-1}}$，而且在与发射点同一水平面上落地爆炸。不计空气阻力，试求其在最高点和落地点运动轨迹的曲率半径。

1.26　狙击手由摩天大楼 36 层以水平初速v_0射击目标，若取枪口为坐标原点，沿初速度方向为x轴正向，竖直向下为y轴正向，取击发时$t = 0$，试求：

（1）子弹t时刻的坐标及轨道方程；

（2）子弹t时刻的速度及切向、法向加速度。

1.27　BJ-212 吉普车在半径 200m 的圆弧形公路上进行刹车试验，刹车开始阶段其运动方程$s = 20t - 0.2t^3$（单位：m），试求该越野车在$t = 1\mathrm{s}$时的加速度。

1.28　山地车运动员骑自行车向正东而行，当其行驶速度为$10\ \mathrm{m \cdot s^{-1}}$时感觉是南风，但当其行驶速度增至$15\ \mathrm{m \cdot s^{-1}}$时感觉是东南风，试求风速。

第 2 章

牛顿定律

电子教案

本章将重点阐明作用于质点的力是改变其运动状态的根本原因，这将涉及到质点动力学理论。基于牛顿定律建立起来的宏观物体运动规律的动力学理论称为牛顿力学，本章将重点介绍牛顿三大运动定律及其应用。

艾萨克·牛顿（Isaac Newton，1643～1727 年）是杰出的英国物理学家，经典物理学的奠基人，著有《自然哲学的数学原理》，其中包括牛顿三定律及万有引力定律。牛顿在力学、光学、天文学和数学等方面贡献卓著，被公认为历史上最伟大的物理学家和数学家，牛顿的哲学思想和科学方法对整个自然科学的发展起到有益的推动作用。

2.1　牛顿定律

机械运动是物质运动最简单的形式，机械运动的定量研究始于伽利略，惠更斯和笛卡尔则对碰撞进行了深入研究，牛顿在前人工作的基础上进行了更深层次的探索，从而建立起牛顿运动定律。

2.1.1　牛顿第一定律

牛顿第一定律可表述为：任何物体只要没有力改变其运动状态，该物体便会永远保持其静止或匀速直线运动状态。

牛顿第一定律蕴含两个重要概念：**惯性**和**力**。该定律表明，物体具有一种基本属性，即“保持静止或匀速直线运动状态”的性质，称为物体的**惯性**，因此牛顿第一定律又称为**惯性定律**。该定律还表明，力是物体间的相互作用，这种相互作用迫使物体改变其运动状态，故牛顿第一定律指出了作用于物体的力是改变物体运动状态的根本原因。对物体运动的描述均相对某参照系而言，若在该参照系中物体不受其他物体的作用而保持静止或匀速直线运动状态，该参照系就称为**惯性系**。显然，若某参照系以恒定速度相对惯性系运动，则该参照系也是惯性系。若一参照系相对惯性系做加速运动，则该参照系就是**非惯性系**。需要强调的是，牛顿第一定律仅适用于质点，且仅在惯性系中成立。

现实生活中物体的运动状态往往处于不断变化之中，保持静止或匀速直线运动并不是物体的常态，这主要是因为物体总要受到其他物体的作用。在分析具体问题时，当其他物体的作用可以忽略不计，或者来自其他物体的作用彼此恰好抵消时，即可认为物体保持静止或做匀速直线运动，此时的物体可以作为惯性系。火星探测器在没有动力的情况下，能以恒定的速度在宇宙中飞行就是一例。牛顿第一定律可以表示为：

$$\sum \boldsymbol{F}_i = 0，\ \boldsymbol{v} = \text{恒矢量} \tag{2.1.1}$$

如图 2.1 所示，冰球运动员击打冰球前冰球在冰面上保持静止，但当运动员击打冰球时，由于冰球受到击打力的作用而在冰面上运动，因为冰球与冰面间的摩擦力较小，故冰球在冰面上可以运动较远的距离。若设想冰球与冰面间无摩擦力，冰球将在冰面上一直做匀速直线运动。

图 2.1　冰球运动

牛顿第一定律所涉及的力为**合力**，即物体所受力的矢量和。因此牛顿第一定律还可以表述为：任何物体只要其他物体作用于其上的合力为零，则该物体就保持静止或匀速直线运动状态不变。

惯性是物体的固有属性，不同的物体具有不同的惯性。例如，用相同的力牵引静止在光滑路面上的轻型卡车和重型卡车，轻型卡车的速度快速增加，而重型卡车速度的增加缓慢，这表明重型卡车的惯性要大于轻型卡车的惯性。牛顿力学用质量表征物体惯性的大小，质量大的物体惯性大，质量小的物体惯性小，SI 单位质量为 kg。自 1889 年第一届国际计量大会至今，一直采用储存在法国巴黎国际计量局的国际千克原器作为 1kg 质量的标准。

2.1.2　牛顿第二定律

牛顿第二定律解决的问题是：若物体受到的合力不为零，物体的运动速度将如何变化。该定律定量描述了物体所受合力与其速度变化的关系。首先引入**动量**描述物体的运动状态，动量定义为物体的质量与其速度的乘积，用 $\boldsymbol{p}$ 表示，即有：

$$\boldsymbol{p}=m\boldsymbol{v} \tag{2.1.2}$$

动量是矢量，其方向与速度的方向相同。动量的 SI 单位为 $\mathrm{kg\cdot m\cdot s^{-1}}$。速度和动量均可描述物体的运动状态，但动量的含义更广泛。当物体受到力的作用时，其动量发生变化，牛顿第二定律阐明了作用于物体的合力与物体动量变化之间的关系。

牛顿第二定律表述为：物体所受到的合力等于其动量随时间的变化率，表示为：

$$\boldsymbol{F}=\frac{\mathrm{d}\boldsymbol{p}}{\mathrm{d}t}=\frac{\mathrm{d}(m\boldsymbol{v})}{\mathrm{d}t} \tag{2.1.3}$$

值得注意的是，牛顿第二定律仅适用于质点，对于可近似为质点的物体，则近似成立，而且该定律仅在惯性系中成立，一般计算可近似取地面为惯性系。以下如无特别说明，均选地面为惯性系。在牛顿力学范畴内，物体的运动速度远小于光速，物体的质量为不依赖其速度的常量。因此牛顿定律又可表示为：

$$\boldsymbol{F}=m\frac{\mathrm{d}\boldsymbol{v}}{\mathrm{d}t}=m\boldsymbol{a} \tag{2.1.4}$$

式（2.1.4）表明，物体加速度的大小与其所受合力成正比，与其质量成反比，加速度的方向与合力方向相同。应当注意的是：若物体运动的速度接近光速时，物体的质量将随其速率的变化而变化。

工程技术与日常生活中描述物体运动时，常根据问题的特点选取适当的坐标系，故用式（2.1.4）描述质点运动时也具有不同的分量形式。

在如图 2.2 所示的惯性系中牛顿第二定律可表示为：

$$\boldsymbol{F}=\sum\boldsymbol{F}_i=m\frac{\mathrm{d}\boldsymbol{v}}{\mathrm{d}t}=m\frac{\mathrm{d}^2\boldsymbol{r}}{\mathrm{d}t^2} \tag{2.1.5}$$

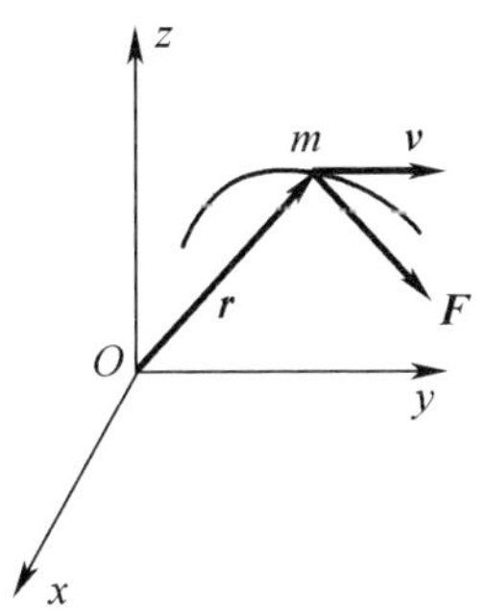

图 2.2　牛顿第二定律与直角坐标系

将式（2.1.5）在如图 2.2 所示的坐标系中投影，得到其直角坐标系分量式为：

$$
\begin{aligned}
F_x &= \sum_i F_{ix} = m\frac{\mathrm{d}v_x}{\mathrm{d}t} = m\frac{\mathrm{d}^2 x}{\mathrm{d}t^2} \\
F_y &= \sum_i F_{iy} = m\frac{\mathrm{d}v_y}{\mathrm{d}t} = m\frac{\mathrm{d}^2 y}{\mathrm{d}t^2} \\
F_z &= \sum_i F_{iz} = m\frac{\mathrm{d}v_z}{\mathrm{d}t} = m\frac{\mathrm{d}^2 z}{\mathrm{d}t^2}
\end{aligned} \tag{2.1.6}
$$

牛顿第二定律在如图 2.3 所示自然坐标系中可表示为：

$$F_t\boldsymbol{e}_t + F_n\boldsymbol{e}_n = m(a_t\boldsymbol{e}_t + a_n\boldsymbol{e}_n) = m\frac{\mathrm{d}v}{\mathrm{d}t}\boldsymbol{e}_t + m\frac{v^2}{\rho}\boldsymbol{e}_n \tag{2.1.7}$$

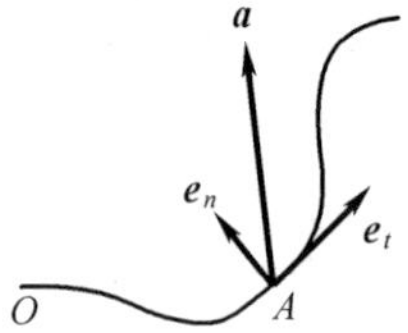

图 2.3　牛顿第二定律与自然坐标系

对应其自然坐标系分量式为：

$$
\begin{aligned}
F_t &= ma_t = m\frac{\mathrm{d}v}{\mathrm{d}t} \\
F_n &= ma_n = m\frac{v^2}{\rho}
\end{aligned} \tag{2.1.8}
$$

2.1.3　牛顿第三定律

牛顿第三定律表述为：两个物体间的作用力 $\boldsymbol{F}_1$ 和反作用力 $\boldsymbol{F}_2$ 沿同一直线，且大小相等、方向相反，分别作用在两个物体上。该定律可表示为：

$$\boldsymbol{F}_1 = -\boldsymbol{F}_2$$

该定律指出，物体间的作用总是相互的。若把物体 m_1 作用于物体 m_2 的力 $\boldsymbol{F}_2$ 称为作用力，那么物体 m_2 作用于物体 m_1 的力 $\boldsymbol{F}_1$ 则称为反作用力，反之亦然。作用力和反作用力总是同时产生，同时消失，且属于同种性质的力，并分别作用于不同物体。例如，作用力是弹性力，反作用力必定也是弹性力。

2.2　几种常见的力

应用牛顿定律求解动力学问题时，物体的受力分析至关重要，熟知一些常见力的性质及分析方法，对于解决问题大有好处，以下将介绍几种常见的力。

2.2.1 万有引力

在牛顿之前已有不少科学家从事万有引力问题的研究，如第谷、开普勒等。与牛顿同时代的一些科学家，如胡克、哈雷、惠更斯、伦恩等，对万有引力定律的建立也有贡献。正如牛顿本人所言：“之所以有这样的成就，是因为我站在巨人的肩膀上。”

伟大的丹麦科学家第谷·布拉赫（Tycho Brahe，1546～1601 年）经多年星体观察，建立了精确的星体位置图表。17 世纪初德国天文学家开普勒（J.Kepler，1571～1630 年）在分析第谷星体位置图表获得大量数据的基础上，提出行星绕太阳做椭圆轨道运动的开普勒定律。牛顿基于前人的研究成果，经过深入研究，提出著名的**万有引力定律**。该定律指出：宇宙之中任何具有质量的物体相互之间都存在吸引力，这种力称为**万有引力**。

设有相距 r 的两个质点，其质量分别为 m、M，如图 2.4 所示。**万有引力定律**表述为：质点 m、M 间的万有引力 $\boldsymbol{F}$ 与两质点质量的乘积成正比，与其间距的平方成反比，方向沿两质点连线，即有：

$$F = G\frac{mM}{r^2} \tag{2.2.1}$$

式中 G 为万有引力常数，实验测定其值为：

$$G = 6.67\times10^{-11}\ \ \mathrm{N\cdot m^2\cdot kg^{-2}}$$

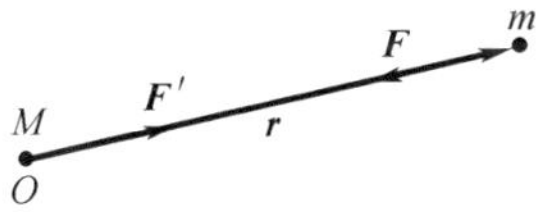

图 2.4 物体间的万有引力

如图 2.4 所示，设位矢 $\boldsymbol{r}$ 由 M 指向 m，其单位矢量为 $\boldsymbol{e}_r$，则有：

$$\boldsymbol{e}_r = \frac{\boldsymbol{r}}{r} \tag{2.2.2}$$

于是万有引力定律表示为：

$$\boldsymbol{F} = -G\frac{mM}{r^2}\boldsymbol{e}_r \tag{2.2.3}$$

其中负号表示 M 施加于 m 万有引力的方向始终与位矢的方向相反。

在处理工程技术问题时，若物体间的万有引力与其所受到的其他力相比十分微小，则可以忽略不计，但在研究天体运动时，万有引力将起到不可忽视的作用。

2.2.2 重力

通常把地球对其表面附近尺寸不大的物体的万有引力近似为物体的重力，

其大小为物体的重量，一般用 $\boldsymbol{P}$ 表示物体受到的重力。在 $\boldsymbol{P}$ 作用下，物体具有的加速度称为重力加速度，通常用 $\boldsymbol{g}$ 表示。若物体的质量为 m，则重力加速度可表示为：

$$\boldsymbol{g}=\frac{\boldsymbol{P}}{m} \tag{2.2.4}$$

若设地球的半径为 R、质量为 M，则地球表面附近质量为 m 的物体受到的重力为：

$$P=G\frac{Mm}{R^2} \tag{2.2.5}$$

重力的方向竖直向下，重力加速度的大小可以表示为：

$$g=\frac{P}{m}=G\frac{M}{R^2} \tag{2.2.6}$$

已知 $G=6.67\times10^{-11}\ \mathrm{N\cdot m^{-2}\cdot kg^{-2}}$，$M=5.98\times10^{24}\ \mathrm{kg}$，$R=6.37\times10^{6}\ \mathrm{m}$。将数据代入式（2.2.6）得到 $g=9.83\ \mathrm{m\cdot s^{-2}}$。地球表面附近的重力加速度通常取作 $g=9.80\ \mathrm{m\cdot s^{-2}}$。

2.2.3 弹性力

具有弹性的物体相互接触时若有形变发生，势必有恢复原状的趋势，因而物体间产生弹性力。日常生活中会遇到几种常见的弹性力，如弹簧被拉伸或压缩时产生的弹性力，物体放置于桌面上彼此受到的支持力和正压力，绳索被拉伸时所产生的张力等均属此类力。

例题 2.2.1 如图 2.5 所示，质量为 m、长度为 l 的柔软绳一端系着放置于水平光滑桌面上质量为 m' 的物体，另一端施加确定的力 $\boldsymbol{F}$，若绳的质量均匀分布，其伸缩忽略不计，试求：（1）绳作用于物体上的力；（2）绳上任意点的张力。

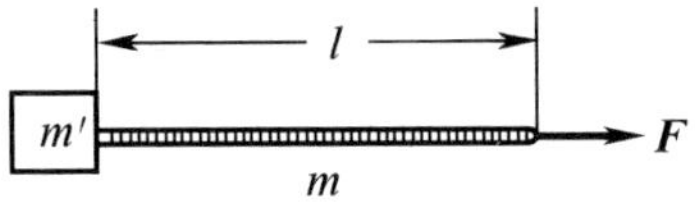

图 2.5 绳与物体

解：选光滑桌面为惯性系，绳与物体连接处为坐标原点 O，沿绳的拉力方向为 x 轴正方向。

（1）将物体与绳作为整体，应用牛顿第二定律得：

$$\boldsymbol{F}=(m+m')\boldsymbol{a}$$

绳对物体的拉力为：

$$\boldsymbol{F}_{T0}=m'\boldsymbol{a}=\frac{m'}{m+m'}\boldsymbol{F}$$

（2）由于绳的质量均匀分布、伸缩不计，故其质量线密度为m/l，如图 2.6（d）所示，距原点x处取线元$\mathrm{d}x$，其质量元$\mathrm{d}m = m\mathrm{d}x/l$，沿$x$轴方向由牛顿第二定律得：

$$(F_T' + \mathrm{d}F_T) - F_T = (\mathrm{d}m)a = \frac{m}{l}a\mathrm{d}x$$

即
$$\mathrm{d}F_T = \frac{mF}{(m'+m)l}\mathrm{d}x$$

于是有
$$\int_{F_T}^{F}\mathrm{d}F_T = \frac{mF}{(m'+m)l}\int_x^l \mathrm{d}x$$

得
$$F_T = F - \frac{mF}{l(m+m')}(l-x) = \left(m' + m\frac{x}{l}\right)\frac{F}{m'+m}$$

由上式可知绳中各点的张力随其位置不同而变化，即有$F_T = F_T(x)$。但当$m' >> m$时，绳各点张力大小近似相等，均等于外力F。

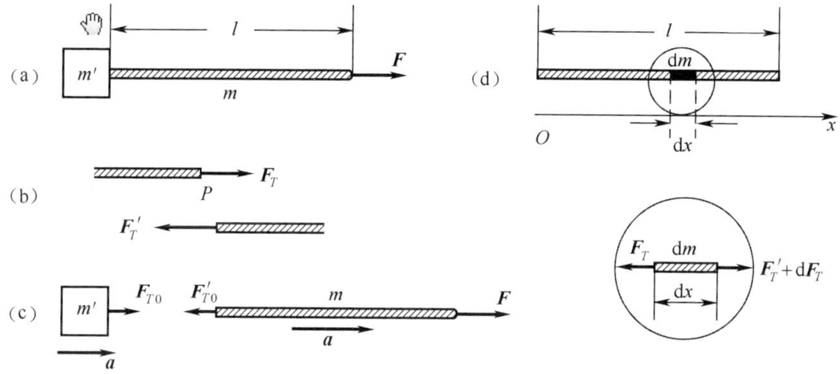

图 2.6　绳与受力分析

2.2.4　摩擦力

设两物体相互接触，彼此间保持相对静止，但有相对滑动趋势，则两物体接触面间阻碍其相对滑动趋势的力称为**静摩擦力**，表示为$\boldsymbol{F}_{f0}$。

静摩擦力位于两物体的接触面，物体受到静摩擦力的方向总是与其相对滑动趋势相反。若把物体置于水平桌面上，设力$\boldsymbol{F}$沿水平桌面作用于该物体，若$\boldsymbol{F}$较小物体尚未滑动，桌面给予该物体的静摩擦力$\boldsymbol{F}_{f0}$与$\boldsymbol{F}$数值相等方向相反，且$\boldsymbol{F}_{f0}$随$\boldsymbol{F}$的增加而增加，直到$\boldsymbol{F}$的大小增加到一定数值物体即将滑动时，静摩擦力达到最大值，称为最大静摩擦力$F_{f0\max}$。由此可见静摩擦力大小的变化范围为$0 \leqslant F_{f0} \leqslant F_{f0\max}$。实验表明，作用于物体上最大静摩擦力的值$F_{f0\max}$与物体所受正压力的大小$N$成正比，即有：

$$F_{f0\max}=\mu_0 N \tag{2.2.7}$$

其中 μ_0 称为静摩擦系数，与相互接触物体的表面材料，表面状况如粗糙程度、温度、湿度等均有关系。

两物体相互接触且产生相对滑动时，在两物体表面出现的阻碍其相对滑动的作用力称为滑动摩擦力 $\boldsymbol{F}_f$。$\boldsymbol{F}_f$ 也位于两物体的接触面内，其方向总是与物体相对滑动的方向相反。实验表明，作用于物体的 $\boldsymbol{F}_f$ 的大小与物体所受正压力 $\boldsymbol{F}_N$ 的大小成正比，即有：

$$F_f=\mu F_N \tag{2.2.8}$$

其中 μ 表示滑动摩擦系数，μ 不仅与两接触物体的材料性质，接触面的情况如温度、干湿度等有关，还与两接触物体的相对速度有关，通常 μ 随相对速度的增加而略有减小。当相对速度不太大时，可以认为 μ 略小于 μ_0，除非特别指明，通常计算时可认为二者近似相等，即取 $\mu\approx\mu_0$。

自然界摩擦现象无处不在，且摩擦产生的影响具有两面性，既存在有利的一面，也存在有害的一面。例如，所有机械运动部分均有摩擦，高速运动的物体与空气也产生摩擦。摩擦力的存在既磨损机械运动部件又消耗能量，而且由于摩擦导致物体局部温度升高还会降低仪器的精度。因此，必须设法减少此类摩擦，例如，在产生摩擦的部位涂抹润滑油，以滚动摩擦替代滑动摩擦，或者改善摩擦材料的性能以减少摩擦产生的损害等。日常生活中又处处依赖于摩擦，例如，动物及人类的行走与奔跑，各种车辆车轮的滚动，传送带输运货物，甚至结冰路面上行车需要在轮胎上固定链条，以增加摩擦力保证行车安全等，均受益于摩擦力。

例题 2.2.2 设质量 M 的物体静止于水平地面上，如图 2.7 所示，拖车与地面间的滑动摩擦系数为 μ。试问若拖车施力于物体时，该拉力 $\boldsymbol{F}$ 与水平面的夹角 θ 多大时才能使该物体获得的加速度最大？

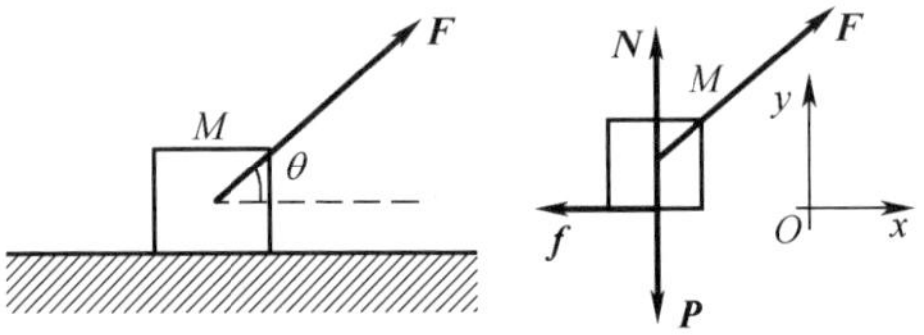

图 2.7　水平地面上物体的受力分析

解： 选取物体 M 为研究对象并视为质点，M 受重力 $\boldsymbol{P}$，支持力 $\boldsymbol{N}$，滑动摩擦力 $\boldsymbol{f}$，拉力 $\boldsymbol{F}$ 的作用如图 2.7 所示，选取固定于地面惯性系的直角坐标系 xOy，设物体的加速度为 $\boldsymbol{a}$，由牛顿第二定律得：

$$F\cos\theta-f=Ma \tag{1}$$

$$N+F\sin\theta-P=0 \tag{2}$$

由式（2.2.8）有：

$$f = \mu N \tag{3}$$

联立求解方程（1）～（3）得：

$$a = \frac{F}{M}(\cos\theta + \mu\sin\theta) - \mu g \tag{4}$$

由式（4）看出，加速度 a 随夹角 θ 变化而变化。应用导数求极值方法可得：

$$\frac{\mathrm{d}a}{\mathrm{d}\theta} = \frac{F}{M}(\mu\cos\theta - \sin\theta) = 0$$

故有

$$\mu\cos\theta - \sin\theta = 0 \Rightarrow \tan\theta = \mu$$

故当 $\theta = \arctan\mu$ 时，该力能使物体获得最大加速度。$\theta = 0°$ 时，力 $\boldsymbol{F}$ 沿 x 轴的投影有最大值，但加速度不是最大值，请思考并解释该问题。

2.3 牛顿定律的应用

质点动力学基本问题可分为如下两类：

（1）已知物体的运动状态，求解物体受力；

（2）已知物体受力，求解物体的运动状态。

应用牛顿定律求解质点动力学问题的步骤是：

（1）明确研究对象；

（2）选定惯性系并建立合适的坐标系；

（3）应用隔离体法分析物体受力并画出受力图；

（4）由牛顿定律矢量式写出选定坐标系中的分量式；

（5）联立诸方程求解；

（6）依据结果展开讨论。

值得注意的是：牛顿第一、二定律仅适用于惯性系，而且只适用于质点。但是在工程技术和日常生活中，若物体可近似视为质点，所选参照系可近似视为惯性系，则可以应用牛顿定律做近似处理。

例题 2.3.1 细绳跨过定滑轮如图 2.8（a）所示，细绳两端分别悬挂质量为 m_1、m_2 的物体，且 $m_1 > m_2$。若滑轮质量不计，滑轮与转轴之间的摩擦也忽略不计，试求重物释放后其加速度及细绳的张力的大小。若将上述装置固定于图 2.8（b）所示的电梯顶部，当电梯以加速度 $\boldsymbol{a}$ 相对于地面向上运动时，试求两物体相对电梯的加速度及细绳的张力的大小。

解：（1）取地面为惯性系，选择固定于定滑轮垂直向下为坐标轴正向，作如图 2.8（a）所示的受力图。考虑到不计滑轮质量，细绳长度不变，故细绳作用于两物体上的拉力有 $T_1 = T_2 = T$，两物体的加速度的值均为 a，由牛顿第二定律得：

$$m_1 g - T = m_1 a \tag{1}$$

$$-(T - m_2 g) = -m_2 a \tag{2}$$

联立求解方程（1）、（2），可得物体的加速度和绳的张力为：

$$a = \frac{m_1 - m_2}{m_1 + m_2} g\text{，}\quad T = \frac{2m_1 m_2}{m_1 + m_2} g \tag{3}$$

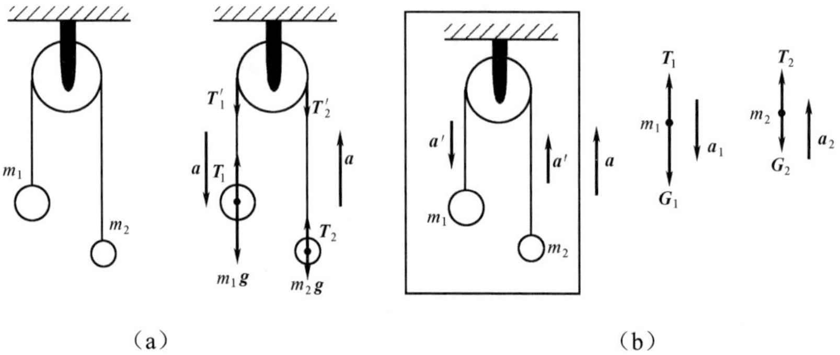

图 2.8　两物体的受力分析

（2）选取地面作为惯性系，电梯相对于地面加速度为 a 方向向上，如图 2.8（b）所示，设两物体相对于电梯加速度大小为 a'，于是有：

m_1 相对于地面的加速度方向向下，大小为　　$a_1 = a' - a$　　（4）

m_2 相对于地面的加速度方向向上，大小为　　$a_2 = a' + a$　　（5）

由牛顿第二定律得：

$$m_1 g - T_1 = m_1 g - T = m_1 a_1 = m_1(a' - a) \tag{6}$$

$$T_2 - m_2 g = T - m_2 g = m_2 a_2 = m_2(a' + a) \tag{7}$$

联立方程（6）、（7）求解，可得物体相对电梯加速度的大小为：

$$a' = \frac{m_1 - m_2}{m_1 + m_2}(g + a) \tag{8}$$

将式（8）代入式（6）得细绳的张力为：

$$T = \frac{2m_1 m_2}{m_1 + m_2}(g + a) \tag{9}$$

例题 2.3.2　以初速度 $\boldsymbol{v}_0$ 竖直上抛质量为 m 的物体，设 m 所受空气阻力为 $f = -k\boldsymbol{v}$，k 为常量，试求物体的速度和其上升高度随时间的变化关系。

解：选取质量 m 的物体为研究对象，m 受到空气阻力 $\boldsymbol{f}$、重力 $\boldsymbol{P}$ 的作用，受力分析如图 2.9 所示，设固定于地面惯性系的 y 轴竖直向上为正，并设物体的加速度为 $\boldsymbol{a}$，由牛顿第二定律得：

$$\boldsymbol{P} + \boldsymbol{f} = m\boldsymbol{a} \tag{1}$$

在 y 轴方向上可写为：

$$-mg - kv = m\frac{\mathrm{d}v}{\mathrm{d}t} \tag{2}$$

整理式（2）得：

$$\frac{\mathrm{d}v}{mg+kv}=-\frac{1}{m}\mathrm{d}t \tag{3}$$

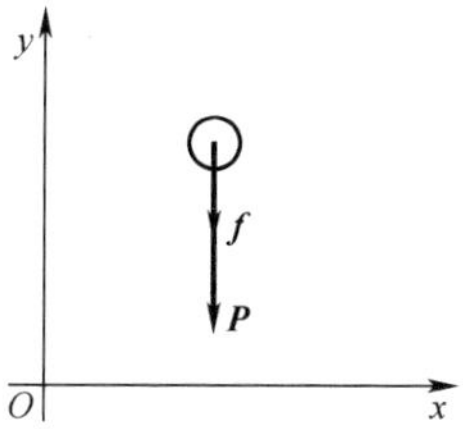

图 2.9　上抛物体的受力分析

在式（3）两边同时积分，且 $t=0$ 时物体初速度为 v_0 有：

$$\int_{v_0}^{v}\frac{\mathrm{d}v}{mg+kv}=\int_0^t-\frac{1}{m}\mathrm{d}t$$

$$v=\frac{1}{k}(mg+kv_0)\mathrm{e}^{-\frac{k}{m}t}-\frac{1}{k}mg \tag{4}$$

由速度定义得 $\mathrm{d}y=v\mathrm{d}t$，代入（4）式并在两边积分得：

$$\int_0^y\mathrm{d}y=\int_0^t v\mathrm{d}t=\int_0^t\left[\frac{1}{k}(mg+kv_0)\mathrm{e}^{-\frac{k}{m}t}-\frac{1}{k}mg\right]\mathrm{d}t$$

于是有：

$$y=-\frac{m}{k^2}(mg+kv_0)[\mathrm{e}^{-\frac{k}{m}t}-1]-\frac{1}{k}mgt \tag{5}$$

请尝试求解物体到达到最高点时，所用时间及上升的最大高度。

例题 2.3.3　长为 l 的细绳一端系质量 m 的小球，另一端固定于墙壁的 O 点，开始小球处于最低位置且具有初速度 v_0，如图 2.10 所示，小球将在竖直平面内做圆周运动，试求其在任意位置的速率及绳的张力。

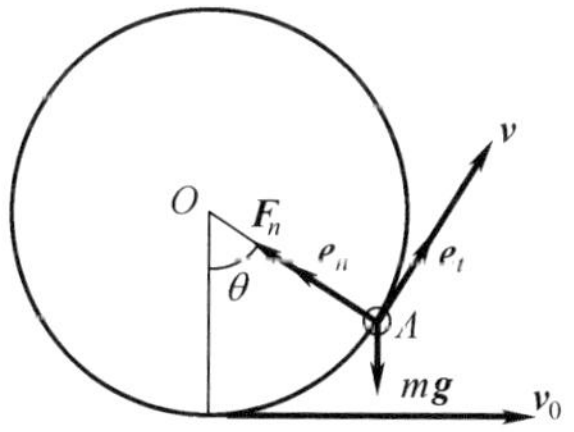

图 2.10　小球在竖直平面内做圆周运动

解：依据题意设 $t=0$ 时，小球位于最低点，速率为 v_0。选取固定点 O 为惯性系，设时刻 t 小球位于 A 点，速率为 v，细绳与铅垂线成 θ 角。

小球受重力 $\boldsymbol{mg}$、绳的拉力 $\boldsymbol{F}_n$ 作用。由牛顿第二定律得小球的动力学方程为：

$$\boldsymbol{mg}+\boldsymbol{F}_n=m\boldsymbol{a} \tag{1}$$

选取如图 2.10 所示自然坐标系，式（1）在法向、切向的分量式为：

$$F_n - mg\cos\theta = ma_n \tag{2}$$

$$-mg\sin\theta = ma_t \tag{3}$$

由切向加速度（1.2.9）式得：

$$a_t = \frac{\mathrm{d}v}{\mathrm{d}t} = \frac{\mathrm{d}v}{\mathrm{d}\theta}\cdot\frac{\mathrm{d}\theta}{\mathrm{d}t} \tag{4}$$

又知 $\omega = \dfrac{\mathrm{d}\theta}{\mathrm{d}t}$、$v = l\omega$，故由式（4）可得：

$$\frac{\mathrm{d}v}{\mathrm{d}t} = \frac{v}{l}\cdot\frac{\mathrm{d}v}{\mathrm{d}\theta} \tag{5}$$

将式（5）代入式（3）得：

$$v\mathrm{d}v = -gl\sin\theta\mathrm{d}\theta$$

又 $t=0$ 时，初速为 v_0，夹角 $\theta=0$，对上式积分有：

$$\int_{v_0}^{v} v\mathrm{d}v = -gl\int_0^{\theta}\sin\theta\mathrm{d}\theta$$

$$v = \sqrt{v_0^2 + 2gl(\cos\theta - 1)} \tag{6}$$

由（1.2.10）式得：

$$a_n = \frac{v^2}{R} \tag{7}$$

将式（6）、式（7）代入式（2）得：

$$F_n = m\left(\frac{v_0^2}{l} - 2g + 3g\cos\theta\right) \tag{8}$$

由式（6）、（8）看出，小球的速率 v 和细绳的张力 F_n 均随角度 θ 的变化而变化，请尝试讨论其极值问题。

2.4 牛顿定律的应用范围

运动学研究物体的运动时，参照系可以任意选择。但应用牛顿定律处理动力学问题时，参照系的选择就要慎重，因为牛顿定律仅适用于**惯性系**。可由实验判定一个参照系是否为惯性系。例如，选定一个参照系，若在该参照系中应用牛顿定律得到的结论，在要求的精确度范围内与实验吻合，即可判定该参照系为惯性系。

通常选择地面或固定于地面上的物体为惯性系，而地面上做变速运动的物体为非惯性系，如加速上升的电梯、做曲线运动的列车等。严格意义上讲，地面不是精确的惯性系，因为地球存在自转和公转，而傅科摆实验和一些自然现象均可证明这一点。以地心为原点，坐标轴指向恒星的参照系，称为地心参照系，是较地面参考系更为精确的惯性系。但由于太阳的公转，地心参照系也不是绝对精确的惯性系。若以太阳中心为原点，坐标轴指向恒星的参照系称为日心参照系，在该参照系中，牛顿定律结合万有引力定律，研究天体和宇宙飞行器的运动能得到与观测符合较好的结果。但是由于太阳系绕银河系的中心转动，故日心参照系也不是绝对精确的惯性系。

从 19 世纪末到 20 世纪初，物理学的研究领域发生了变化，开始从宏观领域延伸到微观领域，由低速运动扩展到高速运动。在高速和微观领域里，应用牛顿力学中的概念已经无法解释许多新的现象，显现出牛顿力学有一定的局限性。

牛顿力学只适用于解决宏观物体的低速运动问题，不适合于高速运动问题，物体的高速运动遵循爱因斯坦的相对论力学规律。牛顿力学也不适用于微观粒子，微观粒子的运动遵循量子力学规律。总之，牛顿力学的适用范围为宏观物体的低速运动。日常生活问题和目前的工程技术问题，绝大多数都属于宏观、低速范畴，因此，牛顿力学仍是科学技术的理论基础和解决工程实际问题的重要工具。

习题 2

一、选择题

2.1 根据牛顿定律，若不考虑空气阻力，试判断以下表述正确的是：______。

A．只有在静止的车厢内，乘客垂直向上跳起，才会落在车厢的起跳位置；

B．在匀速直线前进的车厢内，乘客垂直向上跳起，将落在起跳点的后方；

C．在加速直线前进的车厢内，乘客垂直向上跳起，将落在起跳点的后方；

D．在减速直线前进的车厢内，乘客垂直向上跳起，将落在起跳点的后方。

2.2 关于物体的惯性，试分析如下正确的理解为：______。

A．速度大的物体惯性大；　B．物体受的力越大，其惯性越大；

C．物体的体积越大，其惯性越大；　D．物体的质量越大，其惯性越大。

2.3 关于作用力与反作用力，试分析以下表述正确的为：______。

A．物体相互作用时，先有作用力，后有反作用力；

B．作用力与反作用力大小相等，方向相反，作用在同一直线上，因而该二力平衡；

C．作用力与反作用力可以是不同性质的力；

D．作用力与反作用力总是同时分别作用在相互作用的两个物体上。

2.4 将晒衣绳水平栓在间隔一定距离的两柱子上，若绳子中间晾晒质量为 m 的衣物，则绳子与水平方向所成夹角 θ，即绳子越接近水平，θ 角越小。试分析下列表述正确的是：______。

A．θ 角越小，绳子的张力越大；　B．绳子的张力和 θ 角无关；

C．θ 角越小，绳子越不容易断；　D．θ 角越大，绳子的张力越大。

2.5 设运动员沿固定于地面的圆弧形光滑滑梯由静止下滑，试判断运动员下滑过程：______。

A．受轨道作用力大小不断增加；

B．其加速度永远指向圆弧圆心，速率保持不变；

C．受到合外力大小变化，方向永远指向圆弧圆心；

D．受到合外力大小不变，速率不断增加。

2.6　家用汽车后窗玻璃可视为倾角θ的光滑斜面，现有小球用平行于斜面的细线连接并静止于玻璃上，设汽车启动时向前加速运动，试确定小球刚脱离玻璃时其加速度的大小为：______。

A．$g\sin\theta$；　B．$g\cos\theta$；　C．$g\tan\theta$；　D．$g\cot\theta$。

2.7　若相对于惯性系S，物体甲受到10N的合外力做初速度$6\text{m}\cdot\text{s}^{-1}$、加速度$0.5\text{m}\cdot\text{s}^{-2}$的匀减速直线运动，物体乙受到4N的合外力作初速度$3\text{m}\cdot\text{s}^{-1}$、加速度$0.2\text{m}\cdot\text{s}^{-2}$的匀加速直线运动，关于该两物体的惯性，试分析如下正确的结论是：______。

A．物体甲的惯性较大；　B．物体乙的惯性较大；

C．两者惯性一样大；　D．由所给条件无法确定。

2.8　若在垂直水平地面运动的升降机内称量混凝土的质量，升降机静止时称得其质量为500kg，升降机匀变速启动时，其质量读数为400kg，试判断此时升降机的加速度为：______。

A．$\frac{1}{5}g$、垂直向上；　B．$\frac{1}{5}g$、垂直向下；

C．g、垂直向上；　D．g、垂直向下。

2.9　设运动的电梯内不计质量的定滑轮两边各悬挂质量不等的物体，若电梯内乘客看到两物体保持平衡。试分析对于该乘客以下正确的结论是：______。

A．不可能，质量不同的物体不可能平衡；

B．有可能，此时电梯加速向上运动；

C．不可能，质量大的物体向下运动；

D．有可能，此时电梯作自由落体运动。

2.10　设水平力F把一个物体压靠在粗糙的垂直水平地面的墙面上保持静止，当F逐渐增大时，试判断该物体所受静摩擦力的大小为：______。

A．不为零，但保持不变；

B．随F成正比增大；

C．开始随F增大，达到最大值后保持不变；

D．由所给条件无法确定。

二、计算题

2.11　设一粒小冰雹自相对地面静止的冰雹云外圈自由下落，其相对地面的速度$\boldsymbol{v}=gc(1-\text{e}^{-t/c})\boldsymbol{j}\ \text{m}\cdot\text{s}^{-1}$，其中$g$为重力加速度的数值、$c$为大于零的常量，且已选择冰雹云外圈冰雹下落处为坐标原点，垂直地面向下为y轴正方向。试求该冰雹自由下落过程所受空气阻力。

2.12　若越野车及驾驶员总质量为$1.5\times10^3\text{kg}$，设该车以$36\text{m}\cdot\text{s}^{-1}$的速率在平直的高速公路作刹车试验，若设其制动阻力与时间成正比，比例系数$k=3000\text{N}\cdot\text{s}^{-1}$，试求：

（1）越野车从开始制动到停止行驶所需时间；

（2）越野车的刹车距离；

2.13　质量为m的子弹以速度$\boldsymbol{v}_0$水平射入沙丘，设子弹所受阻力与速度反向，其数值与速度大小成正比，比例系数为k，忽略子弹重力。试求：

（1）子弹射入沙丘后速度随时间变化关系；

（2）子弹进入沙丘的最大深度；

2.14　摩托快艇在平静的湖面行驶，若受到的摩擦阻力与其速率的平方成正比，设司乘人员及快艇总质量为m，试求快艇加速至速率v_0且关闭发动机后：

（1）其速率v随时间t的变化规律；

（2）其位移x随时间t的变化规律；

（3）其速率v与位移x之间的关系。

2.15　设汽车匀速率行驶在路面水平的公路上，若汽车转弯处轨道的半径为R，轮胎与路面间的摩擦系数为μ，要使汽车不发生侧向滑动，试求其在该处的安全行驶速率。

2.16　质量m的小学生沿固定于地面的圆弧形光滑滑梯如图 2.11 所示由静止下滑，试讨论其下滑过程的受力情况。

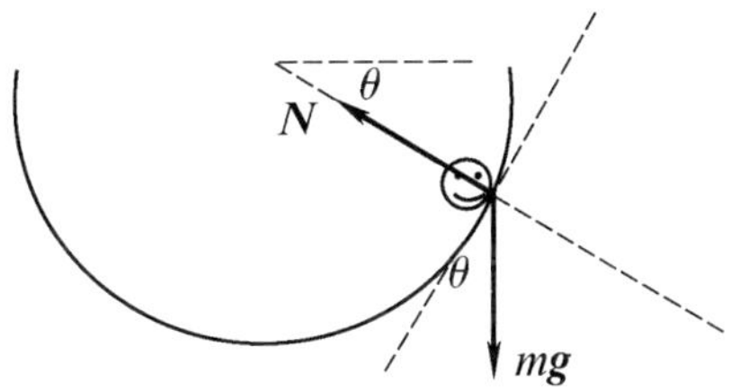

图 2.11　2.16 题用图

2.17　设有质量$m=0.5\text{ kg}$的苹果，其初始位置距离地球表面约$h=0.5\text{ km}$，已知地球质量$M=5.98\times10^{24}\text{kg}$。若苹果自由下落，试求该过程地球向苹果运动距离。

2.18　车辆零部件加工车间需要设计一套零部件传送装置，计划设计成底边长为 2.1m，倾角α的斜面，所用材料的摩擦系数为 0.14，以使得零部件可以在斜面顶端由静止下滑，并在最短的时间内滑到斜面底端。试问斜面倾角α应为何值？

2.19　建筑工地上吊车将两块混凝土预制板吊起至楼顶，其质量分别为$m_1=2.0\times10^2\text{ kg}$、$m_2=1.0\times10^2\text{ kg}$，且$m_1$叠压在$m_2$的上面。若仅考虑两块预制板的质量，试求两种情况下吊车起吊时，钢丝绳的张力及m_1对m_2的作用力：

（1）吊车以 $10.0\mathrm{m\cdot s^{-2}}$ 的加速度起吊；

（2）吊车以 $1.0\mathrm{m\cdot s^{-2}}$ 的加速度起吊。

2.20　设如图 2.12 所示的滑轮组，其中 A 为定滑轮、B 为动滑轮，且 $m_1 = 200$ g、$m_2 = 100$ g、$m_3 = 50$ g，若滑轮、绳索的质量以及摩擦均忽略不计，绳索相对滑轮无滑动，试求：

（1）每个物体的加速度；

（2）两绳索的张力 T_1、T_2。

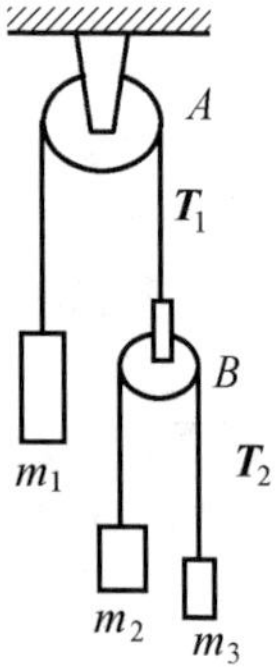

图 2.12　2.20 题用图

2.21　一轻绳跨过不计摩擦的定滑轮，绳的一端悬挂质量 m_1 的物体，另一端穿有质量 m_2 的细圆环，绳索相对滑轮无滑动。试求：

（1）当圆环相对轻绳以恒定加速度 a_2 沿轻绳下滑时，物体、圆环相对于地面的加速度；

（2）圆环与轻绳间的摩擦力。

2.22　为保障火车转弯时的行车安全，设计施工时除了要考虑火车的转弯速率及弯道处的曲率半径，还必须考虑铁轨的外轨适当高出内轨，称为外轨超高。现有质量为 m 的火车以速率 v 沿半径为 R 的圆弧轨道转弯，已知路面倾角为 θ。试求：

（1）火车速率 v_0 多少时可使内外双轨的侧压力为零；

（2）火车速率 $v \neq v_0$ 时车轮对铁轨的侧压力。

2.23　以加速度 $a = 1/4g$ 相对地面上升的升降机内，质量相同的物体 A、B 通过轻绳绕过定滑轮连接如图 2.13 所示，若滑轮质量不计，且忽略水平桌面、滑轮轴和空气的摩擦阻力，试求绳中张力。

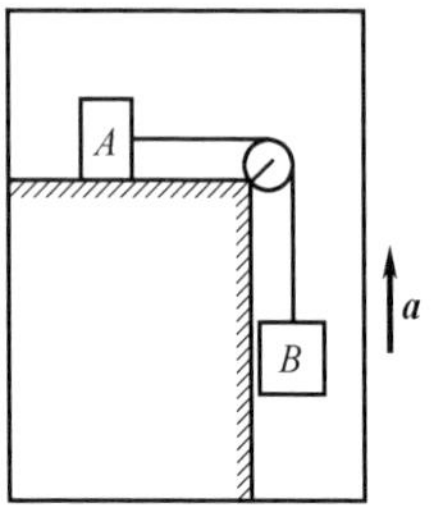

图 2.13　2.24 题用图

2.24 卡车车厢地板上有一木箱，距离车厢前挡板的长度 L=3.0 m，设木箱与地板间滑动摩擦系数 $\mu = 0.5$，若刹车时卡车的加速度 $a = 6\ \mathrm{m\cdot s^{-2}}$，且刹车初始木箱就向前滑动，试求木箱撞上挡板时相对卡车的速率。

2.25　质量为 m 的物体由长度 $BC = L_1$、$AB = L_2$ 的两根细线固定处于平衡态，如图 2.14 所示 L_1 的一端固定于天花板，且与竖直方向成 θ 夹角，L_2 水平拉直固定于墙壁。现将 L_2 剪断，试求：

（1）剪断瞬时物体的加速度；

（2）若 L_1 为长度相同的轻弹簧，剪断瞬时物体的加速度。

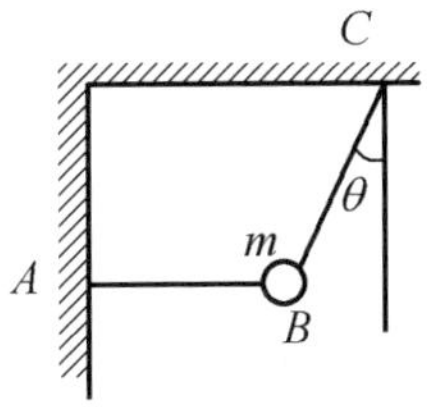

图 2.14　2.28 题用图

第 3 章

动力学基本定理与守恒定律

电子教案

牛顿第二定律反映了质点的加速度与其所受合力的瞬时关系，由此出发可以解决许多动力学问题。而力的持续作用下对物体产生的累积效应，在工程技术领域也有诸多应用。在力的累积作用下，质点或质点系的动量、角动量、机械能将发生变化或转移。另外，在一定条件下，质点系的动量、角动量和机械能又遵守守恒定律。应用守恒定律处理力学问题不必深究其物理过程的细节，就可由初始条件得到过程结束时的运动状态。物理学的发展表明，动量、角动量和能量是更为基本的物理量，对应的守恒定律既适用于宏观领域又适用于微观领域，比牛顿定律具有更广泛的应用范围。本章主要介绍动量定理、角动量定理、动能定理以及相应的守恒定律，最后简介质心运动定律。

3.1　动量定理及动量守恒定律

3.1.1　质点动量定理

视频讲解

1．冲量

恒力 $\boldsymbol{F}$ 作用于质点 Δt 时间间隔的冲量等于该恒力与其作用时间间隔的乘积，表示为：

$$\boldsymbol{I}=\boldsymbol{F}\Delta t \tag{3.1.1}$$

变力 $\boldsymbol{F}$ 的冲量可由微积分计算。计算 $\boldsymbol{F}$ 在 $\Delta t=t_2-t_1$ 内的冲量，先要将 Δt 微分，于是 $\mathrm{d}t$ 内 $\boldsymbol{F}$ 可视为恒力，其冲量表示为元冲量 $\mathrm{d}\boldsymbol{I}$，则 $\mathrm{d}\boldsymbol{I}=\boldsymbol{F}\mathrm{d}t$，最后考虑 Δt 内，变力 $\boldsymbol{F}$ 的冲量为：

$$\boldsymbol{I}=\int_{t_1}^{t_2}\mathrm{d}\boldsymbol{I}=\int_{t_1}^{t_2}\boldsymbol{F}\mathrm{d}t \tag{3.1.2}$$

在直角坐标系中冲量的分量式为：

$$\begin{cases}I_x=\int_{t_1}^{t_2}F_x\mathrm{d}t\\ I_y=\int_{t_1}^{t_2}F_y\mathrm{d}t\\ I_z=\int_{t_1}^{t_2}F_z\mathrm{d}t\end{cases} \tag{3.1.3}$$

冲量 $\boldsymbol{I}$ 是矢量，SI 单位为 $\mathrm{N \cdot s}$ 或 $\mathrm{kg \cdot m \cdot s^{-1}}$。

通常冲力为作用时间较短且变化较大的一类力。冲力随时间变化的规律不易测定，因此常用平均冲力替代。若有一恒力的冲量与变力 $\boldsymbol{F}$ 在相同时间间隔内的冲量相等，则该恒力就称为变力 $\boldsymbol{F}$ 的平均冲力，用 $\bar{\boldsymbol{F}}$ 表示，即有：

$$\bar{\boldsymbol{F}}(t_2 - t_1) = \int_{t_1}^{t_2} \boldsymbol{F} \mathrm{d}t$$

或

$$\bar{\boldsymbol{F}} = \frac{\int_{t_1}^{t_2} \boldsymbol{F} \mathrm{d}t}{t_2 - t_1} \tag{3.1.4}$$

虽然平均冲力不是冲力的精确描述，但在许多实际问题的应用中，这种近似处理可以较方便地满足解决问题的需求。

2．质点动量定理

牛顿第二定律可以表述为：

$$\boldsymbol{F} = \frac{\mathrm{d}\boldsymbol{p}}{\mathrm{d}t}$$

于是有：

$$\boldsymbol{F}\mathrm{d}t = \mathrm{d}\boldsymbol{p} = \mathrm{d}(m\boldsymbol{v})$$

上式两边积分得：

$$\int_{t_1}^{t_2} \boldsymbol{F} \mathrm{d}t = \boldsymbol{p}_2 - \boldsymbol{p}_1 = m\boldsymbol{v}_2 - m\boldsymbol{v}_1$$

其中 $\int_{t_1}^{t_2} \boldsymbol{F} \mathrm{d}t$ 为作用于质点的合力 $\boldsymbol{F}$ 在 $\Delta t = t_2 - t_1$ 内的冲量，于是上式可写为：

$$\boldsymbol{I} = \boldsymbol{p}_2 - \boldsymbol{p}_1 = m\boldsymbol{v}_2 - m\boldsymbol{v}_1 \tag{3.1.5}$$

即在给定的 Δt 内，合力作用于质点的冲量，等于质点在此时间间隔内动量的增量，此即**质点动量定理**。式（3.1.5）在直角坐标系内的分量式为：

$$\begin{cases} I_x = \int_{t_1}^{t_2} F_x \mathrm{d}t = mv_{2x} - mv_{1x} \\ I_y = \int_{t_1}^{t_2} F_y \mathrm{d}t = mv_{2y} - mv_{1y} \\ I_z = \int_{t_1}^{t_2} F_z \mathrm{d}t = mv_{2z} - mv_{1z} \end{cases} \tag{3.1.6}$$

牛顿第二定律反映的是质点受合力与其加速度之间的瞬时关系，而动量定理则反映力对质点作用 Δt 内所产生的累积效应，该效应导致质点动量的变化。应用动量定理时，只要计算出合力对质点的冲量，就能求得质点速度的变化。需要强调的是，动量定理与牛顿第二定律一样仅在惯性系成立。

例题 3.1.1 飞鸟对飞机的碰撞是威胁航空安全的重要因素之一，为避免此类事故的发生，机场通常都配备专门的驱鸟设施。设飞机以 $v = 240\ \mathrm{m \cdot s^{-1}}$ 的速率正常航行，不幸与质量为 $m = 0.50\text{kg}$ 、身长为 $L = 0.24\text{m}$ 的飞鸟相撞，试估算所产生的撞击力。

解：选地面为惯性系，与飞机航速相比，撞击前飞鸟的速度忽略不计，两者撞击产生的冲力即为撞击力，设撞击后飞鸟粉碎性伤亡，故可认为其紧贴机身并与飞机同速，则撞击时间为：

$$\Delta t = \frac{L}{v} = \frac{0.24}{240} = 1.0\times10^{-3}(\text{s})$$

由质点动量定理得：

$$\int_{t_1}^{t_2} \boldsymbol{F}\text{d}t = \boldsymbol{p}_2 - \boldsymbol{p}_1 = m\boldsymbol{v} - \boldsymbol{0}$$

故飞鸟受到的平均冲力大小为：

$$\overline{F} = \frac{\int_{t_1}^{t_2} F\text{d}t}{\Delta t} = \frac{mv-0}{\Delta t} = \frac{0.50\text{kg}\times240}{1.0\times10^{-3}} = 1.20\times10^{5}(\text{N})$$

由牛顿第三定律可知飞鸟作用于飞机的平均冲力大小也为 $1.20\times10^{5}\text{N}$ ，约为 12 吨物体的重力！由此可见，即便是体型不大、重量较轻的飞鸟也能重创飞机，从而造成机毁人亡的严重事故！

例题 3.1.2 冰壶又称“冰上溜石”，是一项传统技巧运动，1998 年长野冬奥会上被列为正式比赛项目。设质量约为 20kg 的冰壶在冰面上稳定滑动，$t = 0$ 时冰壶静止于坐标原点，在水平力 $\boldsymbol{F} = (3\boldsymbol{i} + 4t\boldsymbol{j})$ N 的作用下运动了 3s，若不计冰壶的转动，试求其末速度。

解：由题意不计冰壶转动，故可将其视为质点，设冰面水平并选其为惯性系，坐标原点位于冰面上，由题意已选平面直角坐标系，由质点动量定理得：

$$\int_{t_1}^{t_2} \boldsymbol{F}\text{d}t = \boldsymbol{p}_2 - \boldsymbol{p}_1 = m\boldsymbol{v}_2 - m\boldsymbol{v}_1$$

$t = 0$ 时冰球静止，即有：

$$\boldsymbol{p}_1 = m\boldsymbol{v}_1 = \boldsymbol{0}$$

故

$$\boldsymbol{p}_2 = \int_{t_1}^{t_2} \boldsymbol{F}\text{d}t = \int_0^3 (3\boldsymbol{i} + 4t\boldsymbol{j})\text{d}t = 9\boldsymbol{i} + 18\boldsymbol{j}(\text{N}\cdot\text{s})$$

冰球的末速度为：

$$\boldsymbol{v}_2 = \boldsymbol{p}_2/m = 0.45\boldsymbol{i} + 0.9\boldsymbol{j}(\text{m}\cdot\text{s}^{-1})$$

3.1.2 质点系动量定理和动量守恒定律

1. 质点系动量定理

由两个或两个以上有联系的质点组成的系统称为**质点系**，质点系内各质点间的相互作用力称为**内力**，质点系以外的物体对系统内质点的作用力称为**外力**。设 n 个质点构成质点系，对质点系内任意质点 i 应用质点动量定理得：

$$\int_{t_1}^{t_2} \boldsymbol{F}_i \mathrm{d}t = m_i \boldsymbol{v}_{i2} - m_i \boldsymbol{v}_{i1}$$

对质点系内所有质点求和得：

$$\int_{t_1}^{t_2} \sum_i \boldsymbol{F}_i \mathrm{d}t = \sum_i m_i \boldsymbol{v}_{i2} - \sum_i m_i \boldsymbol{v}_{i1} \tag{3.1.7}$$

式（3.1.7）左边表示作用于质点系所有外力及内力的冲量，于是有：

$$\int_{t_1}^{t_2} \sum_i \boldsymbol{F}_i \mathrm{d}t = \int_{t_1}^{t_2} \sum_i \boldsymbol{F}_i^{ex} \mathrm{d}t + \int_{t_1}^{t_2} \sum_i \boldsymbol{F}_i^{in} \mathrm{d}t$$

式（3.1.7）的右边两项分别表示质点系末态、初态质点动量的矢量和。对质点系而言，一对内力大小相等，方向相反，同时产生同时消失，故一对内力的冲量和必为零，且内力总是成对出现，故给定时间间隔内质点系所有内力的冲量和也为零，即 $\int_{t_1}^{t_2} \sum_i \boldsymbol{F}_i^{in} \mathrm{d}t = 0$，故得：

$$\int_{t_1}^{t_2} \sum_i \boldsymbol{F}_i^{ex} \mathrm{d}t = \sum_i m_i \boldsymbol{v}_{i2} - \sum_i m_i \boldsymbol{v}_{i1} \tag{3.1.8}$$

若用 $\boldsymbol{F}^{ex}$ 表示质点系所受合外力，用 $\boldsymbol{p}_0$ 和 $\boldsymbol{p}$ 表示质点系的初、末态总动量，则式（3.1.8）可写为：

$$\int_{t_1}^{t_2} \boldsymbol{F}^{ex} \mathrm{d}t = \boldsymbol{p} - \boldsymbol{p}_0 \tag{3.1.9}$$

上式为**质点系的动量定理**，即作用于质点系合外力的冲量等于质点系总动量的增量。在直角坐标系中该定理的分量式为：

$$\begin{cases} \int_{t_1}^{t_2} F_x^{ex} \mathrm{d}t = p_x - p_{x0} \\ \int_{t_1}^{t_2} F_y^{ex} \mathrm{d}t = p_y - p_{y0} \\ \int_{t_1}^{t_2} F_z^{ex} \mathrm{d}t = p_z - p_{z0} \end{cases} \tag{3.1.10}$$

值得注意的是：只有外力才对质点系总动量的变化有贡献，内力对质点系总动量的变化没有影响，但内力对质点系内各质点动量的改变有作用。

在 $\mathrm{d}t$ 内，质点系的动量定理可写为：

$$\boldsymbol{F}^{ex} \mathrm{d}t = \mathrm{d}\boldsymbol{p} \tag{3.1.11a}$$

或

$$\boldsymbol{F}^{ex} = \frac{\mathrm{d}\boldsymbol{p}}{\mathrm{d}t} \tag{3.1.11b}$$

式（3.1.11b）表明，作用于质点系的 $\boldsymbol{F}^{ex}$ 等于质点系总动量随时间的变化率。应该注意，此式在形式上与牛顿第二定律相似，但其中物理量的意义及其适用范围与仅适用于质点的牛顿第二定律有区别。

2. 质点系动量守恒定律

由质点系动量定理可知，当质点系所受合外力为零时，系统的总动量守恒，表示为：

$$\boldsymbol{F}^{ex}=\boldsymbol{0}\Rightarrow\boldsymbol{p}=\sum_{i=1}^{n}m_i\boldsymbol{v}_i=\text{恒矢量}\qquad(3.1.12)$$

式（3.1.12）为质点系**动量守恒定律**，即当质点系所受 $\boldsymbol{F}^{ex}$ 为零时，系统的总动量保持不变。

式（3.1.12）在直角坐标系的分量式为：

$$\boldsymbol{F}^{ex}=\boldsymbol{0}\Rightarrow\begin{cases}F_x^{ex}=0\Rightarrow p_x=\sum_{i=1}^{n}m_iv_{ix}=\text{恒量}\\F_y^{ex}=0\Rightarrow p_y=\sum_{i=1}^{n}m_iv_{iy}=\text{恒量}\\F_z^{ex}=0\Rightarrow p_z=\sum_{i=1}^{n}m_iv_{iz}=\text{恒量}\end{cases}\qquad(3.1.13)$$

应用质点系动量守恒定律应当注意以下几点：

（1）动量守恒是指质点系的总动量不变，即 $\sum_{i=1}^{n}m_i\boldsymbol{v}_i=\text{恒矢量}$，但对质点系内各质点的动量无限制。此外，各质点的动量必须相对于同一惯性参考系而言。

（2）$\boldsymbol{F}^{ex}=\boldsymbol{0}$ 是动量严格守恒的条件，但当 $\boldsymbol{F}^{ex}$ 远远小于质点系内力，或者 $\boldsymbol{F}^{ex}$ 不太大且作用时间较短，以致形成的冲量较小时，$\boldsymbol{F}^{ex}$ 对系统总动量的改变较小，此时可忽略 $\boldsymbol{F}^{ex}$ 的作用，认为质点系总动量近似守恒。如碰撞、爆炸等问题，一般均可忽略 $\boldsymbol{F}^{ex}$ 的影响，近似取系统总动量守恒。这样可以扩展动量守恒定律解决实际问题的范围。

（3）若系统所受 $\boldsymbol{F}^{ex}$ 不为零，但其在某个方向上的分量为零，此时系统的总动量虽不守恒，但在对应方向的分动量守恒。

（4）动量守恒定律是自然界的基本规律之一。自然界大到天体间的相互作用，小到质子、中子和电子等微观粒子间的相互作用都遵守动量守恒定律，而牛顿运动定律不适用于微观领域。

例题 3.1.3 设有一枚返回式火箭以 $v=2.5\times10^3\ \text{m}\cdot\text{s}^{-1}$ 的速率相对惯性系 S 沿水平方向飞行，如图 3.1 所示。现使质量为 $m_1=100\ \text{kg}$ 的仪器舱脱离，已知后方的返回舱质量为 $m_2=200\ \text{kg}$，且仪器舱相对返回舱的水平速率为 $v'=1.0\times10^3\ \text{m}\cdot\text{s}^{-1}$，不计空气阻力，试求两者相对 S 系的速度。

解：如图 3.1 所示，S 系为惯性系，设 $\boldsymbol{v}$ 为分离前火箭相对于 S 系（$Oxyz$）沿 xx' 轴的速度，$\boldsymbol{v}_1$ 和 $\boldsymbol{v}_2$ 为火箭分离后，仪器舱和返回舱相对于 S 系的速度，$\boldsymbol{v}'$ 为分离后仪器舱相对返回舱的速度，取返回舱为惯性系 S'（$O'x'y'z'$），S' 沿 xx' 轴以速度 $\boldsymbol{v}_2$ 相对于 S 系运动，由伽利略速度变换式（1.3.2）可得：

$$\boldsymbol{v}_1 = \boldsymbol{v}_2 + \boldsymbol{v}'$$

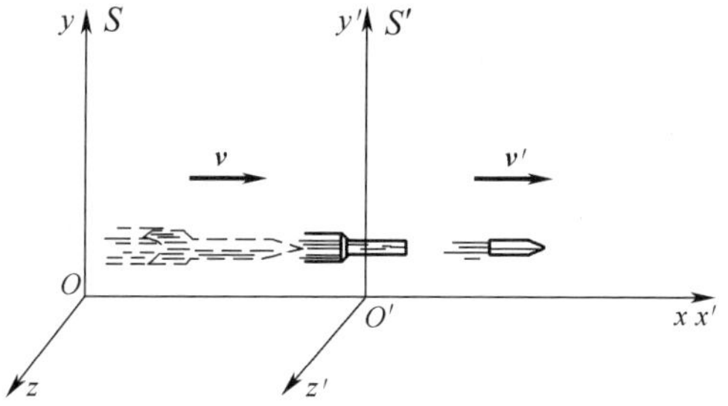

图 3.1　返回式火箭仪器舱的脱离

由于 $\boldsymbol{v}_1$、$\boldsymbol{v}_2$ 和 $\boldsymbol{v}'$ 均在同一方向上，故上式可写为：

$$v_1 = v_2 + v'$$

在火箭分离前后，整个系统在 xx' 轴方向上合外力为零，故沿 xx' 轴质点系动量守恒，即：

$$(m_1 + m_2)v = m_1 v_1 + m_2 v_2$$

解以上两式可得：

$$v_2 = v - \frac{m_1}{m_1 + m_2} v'$$

代入数据得 $v_1 = 3.17\times10^3\ \mathrm{m\cdot s^{-1}}$，$v_2 = 2.17\times10^3\ \mathrm{m\cdot s^{-1}}$。

v_1 和 v_2 均为正值，说明仪器舱、返回舱速度方向相同且与 $\boldsymbol{v}$ 同向，只不过仪器舱经火箭推动后速度变大，返回舱的速度却慢了，从而实现了动量的转移。

例题 3.1.4　设在光滑的水平面上有质量为 M、长为 l 的小车，如图 3.2 所示，车上一端有质量为 m 的少年，起初 m、M 均静止，若少年从车的一端走到另一端时，试求解少年与车相对地面运动的距离 s_m、s_M。

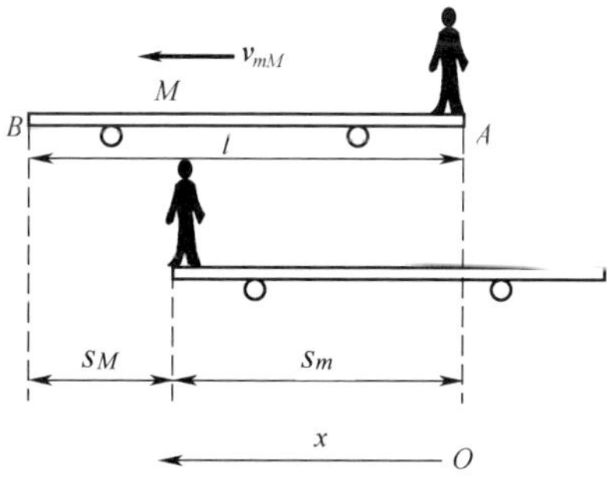

图 3.2　少年与小车

解：设 m、M 为质点系，取地面为惯性系，小车初态时 A 点为坐标原点，如图 3.2 所示，$\boldsymbol{v}_m$、$\boldsymbol{v}_M$ 分别为少年与小车相对于地面的速度，此系统在水平方向受合外力为零，故在此方向质点系动量守恒，即：

$$m\boldsymbol{v}_m + M\boldsymbol{v}_M = \boldsymbol{0}$$

因少年、小车在同一方向上做直线运动，故可写为标量式：

$$mv_m - Mv_M = 0$$

即

$$mv_m = Mv_M$$

该式两边对时间积分得：

$$m\int_0^t v_m \mathrm{d}t = M\int_0^t v_M \mathrm{d}t$$

于是：

$$ms_m = Ms_M$$

又因为：

$$s_m + s_M = l$$

由以上两式得：

$$\begin{cases} s_m = \dfrac{M}{m+M} l \\ s_M = \dfrac{m}{m+M} l \end{cases}$$

3.2 角动量定理及角动量守恒定律

3.2.1 质点角动量定理

1．质点的角动量

质量为 m 的质点的动量 $\boldsymbol{p} = m\boldsymbol{v}$，如图 3.3 所示，该质点相对坐标原点 O 的位矢为 $\boldsymbol{r}$，则其相对原点 O 的角动量为：

$$\boldsymbol{L} = \boldsymbol{r} \times \boldsymbol{p} = \boldsymbol{r} \times m\boldsymbol{v} \tag{3.2.1}$$

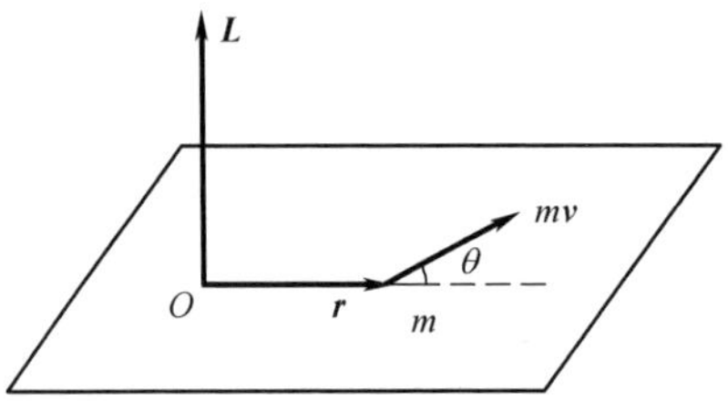

图 3.3　质点的角动量

其中 $\boldsymbol{L}$ 是矢量，SI 单位为 $\mathrm{kg \cdot m^2 \cdot s^{-1}}$，其方向垂直于 $\boldsymbol{r}$ 与 $\boldsymbol{v}$ 构成的平面，并遵守右手法则，$\boldsymbol{L}$ 的大小为：

$$L = rmv\sin\theta \tag{3.2.2}$$

其中 θ 为 $\boldsymbol{r}$ 与 $\boldsymbol{v}$ 之间的夹角。质点的角动量与参考点的选择有关，故在表述 $\boldsymbol{L}$ 时需指明参考点。

例题 3.2.1 地球同步卫星又称为对地静止卫星，为运行在地球同步轨道上的人造卫星。在地球同步轨道上布设 3 颗通信卫星，可实现除两极以外的全球通信。地球同步卫星的运行方向与地球自转方向相同，其运行轨道为位于地球赤道平面上的圆形轨道，到地心的距离约 4.225×10^4 km，其运行周期与地球自转周期相等。设一颗地球同步卫星的质量为 200 kg，试计算该卫星相对地心的角动量。

解：取地心为惯性系且又为坐标原点，设 t 时刻该卫星的位矢为 $\boldsymbol{r}$、速度为 $\boldsymbol{v}$，于是可得：

$$\boldsymbol{L}=\boldsymbol{r}\times\boldsymbol{p}=\boldsymbol{r}\times m\boldsymbol{v}$$

其中卫星 $\boldsymbol{v}$ 的大小为 $v=r\omega$，$\omega=\dfrac{2\pi}{T}=\dfrac{2\pi}{24\times3600}$，位矢与速度的夹角 $\theta=90°$，故角动量的大小为：

$$L=rmv\sin\theta=mr^2\omega$$

代入数据解得：

$$L=2.595\times10^{13}(\mathrm{kg\cdot m^2\cdot s^{-1}})$$

角动量的方向垂直于卫星相对于地心的 $\boldsymbol{r}$ 与 $\boldsymbol{v}$ 所确定的平面。

2．质点的角动量定理

将质点角动量定义式（3.2.1）两边对时间求导得：

$$\frac{\mathrm{d}\boldsymbol{L}}{\mathrm{d}t}=\frac{\mathrm{d}\boldsymbol{r}}{\mathrm{d}t}\times m\boldsymbol{v}+\boldsymbol{r}\times\frac{\mathrm{d}(m\boldsymbol{v})}{\mathrm{d}t} \tag{3.2.3}$$

显然式（3.2.3）中 $\dfrac{\mathrm{d}\boldsymbol{r}}{\mathrm{d}t}\times m\boldsymbol{v}=\boldsymbol{v}\times m\boldsymbol{v}=\boldsymbol{0}$，故有：

$$\frac{\mathrm{d}\boldsymbol{L}}{\mathrm{d}t}=\boldsymbol{r}\times\frac{\mathrm{d}(m\boldsymbol{v})}{\mathrm{d}t}=\boldsymbol{r}\times\boldsymbol{F} \tag{3.2.4}$$

定义

$$\boldsymbol{M}=\boldsymbol{r}\times\boldsymbol{F} \tag{3.2.5}$$

为力相对于参考点 O 的力矩，力矩是矢量，SI 单位为 N · m。于是式（3.2.4）可写为：

$$\boldsymbol{M}=\frac{\mathrm{d}\boldsymbol{L}}{\mathrm{d}t} \tag{3.2.6}$$

即作用于质点的合力矩等于其角动量对时间的变化率，此即**质点的角动量定理**。上式也可表述为积分形式：

$$\int_{t_0}^{t}\boldsymbol{M}\mathrm{d}t=\int_{L_0}^{L}\mathrm{d}\boldsymbol{L}=\boldsymbol{L}-\boldsymbol{L}_0 \tag{3.2.7}$$

其中 $\int_{t_0}^{t}\boldsymbol{M}\mathrm{d}t$ 为力矩对时间的累积效应，称为冲量矩。式（3.2.7）说明在 $\Delta t=t-t_0$ 内 $\boldsymbol{L}$ 的增量等于 Δt 内质点所获得的冲量矩。

如图 3.4 所示，作用于质点的力相对于参考点 O 的力矩为 $\boldsymbol{M}$，其方向垂直于 $\boldsymbol{r}$ 和 $\boldsymbol{F}$ 所在的平面，并遵守右手法则，力矩的大小为：

$$M = rF\sin\theta \tag{3.2.8a}$$

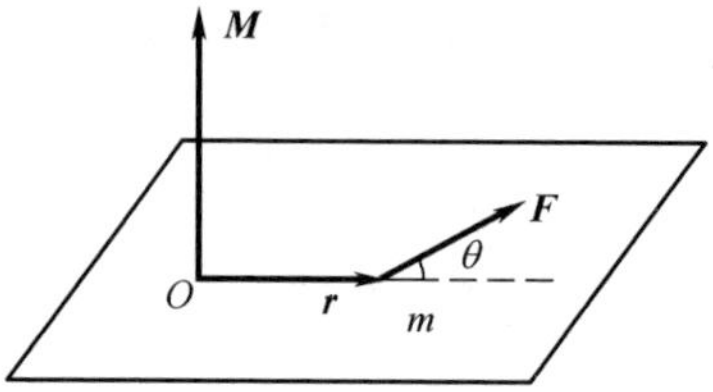

图 3.4　质点受到的力矩

因为 $F\sin\theta = F_t$，F_t 为力的切向分量，故 $\boldsymbol{M}$ 的大小可写为：

$$M = rF_t \tag{3.2.8b}$$

3.2.2　角动量守恒定律

当合力矩 $\boldsymbol{M} = \boldsymbol{0}$ 时，由质点角动量定理得到：

$$\boldsymbol{L} = \text{恒矢量} \tag{3.2.9}$$

质点角动量守恒定律：相对于惯性系某一定点，质点受到的合力矩为零，则质点对该参考点的角动量保持不变。应当注意：$\boldsymbol{L}$ 守恒的条件是合力矩 $\boldsymbol{M} = \boldsymbol{0}$。这有两种可能：一是合力 $\boldsymbol{F} = \boldsymbol{0}$；另一种是 $\boldsymbol{F}$ 虽不为零，但合力的力臂为零，故 $\boldsymbol{M} = \boldsymbol{0}$。

研究天体运动时常遇到角动量守恒的问题。例如，地球绕太阳运转时受到的力主要来自太阳的万有引力，该力对太阳中心的力矩为零，因此地球绕太阳公转的过程中，相对于太阳中心的角动量守恒。

例题 3.2.2　哈雷彗星绕太阳的运行轨迹为椭圆曲线，如图 3.5 所示，太阳位于椭圆的一个焦点，哈雷彗星距太阳的最近距离为 $8.75\times10^{10}\,\text{m}$，对应速率为 $5.46\times10^{4}\,\text{m}\cdot\text{s}^{-1}$，距太阳最远时速率为 $9.08\times10^{2}\,\text{m}\cdot\text{s}^{-1}$，求该彗星距太阳的最远距离。

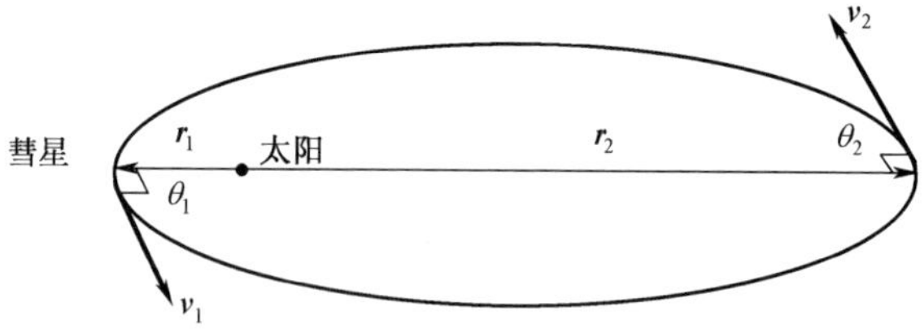

图 3.5　哈雷彗星绕太阳的运行轨迹

解：取太阳中心为惯性系，由于哈雷彗星绕太阳公转过程相对太阳中心所受力矩为零，故相对该中心彗星的角动量守恒，所以有：

$$\boldsymbol{L} = \text{恒矢量}$$

即：

$$r_1 m v_1 \sin\theta_1 = r_2 m v_2 \sin\theta_2$$

彗星距太阳最近、最远处均有：

$$\theta_1 = \theta_2 = 90^\circ$$

解得：

$$r_2 = 5.26\times10^{12}\text{（m）}$$

例题 3.2.3 开普勒第二定律也称面积定律，即相等时间内太阳中心与绕其运动行星中心的连线所扫过的面积相等。试应用角动量守恒定律证明该定律。

解：设行星在太阳引力作用下沿椭圆轨道运行，取太阳中心为惯性系，如图3.6所示，太阳位于椭圆轨道的一个焦点。由于引力的方向总是指向太阳中心，则行星所受到的引力对该中心的力矩为零，故行星对中心的角动量守恒，则：

$$\boldsymbol{L} = \boldsymbol{r}\times m\boldsymbol{v} = \text{恒矢量}$$

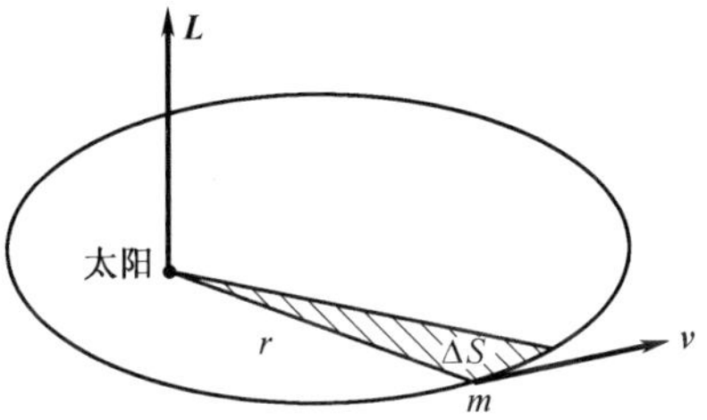

图 3.6　面积定律的证明

$\boldsymbol{L}$ 的方向不变说明由 $\boldsymbol{r}$ 和 $\boldsymbol{v}$ 所决定平面的方位不变，即行星总在同一个平面内运动。行星对该中心角动量的大小为：

$$L = rmv\sin\theta = rm\left|\frac{\mathrm{d}\boldsymbol{r}}{\mathrm{d}t}\right|\sin\theta = m\lim_{\Delta t\to 0}\frac{r|\Delta\boldsymbol{r}|\sin\theta}{\Delta t}$$

式中 $r|\Delta\boldsymbol{r}|\sin\theta$ 等于图3.6所示阴影部分三角形面积 ΔS 的两倍，则有：

$$r|\Delta\boldsymbol{r}|\sin\theta = 2\Delta S$$

代入上式可得

$$L = 2m\lim_{\Delta t\to 0}\frac{\Delta S}{\Delta t} = 2m\frac{\mathrm{d}S}{\mathrm{d}t}$$

于是位矢在单位时间内扫过的面积为：

$$\frac{\mathrm{d}S}{\mathrm{d}t} = \frac{L}{2m} = \text{常量}$$

即在相等的时间内，太阳与绕其运行的行星的连线所扫过的面积相等。

3.3 动能定理及机械能守恒定律

3.3.1 功 功率

1. 功

力对物体作用一段距离产生的力学效应，称为力对物体的空间累积效应。描述该效应的物理量称为功，SI 单位为 J 。

如图 3.7 所示，物体在恒力 $\boldsymbol{F}$ 的作用下沿直线产生位移 $\Delta\boldsymbol{r}$ ，则力对物体所做的功为：

$$W = F\Delta r\cos\theta \tag{3.3.1}$$

或

$$W = \boldsymbol{F}\cdot\Delta\boldsymbol{r} \tag{3.3.2}$$

当 $\boldsymbol{F}$ 与 $\Delta\boldsymbol{r}$ 的夹角 $0<\theta<\dfrac{\pi}{2}$ 时 $W>0$ ，力对物体做正功。当 $\dfrac{\pi}{2}<\theta\leqslant\pi$ 时 $W<0$ ，力对物体做负功。若 $\theta=\dfrac{\pi}{2}$， $W=0$ ，即力与位移垂直时做功为零，例如，物体在水平方向移动时，重力做功为零。

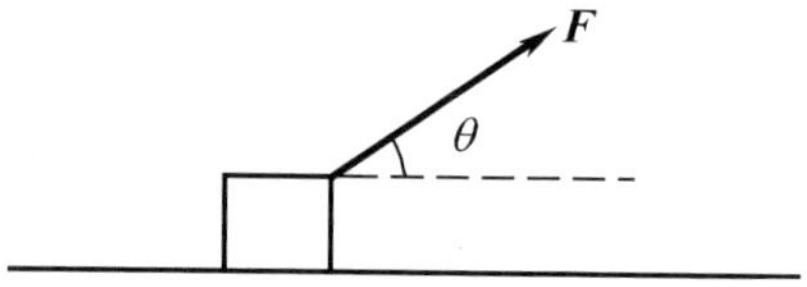

图 3.7 恒力做功

作用于物体的力为变力时，力对物体做的功可由积分计算。如图 3.8 所示，质点在变力作用下由点 A 沿曲线运动到点 B ，为求得该过程变力所做的功，可把曲线分割成无限多份，每一份称为位移元 $\mathrm{d}\boldsymbol{r}$ ，在 $\mathrm{d}\boldsymbol{r}$ 范围内力的变化微小近似做恒力处理，力做的功称为元功，用 $\mathrm{d}W$ 表示：

$$\mathrm{d}W = \boldsymbol{F}\cdot\mathrm{d}\boldsymbol{r} \tag{3.3.3}$$

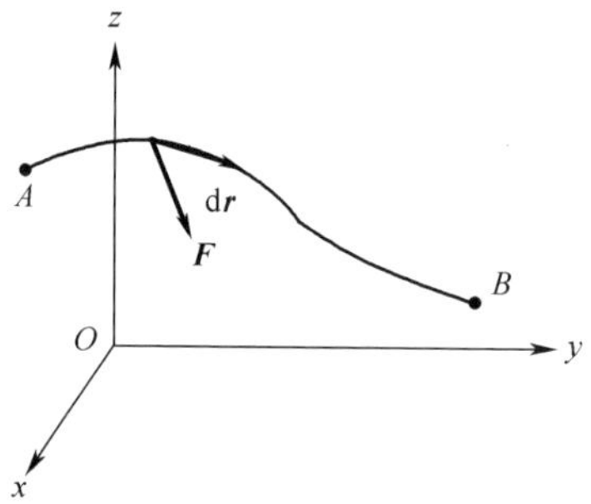

图 3.8 变力做功

质点由初始位置 A 运动到 B ，$\boldsymbol{F}$ 对质点做的功等于各位移元对应的元功之和：

$$W = \int \mathrm{d}W = \int_A^B \boldsymbol{F}\cdot\mathrm{d}\boldsymbol{r} \tag{3.3.4}$$

在直角坐标系中有：

$$\boldsymbol{F}=F_x\boldsymbol{i}+F_y\boldsymbol{j}+F_z\boldsymbol{k}, \quad \mathrm{d}\boldsymbol{r}=\mathrm{d}x\boldsymbol{i}+\mathrm{d}y\boldsymbol{j}+\mathrm{d}z\boldsymbol{k}$$

于是有：

$$W=\int_A^B \boldsymbol{F}\cdot\mathrm{d}\boldsymbol{r}=\int_A^B F_x\mathrm{d}x+\int_A^B F_y\mathrm{d}y+\int_A^B F_z\mathrm{d}z \tag{3.3.5}$$

若 $\boldsymbol{F}_1,\boldsymbol{F}_2,\cdots,\boldsymbol{F}_n$ 多个力作用于质点，设合力为 $\boldsymbol{F}$，由功的定义，此合力对质点所做的功为：

$$W=\int_A^B \boldsymbol{F}\cdot\mathrm{d}\boldsymbol{r}=\int_A^B(\boldsymbol{F}_1+\boldsymbol{F}_2+\cdots+\boldsymbol{F}_n)\cdot\mathrm{d}\boldsymbol{r}$$

或者写为：

$$\begin{aligned}W&=\int_A^B \boldsymbol{F}_1\cdot\mathrm{d}\boldsymbol{r}+\int_A^B \boldsymbol{F}_2\cdot\mathrm{d}\boldsymbol{r}+\cdots+\int_A^B \boldsymbol{F}_n\cdot\mathrm{d}\boldsymbol{r}\\&=W_1+W_2+\cdots+W_n\end{aligned} \tag{3.3.6}$$

上式表明合力对质点做的功，等于每个分力做功的代数和。

2．功率

功随时间的变化率称为功率，用 P 表示：

$$P=\frac{\mathrm{d}W}{\mathrm{d}t} \tag{3.3.7}$$

利用 $\mathrm{d}W=\boldsymbol{F}\cdot\mathrm{d}\boldsymbol{r}$ 可得：

$$P=\frac{\mathrm{d}W}{\mathrm{d}t}=\boldsymbol{F}\cdot\frac{\mathrm{d}\boldsymbol{r}}{\mathrm{d}t}=\boldsymbol{F}\cdot\boldsymbol{v} \tag{3.3.8}$$

SI 单位功率为 W。式（3.3.8）表明，当车辆爬坡时，要想获得较大的牵引力，必须以降低行驶速度为代价。

例题 3.3.1 农场工人从 10.0m 深的井中提水，初始桶中装有 10.0kg 的水，由于水桶漏水，提到井口时刚好全部漏完。试求水桶匀速提到井口，工人对桶内的水所做的功。

解： 取竖直向上为 y 轴正向，坐标原点位于井内水面处。桶内的水的质量因漏水随提升高度而变化，因此本题为变力做功问题。水桶在匀速上提过程中，工人对桶内水的拉力与桶中水的重力大小相等，而水重力的大小随其位置变化关系为 $G=(m-\alpha y)g$，由题意知，$\alpha=1.0\mathrm{kg\cdot m^{-1}}$，$m$ 为桶内水的质量，故工人对桶内的水所做的功为：

$$W=\int_0^{10.0}\boldsymbol{F}\cdot\mathrm{d}\boldsymbol{y}=\int_0^{10.0}(m-\alpha y)g\mathrm{d}y=490(\mathrm{J})$$

3.3.2 动能定理

1．质点的动能定理

质量为 m 的质点在合力 $\boldsymbol{F}$ 作用下，自点 A 沿曲线运动到点 B，如图 3.9 所示，设在点 A 和点 B 的速率分别为 v_1 和 v_2，取 A 点为惯性系，合力 $\boldsymbol{F}$ 与元位移 $\mathrm{d}\boldsymbol{r}$ 之间的夹角为 θ，由式（3.3.3）可得 $\boldsymbol{F}$ 对质点做的元功为：

$$dW = \boldsymbol{F}\cdot d\boldsymbol{r} = F\cos\theta|d\boldsymbol{r}|$$

由牛顿第二定律及切向加速度定义式（1.2.9）得：

$$F\cos\theta = ma_t = m\frac{dv}{dt}$$

考虑到速率 $v=\frac{|d\boldsymbol{r}|}{dt}$，$dW = mvdv$，于是质点自点 A 移到点 B 过程中，$\boldsymbol{F}$ 做的功为：

$$W=\int dW=\int_{v_1}^{v_2} mvdv = \frac{1}{2}mv_2^{\ 2}-\frac{1}{2}mv_1^{\ 2} \qquad (3.3.9)$$

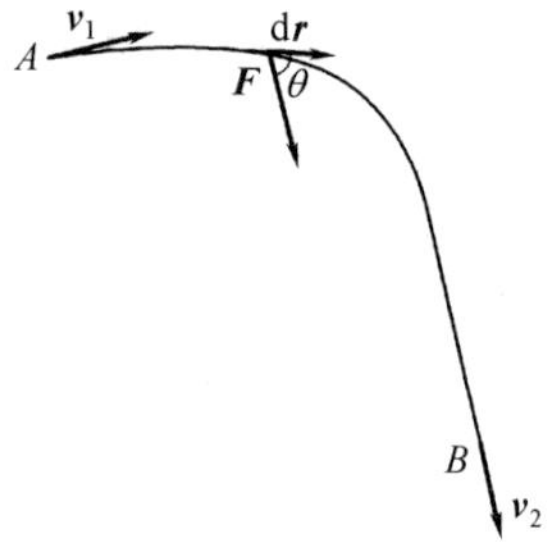

图 3.9　质点做功

上式表明合力对质点做功改变了质点的运动状态。不论合力如何变化，也不论质点运动的路径如何，合力对质点所做的功等于物理量 $\frac{1}{2}mv^2$ 的增量，而 $\frac{1}{2}mv^2$ 是与质点运动状态有关的量，称为质点的动能，用 E_k 表示，于是得到：

$$W = E_{k2} - E_{k1} \qquad (3.3.10)$$

式（3.3.10）为**质点的动能定理**，即合力对质点所做的功等于 E_k 的增量。

关于质点动能定理的两点说明：①只有合力对质点做功，才能使质点的动能发生变化，故功是能量变化的量度，动能与功的单位相同，功与力的作用下质点的位置移动过程相联系，故为**过程量**，而动能由质点的运动状态决定，故为**状态量**；②与牛顿第二定律一样，动能定理也只适用于惯性系，此外，质点的位移和速度依赖于惯性系的选取，故功和动能也依赖于惯性系的选取，但对不同惯性系，动能定理的形式相同。

例题 3.3.2　质量为 10kg 的物体做直线运动所受力与坐标的关系如图 3.10 所示。$x=0$ 时 $v=1\,\mathrm{m\cdot s^{-1}}$，试求 $x=16\,\mathrm{m}$ 处物体速度的大小。

解：取地面为惯性系，在 $x=0$ 到 $x=16\,\mathrm{m}$ 的过程中合力做功为：

$$W=\int dW=\int_0^{16} F_x dx$$

上式所表示功的大小等于力 F 与 x 轴所围面积，如图 3.10 所示，故得：

$$W = 40\mathrm{J}$$

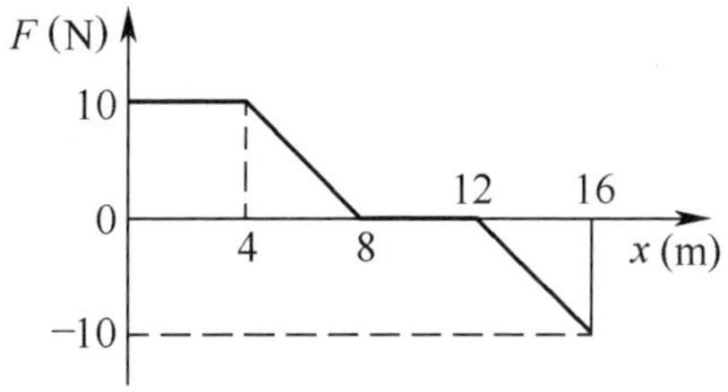

图 3.10　力与坐标关系

由动能定理得：

$$W = \frac{1}{2}mv_2^2 - \frac{1}{2}mv_1^2$$

解以上两式得：

$$v_2 = 3\text{m}\cdot\text{s}^{-1}$$

2. 质点系的动能定理

设质点系由 n 个质点构成，第 i 个质点受合外力 $\boldsymbol{F}_i^{ex}$、合内力 $\boldsymbol{F}_i^{in}$，设任意过程 $\boldsymbol{F}_i^{ex}$ 的功 W_i^{ex}，$\boldsymbol{F}_i^{in}$ 的功 W_i^{in}，由质点动能定理得：

$$W_i = W_i^{ex} + W_i^{in} = \frac{1}{2}m_i{v_{i2}}^2 - \frac{1}{2}m_i{v_{i1}}^2 \quad（i = 1, 2, \cdots, n）$$

上式两边对质点系所有质点求和有：

$$\sum_{i=1}^{n}W_i = \sum_{i=1}^{n}W_i^{ex} + \sum_{i=1}^{n}W_i^{in} = \sum_{i=1}^{n}\frac{1}{2}m_i{v_{i2}}^2 - \sum_{i=1}^{n}\frac{1}{2}m_i{v_{i1}}^2$$

或者写为：

$$W = W^{ex} + W^{in} = E_k - E_{k0} \tag{3.3.11}$$

上式为**质点系的动能定理**，即所有外力功与所有内力功的和等于质点系动能的增量。

应该指出：Δt 时间间隔内，质点系中各质点间内力的总冲量为零，所以质点系总动量的改变与质点间的内力无关，但是质点系各质点间内力的总功却不一定为零，故质点系总动能的改变不仅与外力有关，还与内力有关。

3.3.3 保守力与势能

1. 万有引力的功

若质量 m 的质点在质量为 M 质点的万有引力作用下运动，如图 3.11 所示，设 M 不动、m 由 a 运动到 b，则 M 对 m 的引力所做的功为：

$$W = \int_a^b \boldsymbol{F}\cdot \mathrm{d}\boldsymbol{r}$$

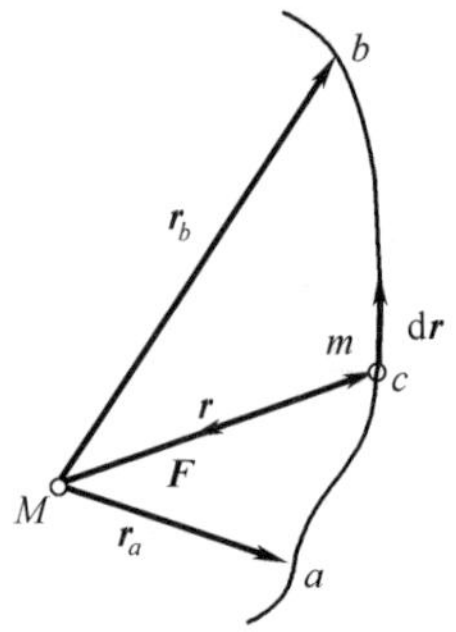

图 3.11　万有引力的功

在任意点 c 处 m 受到 M 的万有引力为 $\boldsymbol{F}=-\dfrac{GmM}{r^2}\boldsymbol{e}_r$，则有：

$$W=\int_a^b-\frac{GmM}{r^2}\boldsymbol{e}_r\cdot\mathrm{d}\boldsymbol{r}$$

其中

$$\boldsymbol{e}_r\cdot\mathrm{d}\boldsymbol{r}=|\boldsymbol{e}_r||\mathrm{d}\boldsymbol{r}|\cos\theta=\mathrm{d}r$$

得到：

$$W=-\int_a^b G\frac{mM}{r^2}\mathrm{d}r=GmM\left(\frac{1}{r_b}-\frac{1}{r_a}\right)\tag{3.3.12}$$

由式（3.3.12）知，万有引力的功只与质点的始末位置有关，与其经过的路径无关。

2. 重力的功

设质量为 m 的质点在地面附近受重力作用，如图 3.12 所示。由点 a 沿任意曲线运动至点 b，则重力做功为：

$$W=\int_a^b m\boldsymbol{g}\cdot\mathrm{d}\boldsymbol{r}=\int_{y_1}^{y_2}-mg\mathrm{d}y=-(mgy_2-mgy_1)\tag{3.3.13}$$

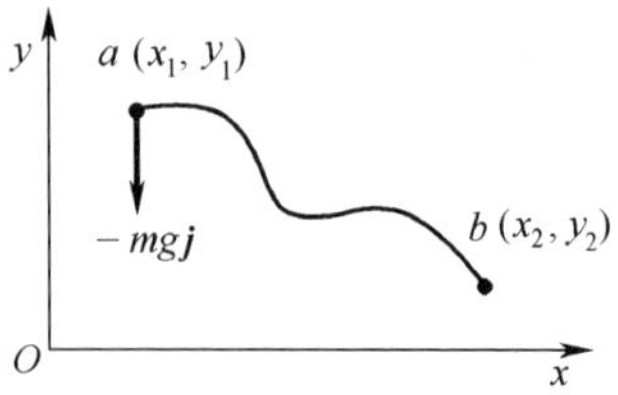

图 3.12　重力做功

由式（3.3.13）知重力做功也只与质点的始末位置有关，与其经过的路径无关。

3. 弹性力的功

光滑的水平桌面上放置一端固定另一端与质量为 m 的物体相连接的轻弹簧。其未发生形变时物体的位置称为平衡位置，如图 3.13 所示。以平衡位置为坐标原

点 O，向右为 Ox 轴正方向建立坐标系。当弹簧伸长或压缩时，质点偏离原点的位移为 $x\boldsymbol{i}$，故由胡克定律得 $\boldsymbol{F}=-kx\boldsymbol{i}$，在弹簧伸长或压缩过程中弹性力是变力，当物体由 x_1 运动到 x_2 时弹性力的功为：

$$W=\int_{x_1}^{x_2}-kx\mathrm{d}x=-\left(\frac{1}{2}k{x_2}^2-\frac{1}{2}k{x_1}^2\right) \tag{3.3.14}$$

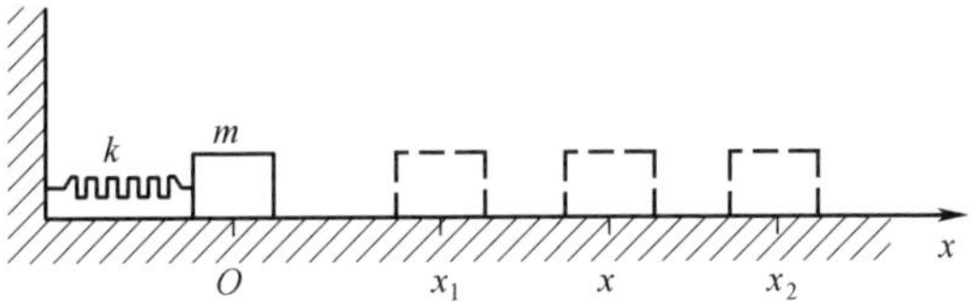

图 3.13　弹性力做功

式（3.3.14）表明，弹性力的功也只与弹簧的始末位置有关，与弹性形变的过程无关。

4．保守力与非保守力

由上述对万有引力、重力和弹性力做功的讨论可以看出，此类力所做的功只与质点的始、末位置有关，与路径无关。将做功具有此类特点的力称为**保守力**。如图 3.14 所示质点在保守力作用下自点 A 沿路径 ACB 或 ADB 到达点 B，由保守力做功与路径无关的特点可得：

$$\int_{ACB}\boldsymbol{F}\cdot\mathrm{d}\boldsymbol{r}=\int_{ADB}\boldsymbol{F}\cdot\mathrm{d}\boldsymbol{r}$$

即有：

$$W_{ACB}=W_{ADB}$$

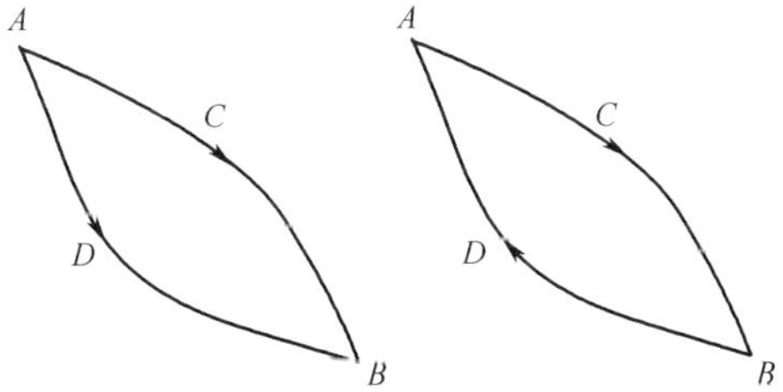

图 3.14　保守力做功

设质点沿图 3.14 所示 $ACBDA$ 闭合路径运动一周，则保守力对质点做的功为：

$$W=\oint\boldsymbol{F}\cdot\mathrm{d}\boldsymbol{r}=\int_{ACB}\boldsymbol{F}\cdot\mathrm{d}\boldsymbol{r}+\int_{BDA}\boldsymbol{F}\cdot\mathrm{d}\boldsymbol{r}$$

由于：

$$\int_{BDA}\boldsymbol{F}\cdot\mathrm{d}\boldsymbol{r}=-\int_{ADB}\boldsymbol{F}\cdot\mathrm{d}\boldsymbol{r}$$

则有：

$$W=\oint \boldsymbol{F}\cdot \mathrm{d}\boldsymbol{r}=0 \tag{3.3.15}$$

上式表明质点在保守力作用下沿任意闭合路径运动一周时，保守力对其做功为零。然而并非所有的力都具有做功与路径无关的特点，例如，摩擦力所做的功就与路径有关，这类做功与路径有关的力称为**非保守力**。

5．势能

由于保守力做功只与质点的始末位置有关，为此引入一种与质点位置有关的能量，称为势能，用符号 E_p 表示。选取无限远为零势点，则万有引力势能 $E_p=-G\dfrac{Mm}{r}$。选取坐标原点为零势点，则重力势能 $E_p=mgy$，选取弹簧平衡位置为坐标原点和零势点，则弹簧弹性势能 $E_p=\dfrac{1}{2}kx^2$。因此对应三种保守力做功的公式（3.3.12）～（3.3.14）可以写为：

$$W=GmM\left(\frac{1}{r_b}-\frac{1}{r_a}\right)=-(E_{p2}-E_{p1})$$

$$W=-(mgy_2-mgy_1)=-(E_{p2}-E_{p1})$$

$$W=-\left(\frac{1}{2}k{x_2}^2-\frac{1}{2}k{x_1}^2\right)=-(E_{p2}-E_{p1})$$

于是得到结论，保守力做功等于 E_p 增量的负值，即有：

$$W_{保}=-(E_{p2}-E_{p1}) \tag{3.3.16}$$

关于势能应当注意：

（1）E_p 是位置的函数，位置是描述质点运动状态的物理量，故 E_p 也是状态的函数，即有 $E_p=E_p(x,y,z)$；

（2）E_p 具有相对性，E_p 的值与其零点的选取有关；

（3）E_p 是属于存在保守力的系统的能量。

例题 3.3.3 从地球表面发射质量为 m 的探测飞船，试求能使飞船脱离地球引力成为人造行星所需的最小初速度。

解：选取飞船为研究对象，取地球中心为坐标原点，设地球为半径 R_e、质量为 M_e 的匀质球体。飞船从初始位置 $r_1=R_e$ 运动到终态位置 $r_2\to\infty$ 的过程中，万有引力的功为：

$$W=-\int_{R_e}^{\infty}G\frac{mM_e}{r^2}\mathrm{d}r$$

$$=GmM_e\left(\frac{1}{\infty}-\frac{1}{R_e}\right)=-G\frac{mM_e}{R_e}$$

考虑到所求为最小发射初速度，故 $r_2\to\infty$ 时，取飞船的速率 $v=0$，由动能定理得：

$$-G\frac{mM_e}{R_e} = 0 - \frac{1}{2}mv_0{}^2$$

解得：

$$v_0 = \sqrt{\frac{2GM_e}{R_e}}$$

飞船在地球表面时有：

$$G\frac{mM_e}{R_e^2} = mg$$

故得：

$$v_0 = \sqrt{\frac{2GM_e}{R_e}} = \sqrt{2gR_e} = 1.12\times10^4(\mathrm{m\cdot s^{-1}})$$

由上述讨论知，要使飞船脱离地球引力成为绕太阳飞行的人造行星，只要其发射速度的值不小于 v_0 即可，上式即为第二宇宙速度。

3.3.4 功能原理 机械能守恒定律

1．功能原理

质点系动能定理式（3.3.11）中，若将内力分为保守内力和非保守内力，则内力功相应地分为保守内力的功 W_c^{in} 和非保守内力的功 W_{nc}^{in} ，于是有：

$$W^{in} = W_c^{in} + W_{nc}^{in}$$

而保守内力的功为：

$$W_c^{in} = -(E_p - E_{p0})$$

故有：

$$W^{ex} + W_{nc}^{in} = (E_k + E_p) - (E_{k0} + E_{p0})$$

将动能与势能之和称为机械能，用 $E = E_k + E_p$ 表示，以 E_0、E 表示质点系初、末态机械能，则上式可写为：

$$W^{ex} + W_{nc}^{in} = E - E_0 \tag{3.3.17}$$

式（3.3.17）为**质点系的功能原理**，即质点系机械能的增量等于外力与非保守内力做功之和。

功总是与 E 的变化和转换相联系，是 E 变化和转化的量度，而 E 代表质点系在一定状态下所具有的做功本领。质点系的动能定理、功能原理从不同角度反映了功与 E 变化的关系，在具体应用时应根据不同研究对象和条件灵活选择。

2．机械能守恒定律

由质点系的功能原理式（3.3.17）知，若有：

$$W^{ex} + W_{nc}^{in} = 0$$

则有：

$$E = E_0$$

即有：

$$E_k + E_p = E_{k0} + E_{p0} = 常量 \tag{3.3.18}$$

式（3.3.18）的物理意义为：当作用于质点系的外力和非保守内力不做功时，质点系的总机械能守恒，此即**机械能守恒定律**。在机械能守恒的前提下，系统的动能和势能通过保守内力做功相互转化，但是其总和保持不变。

例题 3.3.4 设加农榴弹炮发射质量为 m 的炮弹，且以初速度 $\boldsymbol{v}_0$ 做斜抛运动，如图 3.15 所示，忽略阻力，试分别应用质点动能定理、功能原理和机械能守恒定律计算炮弹上升的最大高度 H 。

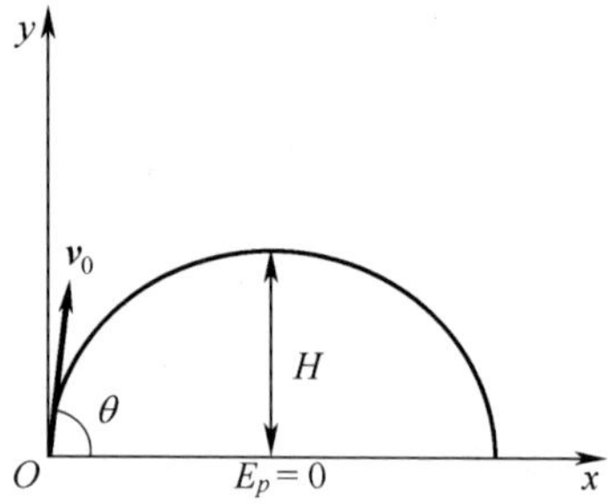

图 3.15 加农榴弹炮发射炮弹的轨迹

解：（1）以炮弹为研究对象，从发射至到达最大高度的过程中只受重力作用，由质点动能定理式（3.3.10）得：

$$-mgH = \frac{1}{2}m(v_0\cos\theta)^2 - \frac{1}{2}mv_0^2$$

$$\Rightarrow H = \frac{{v_0}^2\sin^2\theta}{2g}$$

（2）取炮弹、地球为质点系，坐标原点为零势点，由功能原理式（3.3.17）得：

$$0+0 = \left[\frac{1}{2}m(v_0\cos\theta)^2 + mgH\right] - \left(\frac{1}{2}mv_0^2 + 0\right)$$

$$\Rightarrow H = \frac{{v_0}^2\sin^2\theta}{2g}$$

（3）取炮弹、地球为质点系，坐标原点为零势点，由于：

$$W^{ex} + W_{nc}^{in} = 0$$

故机械能守恒：

$$E_k + E_p = E_{k0} + E_{p0}$$

即有：

$$\frac{1}{2}m(v_0\cos\theta)^2 + mgH = \frac{1}{2}mv_0^2 + 0$$

$$\Rightarrow H = \frac{{v_0}^2\sin^2\theta}{2g}$$

3.3.5 完全弹性碰撞与完全非弹性碰撞

两物体碰撞过程中，若内力较之外力大得多，则可将外力忽略不计，系统的动量近似守恒。若碰撞后两物体的机械能完全没有损失，这种碰撞称为**完全弹性碰撞**。两物体碰撞时由于非保守力作用，致使机械能转换为热能、声能、化学能等其他形式的能量，或者其他形式的能量转化为机械能，这种碰撞就是**非弹性碰撞**。若两物体在非弹性碰撞后合二为一且以相同的速度运动，这种碰撞就称为**完全非弹性碰撞**。

例题 3.3.5 设长为l的细绳子一端系着质量为m的钢球，另一端固定于O点，如图 3.16 所示。现把绳拉至水平位置后将钢球由静止释放，钢球在最低点和质量为m'的静止钢块发生完全弹性碰撞后反弹，试求碰撞后钢球回弹的高度。

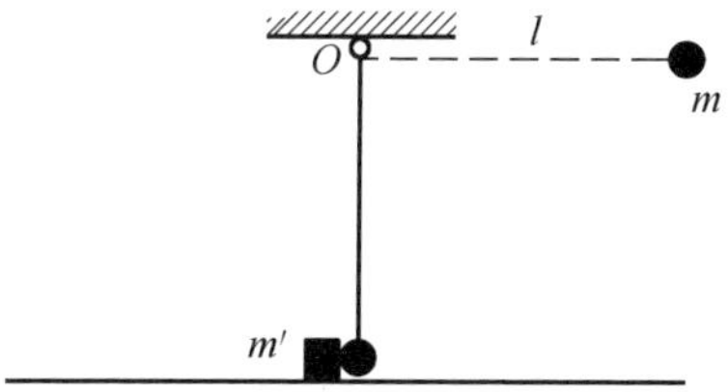

图 3.16 钢球与钢块的碰撞

解：由钢球、地球组成的系统在钢球下摆过程中机械能守恒，选钢球最低位置为重力势能零点，钢球到达最低位置时速率为v_0，则有：

$$mgl = \frac{1}{2}mv_0^2$$

在钢球和钢块组成的系统中，两者完全弹性碰撞过程中动量守恒、机械能守恒。设钢球、钢块碰撞后速度大小分别为v、V，由动量守恒定律及机械能守恒定律得：

$$mv_0 = -mv + m'V$$

$$\frac{1}{2}mv_0^2 = \frac{1}{2}mv^2 + \frac{1}{2}m'V^2$$

钢球与地球组成的系统，在钢球回弹过程中机械能守恒，设碰撞后钢球回弹高度为h，由机械能守恒定律得：

$$\frac{1}{2}mv^2 = mgh$$

故得：

$$h = \left(\frac{m'-m}{m'+m}\right)^2 l$$

例题 3.3.6 若在例题 3.3.5 中设与钢球碰撞的是质量为m'静止的粘土块，碰撞后粘在钢球上与其一起运动，则又能摆起多高？

解：钢球 m 下摆过程，钢球、地球组成的系统机械能守恒，以钢球最低位置为重力势能零点，钢球到达最低位置时速率为 v_0，则有：

$$mgl = \frac{1}{2}mv_0^2$$

钢球和粘土块完全非弹性碰撞的过程，两者组成的系统动量守恒，设两者碰撞后速率为 v，则有：

$$mv_0 = (m' + m)v$$

两者碰撞后将继续上摆，该过程粘土块、钢球及地球组成的系统机械能守恒，设碰撞后两者弹起的高度为 h，得：

$$\frac{1}{2}(m' + m)v^2 = (m' + m)gh$$

则有：

$$h = \frac{m^2 l}{(m' + m)^2}$$

3.3.6 能量守恒与转换定律

综上所述，功是过程量，机械能是状态量。动能定理说明了功是动能变化的量度，保守内力的功是势能变化的量度，功能原理说明质点系外力与非保守力做功之和是质点系机械能变化的量度，故功是系统能量变化的量度。

功能原理指明，系统机械能的增量等于外力的功和非保守内力的功之和，外力的功导致系统与外界进行能量交换。在外力不对系统做功的条件下，系统机械能的变化完全取决于非保守内力的功。若非保守内力的功大于零，则系统的机械能增加，若非保守内力的功小于零，则系统的机械能减少。例如，子弹射入沙箱、两球的非弹性碰撞等，均因系统所受摩擦力、阻力做负功使得系统的机械能减少。

人们在长期的生活实践和科学研究中认识到，自然界除了机械能以外，还有与热运动相联系的内能、与电磁现象相联系的电磁能、与化学反应相联系的化学能以及与原子核相联系的核能等。一个系统的机械能增加或减少的同时，必定伴随着其他形式能量的减少或增加。非保守力做功就是机械能与其他形式的能量相互转化的过程。例如，一辆行驶的汽车，发动机经高压气体对外做正功，使气体的内能转化为汽车的机械能，而汽车所遇到的部分摩擦力做负功，又使汽车的机械能转化为内能。电动机通过电磁力做功，使电磁能转化为机械能。人类的生命过程和劳动过程，从能量的角度看，就是化学能向机械能和内能不停转化的过程。人们通过大量的实践，总结出了各种形式能量的相互转化关系：对于一个孤立系统，其具有的各种形式能量的总和是守恒的，即孤立系统的能量之间可以相互转化和转移，但总能量保持不变，这就是**能量守恒与转化定律**，为自然界的基本规律。

3.4 对称性与守恒律

人们在日常生活中常说的对称性，一般是指物体或一个系统各部分之间比例适当、平衡及协调一致，从而产生一种简单性、和谐性及美感。自然界普遍存在对称性，如雪花、树叶、动物体形等均具有一定的对称性，此类形体的对称称为几何对称性。还有一类对称性是事物进程或物理规律的对称，称为物理对称性。

1918 年德国数学家艾米·诺特（A.E.Noether，1882～1935 年）提出著名的诺特定理：作用量的每一种对称性都对应一个守恒定律，对应一个守恒量。从而将对称性和守恒性这两个概念紧密地联系在一起。物理定律的对称性意味着物理定律在某种变换条件下的不变性，由物理定律的不变性，可以得到一种不变的物理量，称为守恒量。比如空间平移对称性对应动量守恒，空间旋转对称性对应角动量守恒，时间平移对称性对应能量守恒，电荷共轭对称性对应电量守恒等。爱因斯坦就是思考此类问题时，得到“在惯性参考系变换操作下，物理规律保持不变”的结论，这就是著名的狭义相对性原理。

3.5 质心运动定律

人们在观察物体运动时发现，尽管物体上各点的运动规律可能非常复杂，但是总有一个特殊点的运动规律比较容易确定。例如，跳水运动员在跳板上起跳后，不论在空中做多么复杂的动作，采取何种姿势入水，在入水前总有一个点的轨迹为抛物线，该点称为运动员的质心。研究质点系的运动时，质心是十分重要的概念。

3.5.1 质心位置的确定

设由 n 个质点组成的质点系如图 3.17 所示，则有：

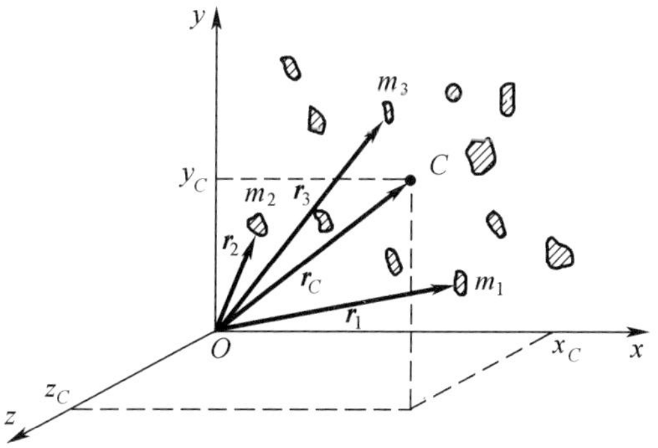

图 3.17　质心位置

$$\boldsymbol{r}_C=\frac{m_1\boldsymbol{r}_1+m_2\boldsymbol{r}_2+\cdots+m_n\boldsymbol{r}_n}{m_1+m_2+\cdots+m_n}=\frac{\sum_{i=1}^{n}(m_i\boldsymbol{r}_i)}{\sum_{i=1}^{n}m_i} \tag{3.5.1}$$

其中 $\sum_{i=1}^{n}m_i$ 为质点系各质点质量的总和，$\boldsymbol{r}_i$ 为第 i 个质点对坐标原点 O 的位矢，$\boldsymbol{r}_C$ 为质心对坐标原点 O 的位矢，称为**质心位矢**。式（3.5.1）在图 3.17 所示直角坐标系的分量式为：

$$x_C=\frac{\sum_{i=1}^{n}(m_ix_i)}{\sum_{i=1}^{n}m_i},\quad y_C=\frac{\sum_{i=1}^{n}(m_iy_i)}{\sum_{i=1}^{n}m_i},\quad z_C=\frac{\sum_{i=1}^{n}(m_iz_i)}{\sum_{i=1}^{n}m_i} \tag{3.5.2}$$

对于质量连续分布的物体，可认为由许多质量元 dm 组成，于是质心位矢为：

$$\boldsymbol{r}_C=\frac{\int\boldsymbol{r}\mathrm{d}m}{\int\mathrm{d}m} \tag{3.5.3}$$

式（3.5.3）在直角坐标系的分量式为：

$$x_C=\frac{\int x\mathrm{d}m}{\int\mathrm{d}m},\quad y_C=\frac{\int y\mathrm{d}m}{\int\mathrm{d}m},\quad z_C=\frac{\int z\mathrm{d}m}{\int\mathrm{d}m} \tag{3.5.4}$$

值得注意的是：对于质量均匀分布、几何形状对称的物体，其质心就位于其几何中心。例如，质量均匀分布的圆环形物体的质心位于圆环中心，质量均匀分布的球形物体的质心位于球心。

3.5.2 质心运动定律

由质点系质心位矢表达式（3.5.1）可得：

$$\sum_{i=1}^{n}m_i\,\boldsymbol{r}_C=\sum_{i=1}^{n}m_i\boldsymbol{r}_i$$

若质点系各质点质量总和为 m'，则有：

$$m'\boldsymbol{r}_C=\sum_{i=1}^{n}m_i\boldsymbol{r}_i$$

对于确定的质点系 m' 为定值，因此将上式两边对时间求一阶导数得：

$$m'\frac{\mathrm{d}\boldsymbol{r}_C}{\mathrm{d}t}=\sum_{i=1}^{n}\left(m_i\frac{\mathrm{d}\boldsymbol{r}_i}{\mathrm{d}t}\right) \tag{3.5.5}$$

其中 $\frac{\mathrm{d}\boldsymbol{r}_C}{\mathrm{d}t}$ 为质心的速度，用 $\boldsymbol{v}_C$ 表示。$\frac{\mathrm{d}\boldsymbol{r}_i}{\mathrm{d}t}$ 是第 i 个质点的速度，用 $\boldsymbol{v}_i$ 表示，于是式（3.5.5）可写为：

$$m'\boldsymbol{v}_C=\sum_{i=1}^{n}(m_i\boldsymbol{v}_i)=\sum_{i=1}^{n}\boldsymbol{p}_i \tag{3.5.6}$$

式（3.5.6）表明，质点系各质点动量的矢量和等于质点系 m' 与 $\boldsymbol{v}_C$ 的乘积，将 $m'\boldsymbol{v}_C$ 称为质心动量。将式（3.5.6）两边对时间再求一阶导数得：

$$\frac{\mathrm{d}(m'\boldsymbol{v}_C)}{\mathrm{d}t}=\frac{\mathrm{d}\left(\sum_{i=1}^{n}\boldsymbol{p}_i\right)}{\mathrm{d}t}=\sum_{i=1}^{n}\boldsymbol{F}_i \tag{3.5.7}$$

其中 $\sum_{i=1}^{n}\boldsymbol{F}_i$ 表示作用在质点系质点的一切力的合力。由牛顿第三定律可以证明质点系各质点内力之和恒为零，于是有 $\sum_{i=1}^{n}\boldsymbol{F}_i=\sum_{i=1}^{n}\boldsymbol{F}_i^{ex}$，$\sum_{i=1}^{n}\boldsymbol{F}_i^{ex}$ 表示作用在质点系的所有外力的矢量和，于是式（3.5.7）可写为：

$$\frac{\mathrm{d}(m'\boldsymbol{v}_C)}{\mathrm{d}t}=m'\boldsymbol{a}_C=\sum_{i=1}^{n}\boldsymbol{F}_i^{ex} \tag{3.5.8}$$

式（3.5.8）即为质心运动定理，可表述为质点系的 m' 与其质心加速度的乘积等于作用于质点系的所有外力的矢量和，在直角坐标系中的分量式为：

$$m'a_{Cx}=\sum_{i=1}^{n}F_{ix}^{ex}\,,\quad m'a_{Cy}=\sum_{i=1}^{n}F_{iy}^{ex}\,,\quad m'a_{Cz}=\sum_{i=1}^{n}F_{iz}^{ex} \tag{3.5.9}$$

质心运动定理表明，质点系质心的运动，可以看成一个质点的运动，该质点集中了整个质点系的质量，也集中了质点系所受的合外力。质心的运动状态完全取决于质点系受到的合外力，内力对质心的加速度无贡献。由质心运动定理容易解释跳水运动员在空中的运动，忽略空气阻力，运动员起跳后受的外力只有重力，故无论其在空中做任何复杂的动作，其质心的运动与质点在重力作用下的运动完全相同，其轨迹为抛物线。

研究刚体运动时，若刚体做平动，则刚体上各点的运动和质心的运动完全相同，因此应用质心运动定理就可以完全确定刚体的运动。若刚体做复杂运动，则可将其运动分解为质心的平动和绕过质心轴的转动，平动部分可用质心运动定理确定，刚体的转动部分将由刚体力学介绍。

习题 3

一、选择题

3.1　设相对于惯性系 S 质量分别为 M、m，且 $M>m$ 的两物体 A、B 沿直线同方向运动，且 A 速度数值较大，若两者受到相同的冲量作用，试分析如下正确的结论是：______。

A．A 动量增量的绝对值比 B 的小；
B．A 动量增量的绝对值比 B 的大。
C．A、B 的动量增量均相同；
D．A、B 的速度增量均相同。

3.2　关于质点系的总动量，试判断相对于惯性系 S 如下正确的表述为：______。
A．总动量的改变仅与内力有关；
B．总动量的改变仅与外力有关；
C．总动量的改变与内力、外力均有关；
D．总动量的改变与内力、外力均无关。

3.3　设力 $\boldsymbol{F}=12t\boldsymbol{i}$ N 作用于质量 $m=2.0$kg 的质点，使其由静止于坐标原点开始运动，试确定其在 3.0s 末的动量为：______。
A．$-54\boldsymbol{i}$ kg·m·s^{-1}；　　B．$54\boldsymbol{i}$ kg·m·s^{-1}；
C．$-27\boldsymbol{i}$ kg·m·s^{-1}；　　D．$-27\boldsymbol{i}$ kg·m·s^{-1}。

3.4　相对于惯性系 S，试判断如下关于功的正确表述是：______。
A．保守力作正功，系统动能一定增加；
B．保守力作正功，系统势能增加；
C．质点经闭合路径运动一周，保守力对质点作功为零；
D．作用力与反作用力大小相等方向相反，故两者作功的代数和必为零。

3.5　关于质点动能与动量的关系，试分析相对于惯性系 S 如下正确的表述为：______。
A．若质点的动能不变，则动量也一定不变；
B．若质点的动能变化，则动量不一定变化；
C．若质点的动量变化，则动能也一定变化；
D．若质点的动量不变，则动能也一定不变。

3.6　设人造地球卫星绕地球作椭圆轨道运动，且地球位于椭圆的一个焦点，试分析相对于该焦点如下正确的结论是：______。
A．卫星的动量不守恒，其动能守恒；
B．卫星的动量守恒，其动能不守恒；
C．卫星的角动量守恒，其动能不守恒；
D．卫星的角动量不守恒，其动能守恒。

3.7　设倾角不同，高度、质量均相同的两个光滑斜面放置于光滑水平面上，若两个同样的物体分别从两个斜面的顶点由静止开始滑下，试判断如下正确的结论是：______。
A．物体到达斜面底端时的动量相等；
B．物体和斜面、地球组成的系统机械能不守恒；
C．物体和斜面组成的系统水平方向上动量守恒；
D．物体到达斜面底端时的动能相等。

3.8　设质量分别为 m_1、m_2 的两个小球用劲度系数为 k 的轻弹簧相连，且放置于光滑水平桌面上。现以等值反向的水平力分别作用于两个小球使其沿相反方向运动，若以两小球和弹簧为系统，试分析如下正确的结论为：______。

A．动量、机械能均守恒；　　B．动量守恒，机械能不守恒；

C．动量不守恒，机械能守恒；　　D．动量、机械能均不守恒。

3.9　若子弹射入置于光滑水平地面且静止的木块后穿出，以地面为参考系，试判断以下表述正确的是：______。

A．子弹动能的减少等于其克服木块阻力所作的功；

B．子弹克服木块阻力所作的功等于该过程产生的热量；

C．子弹减小的动能转变为木块的动能；

D．子弹和木块组成的系统机械能守恒。

3.10　关于质点系问题，试确定相对于惯性系 S 质点系的内力可以改变系统的：______。

A．总质量；　　B．总动量；

C．总动能；　　D．质心加速度。

二、计算题

3.11　在我国高校新生军训活动中，大学生使用自动步枪进行实弹射击练习。设每秒射出 3 颗子弹，每颗子弹的质量为 20g，子弹射出枪口的速度 $200\text{m}\cdot\text{s}^{-1}$，试求该新生射击时受到的平均冲力。

3.12　质量为 3 T 的重锤自 1.5 m 高处自由下落到被加工工件上，设其作用时间为 0.01s，试求重锤对工件的平均冲力。

3.13　质量为 $2.4\times10^4\,\text{kg}$ 的装煤货车在平滑的铁轨上以 $v_0 = 2.0\text{m}\cdot\text{s}^{-1}$ 的初速度滑行，如图 3.18 所示，送料车在货车上方随其以 $1.9\text{m}\cdot\text{s}^{-1}$ 的速率前进，并以 $200\text{kg}\cdot\text{s}^{-1}$ 的泄漏率装车，试求装煤 30 s 后货车的行进速度。

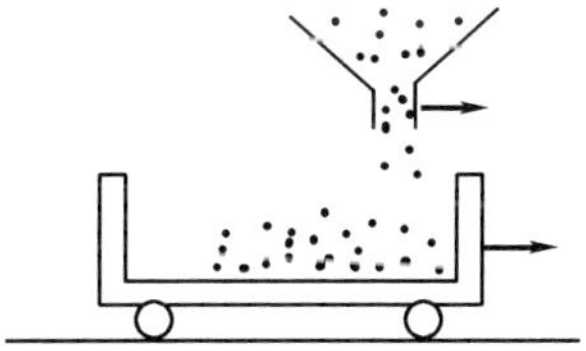

图 3.18　3.13 题用图

3.14　轻绳一端系着质量为 m 的质点，另一端受力 $\boldsymbol{F}$ 且穿过光滑水平桌面上的小孔 O 竖直向下，如图 3.19 所示，初始时刻质点以等速率 v 做半径为 r 的圆周运动，当 $\boldsymbol{F}$ 拉动绳子向正下方移动 $\frac{r}{2}$ 时，试求质点的速率 v'。

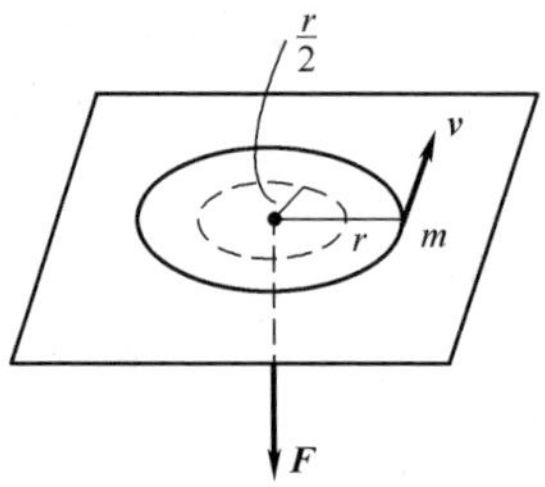

图 3.19　3.14 题用图

3.15　设自动步枪射击过程子弹在枪膛中所受合力为 $F=(800-6400x^3)$ N，若子弹在枪膛内行进的距离为 0.5m、质量为 20 g，试计算：

（1）合力对子弹做的功；

（2）枪膛出口处子弹的速度；

（3）合力对子弹的冲量。

3.16　质量分别为 0.5×10^3 kg、1.0×10^3 kg 的甲乙两船在平静的湖面上无动力平行相向航行，当两船擦肩相遇时，两船各自同时向对方平稳地传递 50 kg 的货物，导致甲船停止，而乙船以 $3.4\text{m}\cdot\text{s}^{-1}$ 的速度继续向前驶去，忽略不计湖水对船的阻力，试求在传递重物前两船的速度。

3.17　质量为 50 kg 的跳水运动员由 10.0m 跳台垂直跳入水池，设其入水后仅受水的阻碍而减速，对应加速度为 $a=-3v^2$，试求运动员入水后 2.0s 内所受阻力的冲量及阻力所做的功。

3.18　质量为 1.15×10^3 kg 的桑塔纳汽车在倾角为 $\alpha=30°$ 的斜坡起步时，在 2.0s 内由静止均匀加速到 $5.0\text{m}\cdot\text{s}^{-1}$，设车与地面的摩擦系数为 $\mu=0.7$，试求该时间间隔内汽车所受牵引力的冲量及牵引力做的功。

3.19　设有自动卸货矿车如图 3.20 所示，满载时由与水平地面成 $\alpha=30°$ 的斜面 A 点从静止开始下滑，设斜面对矿车的阻力为其车重的 0.25 倍，矿车下滑距离 l 后与缓冲弹簧一道沿斜面运动。当矿车使弹簧产生最大压缩形变时自动卸货，然后借助弹簧的弹性力作用返回 A 点再装货。设空载时矿车质量为 m，试问要顺利完成上述自动卸货过程，矿车满载时的质量应为多少？

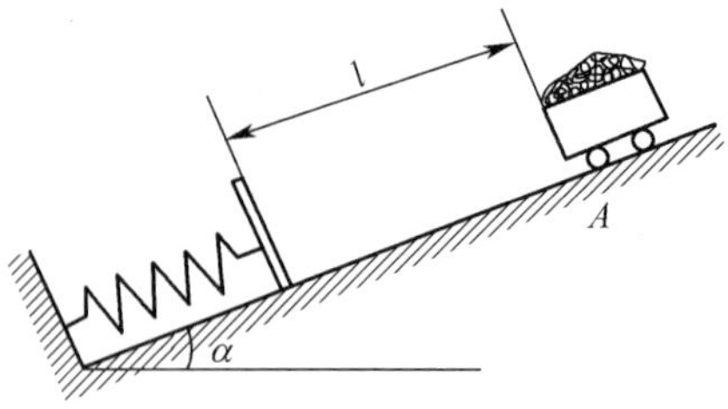

图 3.20　3.19 题用图

3.20 用铁锤把钉子钉入木板，设木板对钉子的阻力与其进入木板的深度成正比，若首次敲击可钉入木板1.0cm，第二次敲击仍保持首次敲击钉子的速度，试计算第二次敲击能把钉子钉入木板多深？

3.21 质量为m的地球卫星沿半径为$4R_e$的圆轨道运行，若R_e为地球半径，且已知地球质量m_e，地球表面重力加速度为g，试求：

（1）卫星相对于地心的角动量；

（2）卫星相对于地心的动能；

（3）卫星相对于地心的机械能。

3.22 速率为v的电子与初态静止的氢原子发生对心弹性碰撞，已知氢原子质量约为电子质量的1840倍，试计算碰撞后电子与氢原子的动能之比。

323 质量为$m_1 = 0.5\text{kg}$的飞鸟在距地面$h = 19.6\text{m}$处以水平速度$v_1 = 5.0\text{m}\cdot\text{s}^{-1}$飞行，被质量为$m_2 = 20\text{g}$与水平方向夹角为$\alpha = 53°$射出的子弹迎面击中留在体内，设子弹射出时速率为$v_2 = 500\text{m}\cdot\text{s}^{-1}$，试计算飞鸟着地点与被击中点的水平距离。

3.24 一种实验装置置于水平地面如图3.21所示，由轻弹簧将质量为m_1、m_2的两平板相连，试问：

（1）若$m_2 > m_1$，则对m_1施加多大正压力$\boldsymbol{F}$，方可在其突然撤去时m_1跳起且恰好带动m_2离开地面；

（2）若m_1、m_2交换位置结果又如何？

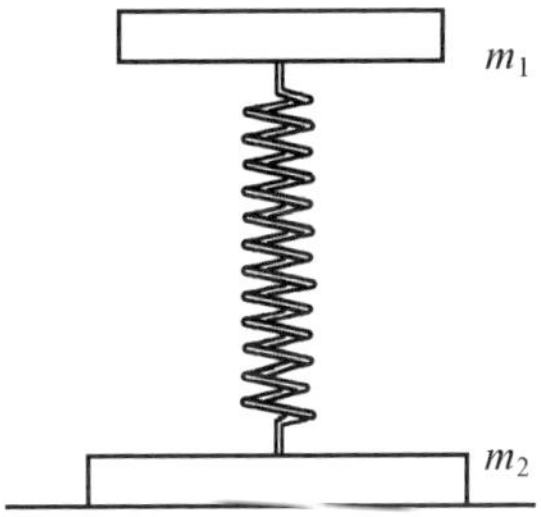

图3.21 3.24题用图

3.25 由传送带与板车构成的运货系统如图3.22所示，已知板车与传送带间的高度差为$h = 0.6\text{m}$，货物与车板间的摩擦系数为$\mu = 0.4$，取$g = 10\text{m}\cdot\text{s}^{-2}$，板车与地面间的摩擦忽略不计。若传送带以$v_0 = 2.0\text{m}\cdot\text{s}^{-1}$的速度把$m = 20.0\text{kg}$的货物运送到坡道的上端，货物自动沿光滑坡道下滑装入$M = 40.0\text{kg}$的板车，试求：

（1）初始时货物与板车底面有相对滑动，当其对板车保持相对静止时车的速度为多大？

（2）从货物送上板车到其相对板车静止需要多少时间？

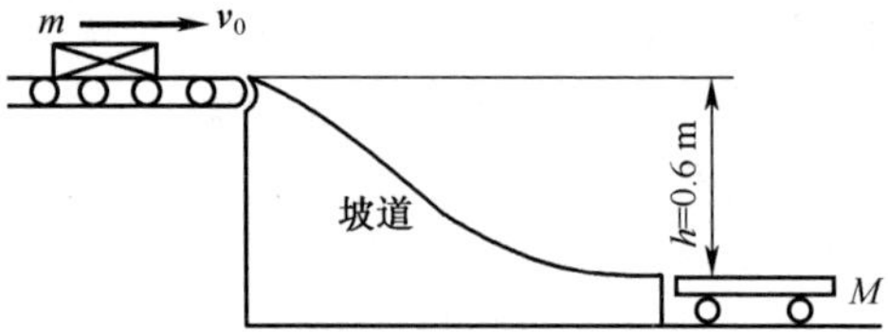

图 3.22　3.25 题用图

3.26　如图 3.23 所示，设雪橇从高度为 $h=50\text{m}$ 的山坡上 A 点沿冰道由静止下滑，山顶到山下的坡道长为 500 m 。雪橇滑至 B 点后又沿水平冰道继续滑行，最后停止在 C 点。雪橇与冰道的摩擦系数为 $\mu=0.05$，点 B 附近可视为连续弯曲的滑道，且空气阻力不计，试求雪橇沿水平冰道滑行的距离。

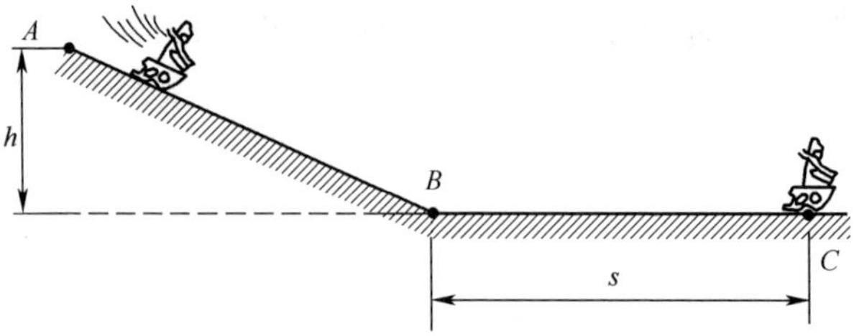

图 3.23　3.26 题用图

第 4 章

刚体定轴转动

电子教案

前三章主要讨论了物体机械运动中最简单的质点运动规律。然而对于机械运动的研究，仅局限于不考虑物体大小和形状的质点模型是有缺憾的，当物体的大小和形状均影响到其运动时，必须放弃质点模型，转而借助其他理想模型研究物体的运动规律。若在外力作用下，物体的形状变化较小，以至于对研究结果无明显影响可忽略不计，这时就可以把此类物体简化为刚体模型。所谓**刚体**就是在力的作用下形状与大小均不变化的物体，或者在力的作用下任意两质点间距离均保持不变的质点系。本章重点讨论刚体的定轴转动问题，主要内容包括刚体转动惯量、平行轴定理、刚体定轴转动定律，以及刚体定轴转动角动量定理、角动量守恒定律和刚体定轴转动动能定理等。

刚体的运动可分为平动和转动两大类，刚体任何复杂的运动均可以看成两者的合成。若刚体所有点的运动情况完全相同，或者在任意时刻，刚体中任意一条直线始终同其原来位置保持彼此平行，此类运动就称为**平动**。扶手电梯的运动（图 4.1）、活塞的运动及缆车的运动等均可视为刚体的平动。这时可选择刚体内任意一点的运动代表整个刚体的运动，一般选用质心较为方便，因此刚体的平动可选用质点模型讨论。

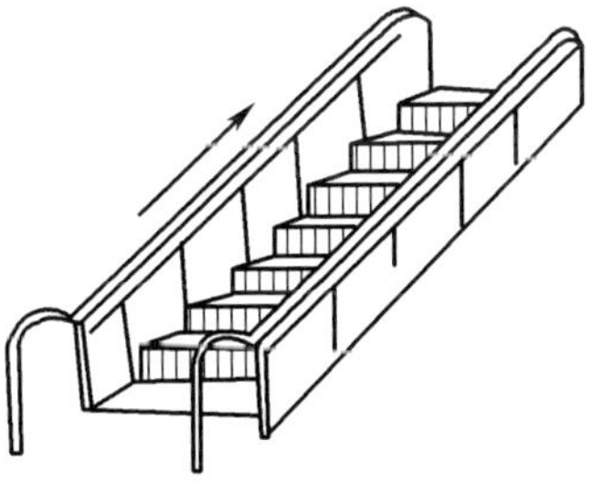

图 4.1　刚体的平动

若刚体内所有点都绕同一直线做圆周运动，刚体的这种运动称为**转动**，该直线称为**转轴**。转动又可分为定轴转动与非定轴转动，若转轴相对某惯性系静止，此类转动就称为**定轴转动**，此时的转轴又称为**定轴**。如房间的门、宿舍的窗、车床的主轴等此类绕相对地面静止轴的转动即为定轴转动。本章将详细讨论刚体的定轴转动，此类转动是刚体力学的基础，也是工程技术领域及日常生活常见的转动。

4.1 刚体定轴转动的角量描述

4.1.1 刚体定轴转动的角速度和角加速度

刚体做定轴转动时，刚体上各点均绕固定轴做半径不同的圆周运动，虽然其位移、速度各不相同，但各点在相同的时间内转过的角度均相等，因此采用角量描述刚体的定轴转动较为方便。

在刚体上任意选定 P 点，其距转轴的距离为 r，过 P 点作垂直于转轴的平面，该平面称为**转动平面**，如图 4.2 所示，则 P 点在此平面内做圆周运动。以转动平面与转轴的交点 O 为坐标原点，并在转动平面内过 O 点取一定直线作为坐标轴 Ox。

于是刚体的方位可由原点 O 到转动平面上任一点 P 的位矢 $\boldsymbol{r}$ 与 Ox 轴的夹角 θ 确定，θ 称为**角坐标**。当刚体绕固定轴转动时，θ 随时间 t 改变，即有 $\theta=\theta(t)$。

1．刚体定轴转动的角速度

如图 4.3 所示，刚体绕固定轴转动，t 时刻刚体上一点 P 的位矢 $\boldsymbol{r}$ 对 Ox 轴的角坐标为 θ，经过时间间隔 $\mathrm{d}t$ 后，P 点的角坐标为 $\theta+\mathrm{d}\theta$，$\mathrm{d}\theta$ 为刚体对应 $\mathrm{d}t$ 的角位移。

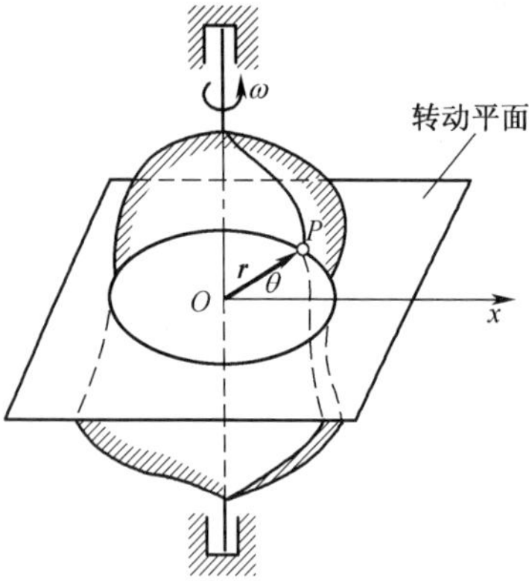

图 4.2 定轴转动的转动平面

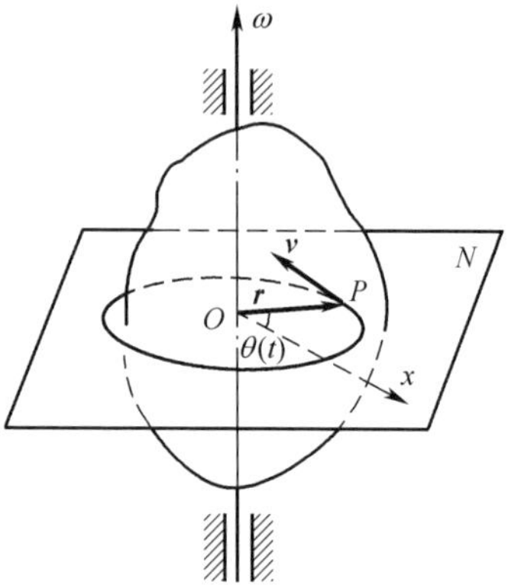

图 4.3 定轴转动的角坐标

于是刚体对转轴的角速度为：

$$\omega=\frac{\mathrm{d}\theta}{\mathrm{d}t} \tag{4.1.1}$$

研究刚体的转动时，不但要确定角速度的大小，还要确定刚体转动的方向。

如图 4.4 所示，可由右手**螺旋法则**判定角速度的方向，即右手四指沿刚体转动的方向弯曲，拇指的指向即为角速度的方向。

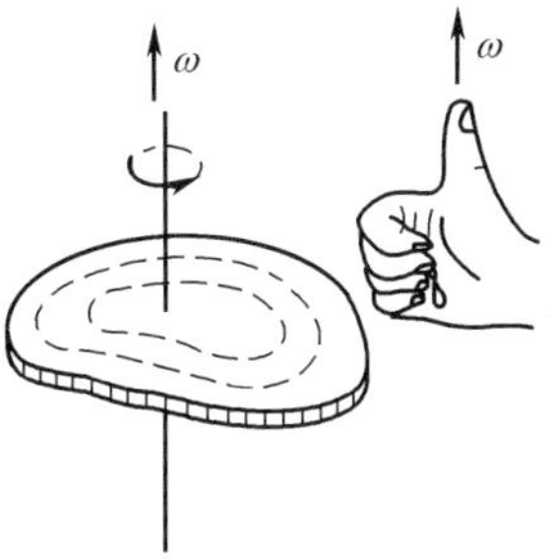

图 4.4　右手螺旋法则

刚体定轴转动时，ω 的方向沿转轴向上或向下，常用正负区分。

2．刚体定轴转动的角加速度

设 t 时刻刚体角速度为 ω，经过时间间隔 $\mathrm{d}t$ 后，角速度为 $\omega+\mathrm{d}\omega$，$\mathrm{d}\omega$ 为刚体在 $\mathrm{d}t$ 时间内的角速度增量。于是刚体对转轴的角加速度为：

$$\alpha=\frac{\mathrm{d}\omega}{\mathrm{d}t}=\frac{\mathrm{d}^2\theta}{\mathrm{d}t^2} \tag{4.1.2}$$

对于定轴转动的刚体，角加速度的方向也始终沿着转轴的方向，因此也可用正负来表示。若 α、ω 的方向一致，则刚体做加速转动，反之，刚体做减速转动。

4.1.2　匀变速转动公式

当刚体绕定轴转动时，若 ω 为一定值，则刚体做匀角速转动，例如，用于车床加工固定工件的卡盘的转动即为匀角速转动。若在任意相等时间间隔内，ω 的增量均相等，这种变速转动称为**匀变速转动**，匀变速转动时 α 为恒量。

由式（4.1.1）、式（4.1.2）可求得刚体绕定轴匀变速转动时 θ、ω、α 与时间 t 的关系，与质点匀变速直线运动公式对比如表 4.1 所示。

表 4.1　刚体匀变速转动与质点匀变速直线运动的对比

质点做匀变速直线运动	刚体绕定轴做匀变速转动
$v=v_0+at$	$\omega=\omega_0+\alpha t$
$x=v_0t+\frac{1}{2}at^2+x_0$	$\theta=\omega_0t+\frac{1}{2}\alpha t^2+\theta_0$
$v^2=v_0^2+2a(x-x_0)$	$\omega^2=\omega_0^2+2\alpha(\theta-\theta_0)$

4.1.3　角量与线量的关系

当刚体绕定轴转动时，刚体内质点绕转轴做半径不同的圆周运动，因此可将

1.2 节有关圆周运动的角量与线量的关系，用以表述刚体定轴转动时角量与线量的关系：

$$v = r\omega \tag{4.1.3}$$

$$a_t = r\alpha \tag{4.1.4}$$

$$a_n = r\omega^2 \tag{4.1.5}$$

其中 r 为各质点到转轴的垂直距离。

例题 4.1.1 回转工作台是铣床的主要附件之一，可分别以立式与水平两种方式安装于主机工作台上，如图 4.5 所示。回转工作台立式放置与尾座配合使用时，可对较复杂的工件进行圆周分度钻削或铣削，广泛应用于汽车零部件制造、机械加工等行业。

图 4.5 回转工作台

设回转工作台以角加速度 $\alpha = 0.314\text{rad}\cdot\text{s}^{-2}$ 由静止状态加速转动，试求：

（1）工作台旋转 10 圈需要多长时间；

（2）何时工作台转速达到 $10\text{r}\cdot\text{min}^{-1}$。

解：利用表 4.1 中匀变速转动公式即可求解此题。

（1）由

$$\Delta\theta = \theta - \theta_0 = \omega_0 t + \frac{1}{2}\alpha t^2$$

得

$$\Delta\theta = 20\pi = 0 + \frac{1}{2}\times 0.314 t^2$$

解得 $t = 20(\text{s})$。

（2）由匀变速角加速度公式 $\alpha = \dfrac{\omega - \omega_0}{t}$ 可得：

$$\omega = \frac{10\times 2\pi}{60} = 1.05(\text{rad}\cdot\text{s}^{-1})$$

$$t = \frac{\omega - \omega_0}{\alpha} = \frac{1.05}{0.314} = 3.3(\text{s})$$

例题 4.1.2 训练宇航员适应高加速环境的离心机如图 4.6 所示，设宇航员所在处距离心机圆心 $r = 20\text{m}$，试求：

（1）若宇航员法向加速度的值为 $9g$，离心机的恒定角速度为多大？

（2）若离心机在 120s 内由静止匀加速到上述恒定角速度，宇航员的切向加速度为多大？

解：（1）由于 ω 恒定，故 $a_t = 0$，$a = a_n = r\omega^2 = 9g$，即：

$$\omega = \sqrt{\frac{a_n}{r}} = \sqrt{\frac{9\times 9.8}{20}} = 2.1(\text{rad}\cdot\text{s}^{-1})$$

（2）离心机的角加速度为：

$$\alpha = \frac{\omega - \omega_0}{\Delta t} = \frac{2.1 - 0}{120} = 0.0175(\mathrm{rad \cdot s^{-2}})$$

离心机边缘处的切向加速度为：

$$a_t = r\alpha = 20 \times 0.0175 = 0.35(\mathrm{m \cdot s^{-2}})$$

图 4.6　离心加速机

4.2　刚体定轴转动定律

质点力学部分介绍了力是引起质点运动状态变化的原因，并通过牛顿第二定律建立了加速度与力的定量关系。对于刚体定轴转动问题，可利用角加速度反映其转动状态的变化，其变化的原因就是本节要详细讨论的问题。

4.2.1　刚体定轴转动定律

日常生活中开关房门的体验告知人们，房门转动的快慢，不仅与作用于门的力的大小有关，还与该力的方向及其作用点到门轴的距离有关，用以描述对刚体转动作用的该物理量称为力矩。

1. 力矩

3.2 节讨论了力对定点的力矩，本节将进一步详细讨论力对定轴的力矩。如图 4.7 所示，刚体绕定轴转动，力 $\boldsymbol{F}$ 作用于刚体的 P 点，且力 $\boldsymbol{F}$ 的作用线位于 P 点所在的转动平面 M 内，O 为转动平面 M 与转轴的交点，称为转心。

力对转轴的力矩大小为：

$$M = Fd \tag{4.2.1a}$$

式中 d 为转心 O 到力的作用线的垂直距离，称为**力对转轴的力臂**。若 P 点相对于转心 O 的位矢为 $\boldsymbol{r}$，且位矢 $\boldsymbol{r}$ 与 $\boldsymbol{F}$ 之间的夹角为 φ，则上式可写为：

$$M = rF\sin\varphi \tag{4.2.1b}$$

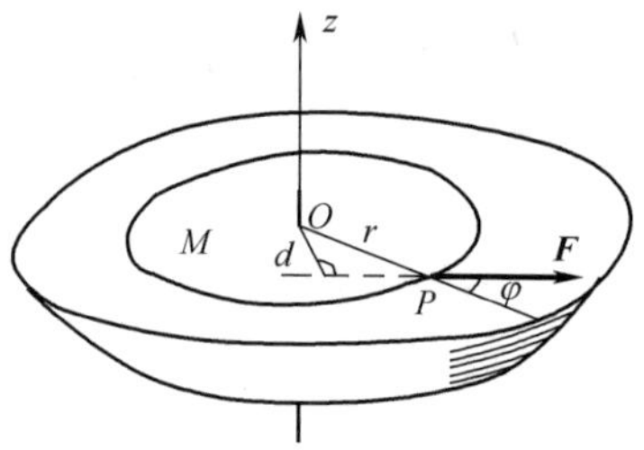

图 4.7　力对定轴的力矩

若考虑力矩的方向，则有：

$$\boldsymbol{M}=\boldsymbol{r}\times\boldsymbol{F} \tag{4.2.2}$$

若 $\boldsymbol{F}$ 不位于转动平面内，则可将其分解为位于转动平面内和沿转轴方向的两个分量。沿转轴方向的分量对于定轴的力矩为零，故只有位于转动平面内的分量有作用，因此仅考虑该分量的作用即可。

若 $\boldsymbol{r}$ 与 $\boldsymbol{F}$ 均在转动平面内如图 4.8 所示，由右手螺旋法则可知力矩的方向总是沿转轴的方向。

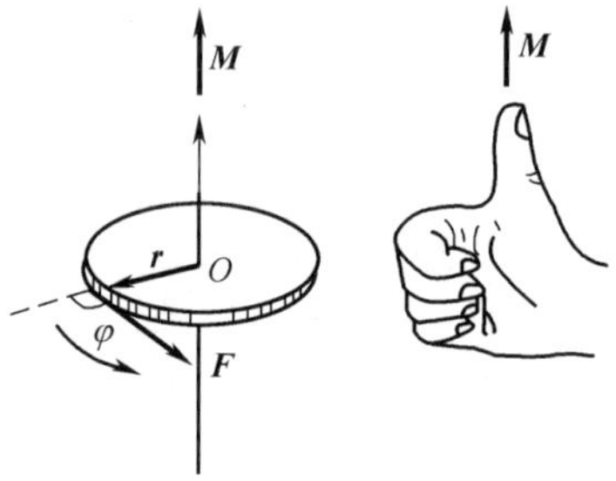

图 4.8　力矩方向的判断

故对于刚体的定轴转动，力矩总是沿着轴的方向，可用正负号来表示方向性。若按右手螺旋法则判定力矩的方向与规定正方向一致，则为正，反之为负。若几个力同时作用于刚体，则对转轴的合力矩，就等于诸力对转轴力矩的代数和。

2．刚体定轴转动定律

将刚体分割为许多部分，每一部分均小到可近似为质点，称为刚体的质元，对应质量为 Δm_i。故刚体可以看成由无穷多个质元组成的质点系。如图 4.9 所示，当刚体绕定轴转动时，刚体的任一质元 Δm_i 在其转动平面内绕转轴 Oz 做半径为 r_i 的圆周运动，以下将讨论刚体在力矩作用下转动状态改变的规律。

设 Δm_i 受外力 $\boldsymbol{F}_i^{ex}$、内力 $\boldsymbol{F}_i^{in}$ 作用，且 $\boldsymbol{F}_i^{ex}$、$\boldsymbol{F}_i^{in}$ 均在转动平面内。由牛顿第二定律得：

$$\boldsymbol{F}_i^{ex}+\boldsymbol{F}_i^{in}=\Delta m_i\boldsymbol{a}_i \tag{4.2.3}$$

式中 $\boldsymbol{a}_i$ 为 Δm_i 的加速度。因 $\boldsymbol{F}_i^{ex}$ 、$\boldsymbol{F}_i^{in}$ 的法向分量均通过转轴，对转轴的力矩为零，故只需讨论其切向分量的作用。

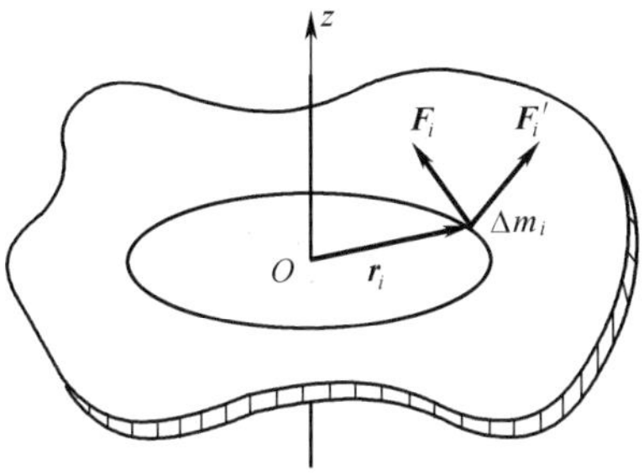

图 4.9　刚体转动平面内的受力分析

Δm_i 的切向动力学方程为：

$$\boldsymbol{F}_{it}^{ex}+F_{it}^{in}=\Delta m_i a_{it} \quad (4.2.4)$$

其中 $\boldsymbol{F}_{it}^{ex}$ 、F_{it}^{in} 和 a_{it} 分别表示外力、内力及 Δm_i 加速度的切向分量。在上式两边各乘以 r_i ，得到：

$$r_i\boldsymbol{F}_{it}^{ex}+r_iF_{it}^{in}=\Delta m_i r_i a_{it}$$

由角量与线量的关系式（4.1.4）得：

$$r_i\boldsymbol{F}_{it}^{ex}+r_iF_{it}^{in}=\Delta m_i r_i^2\alpha \quad (4.2.5)$$

上式左边为作用于 Δm_i 的外力矩与内力矩之和。

将上式两边分别对 i 求和可得：

$$\sum r_i\boldsymbol{F}_{it}^{ex}+\sum r_iF_{it}^{in}=\sum(\Delta m_i r_i^2)\alpha \quad (4.2.6)$$

式中 $\sum r_i\boldsymbol{F}_{it}^{ex}$ 为作用于刚体所有质元的外力对转轴力矩的代数和，即刚体所受的对转轴的合外力矩用 M 表示。$\sum r_iF_{it}^{in}$ 为刚体所受的所有内力对转轴力矩的代数和，因内力总是成对出现，且等值反向，力臂也相同，故每一对内力矩的代数和均为零，于是有 $\sum r_iF_{it}^{in}=0$ 。等式右边的 $\sum\Delta m_i r_i^2$ 是由刚体本身性质以及转轴所共同决定的物理量，对确定的刚体和给定的转轴为常量，称为**刚体对给定转轴的转动惯量**，用 J 表示，SI 单位为 $\mathrm{kg\cdot m^2}$ 。故式（4.2.6）可写为：

$$M=J\alpha \quad (4.2.7)$$

式（4.2.7）为**刚体定轴转动定律**，该定律给出刚体定轴转动力矩与角加速度的瞬时关系。

4.2.2　刚体的转动惯量

由刚体定轴转动定律可知，当刚体所受合外力矩一定时，刚体对定轴的转动惯量越大，角加速度就越小，此时刚体不容易改变原有的转动状态。反之 J 越小，

α 就越大，刚体就容易改变转动状态。由此可见，转动惯量是衡量刚体转动惯性大小的物理量。

由转动惯量的定义式 $J=\sum \Delta m_i r_i^2$ 看出，刚体对转轴的 J 等于刚体各质元的质量与其到转轴垂直距离平方的乘积之和。对质量连续分布的刚体则有：

$$J=\int r^2 \mathrm{d}m \tag{4.2.8}$$

若以 ρ 表示刚体的体密度，$\mathrm{d}V$ 表示质元 $\mathrm{d}m$ 的体积元，则式（4.2.8）可写成 $J=\int r^2\rho \mathrm{d}V$ 。同理，若刚体为曲面或曲线，则分别对应面密度 σ 或线密度 λ ，则式（4.2.8）可分别写为 $J=\int r^2\sigma \mathrm{d}S$ 、 $J=\int r^2\lambda \mathrm{d}l$ 。

必须指出，只有几何形状简单、质量分布均匀或具有一定对称性的刚体，应用式（4.2.8）的积分方法计算 J 才比较方便。另外，还可以应用实验方法测定刚体对定轴的 J 。

例题 4.2.1 质量为 m ，长度为 l 的均匀细杆，试求细杆对如下定轴的 J：

（1） Oz 轴过中心 O 并与杆垂直；

（2） $O'z'$ 轴过杆的端点 O' 并与杆垂直。

解：（1）如图 4.10 所示沿细杆方向建立坐标轴 Ox ，在 x 处取长为 $\mathrm{d}x$ 的质元质量为：

$$\mathrm{d}m=\lambda \mathrm{d}x=\frac{m}{l}\mathrm{d}x$$

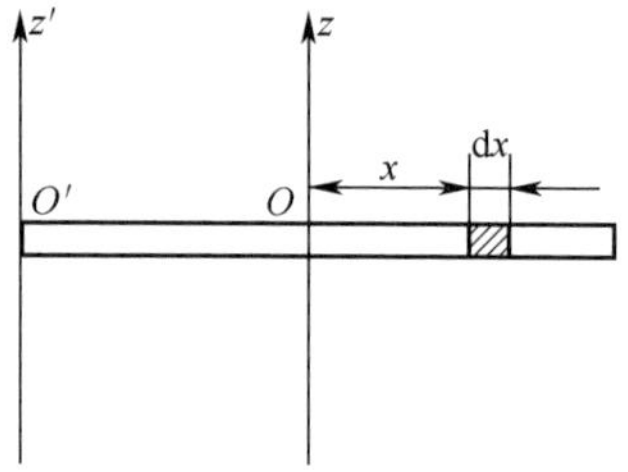

图 4.10 建立坐标轴并选取质元

质元对转轴 Oz 的转动惯量为：

$$\mathrm{d}J_O=x^2\mathrm{d}m=x^2\lambda \mathrm{d}x=x^2\frac{m}{l}\mathrm{d}x$$

细杆对 Oz 轴的转动惯量为：

$$J_O=\int_{-\frac{l}{2}}^{\frac{l}{2}} x^2\frac{m}{l}\mathrm{d}x=\frac{1}{12}ml^2$$

（2）同理细杆对 $O'z'$ 轴的转动惯量为：

$$J_{O'}=\int_0^l x^2\frac{m}{l}\mathrm{d}x=\frac{1}{3}ml^2$$

对于形状规则刚体的转动惯量可从工程技术手册直接查出，表 4.2 列出了几种质量分布均匀、形状规则的刚体对定轴的转动惯量。

表 4.2　质量均匀分布、形状规则刚体的转动惯量

刚体形状	转轴位置	J
细杆 杆长为 l	过质心并与杆垂直	$\frac{1}{12}ml^2$
	过杆端点并与杆垂直	$\frac{1}{3}ml^2$
圆盘 半径为 R	过盘心并与盘面垂直	$\frac{1}{2}mR^2$
	圆盘直径	$\frac{1}{4}mR^2$
圆环 内外径分别为 R_1 、R_2	过环心并与环面垂直	$\frac{1}{2}m(R_1^2+R_2^2)$
球体 半径为 R	球体直径	$\frac{2}{5}mR^2$
圆柱体 半径为 R	圆柱体轴线	$\frac{1}{2}mR^2$

由 J 的定义式及表 4.2 可以看出，刚体对定轴的 J 与以下因素有关：

（1）刚体的几何形状；

（2）刚体的质量分布；

（3）转轴的位置。

4.2.3　平行轴定理

若刚体对通过质心转轴的转动惯量为 J_C，设有另一转轴与过质心的转轴平行，如图 4.11 所示，可以证明刚体对该轴的转动惯量为：

$$J = J_C + md^2 \tag{4.2.9}$$

其中 m 为刚体的质量，d 为两平行轴的间距。式（4.2.9）称为**平行轴定理**。

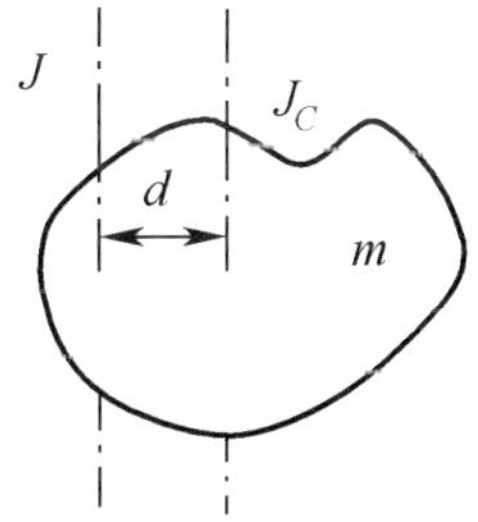

图 4.11　平行轴定理

利用该定理可方便求解刚体对定轴的 J。例如，应用式（4.2.9）可以方便求得例题 4.2.1 的结果，即细杆对通过杆端点 O' 且与杆垂直转轴的转动惯量为：

$$J_{O'} = J_C + md^2 = J_C + m\left(\frac{l}{2}\right)^2 = \frac{1}{12}ml^2 + m\left(\frac{l}{2}\right)^2 = \frac{1}{3}ml^2$$

例题 4.2.2 轴流式通风机的叶轮以初角速度ω_0绕过 O 点的转轴转动，如图 4.12 所示。设叶轮所受空气阻力矩的大小与ω的平方成正比，比例系数为k。若叶轮对转轴 O 的转动惯量为J，轴与叶轮间的摩擦不计，试求：

（1）经过多长时间叶轮的ω减为ω_0的一半；

（2）在该时间间隔内叶轮转过的转数。

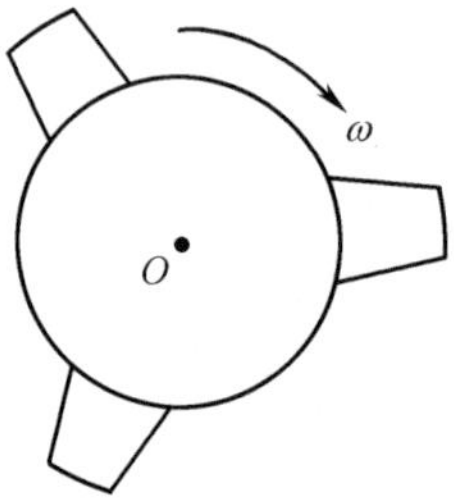

图 4.12　通风机叶轮的转动

解：（1）由题意知叶轮所受阻力矩的大小为$M_f = k\omega^2$，方向与其转动方向相反。由刚体定轴转动定律得：

$$-k\omega^2 = J\alpha = J\frac{\mathrm{d}\omega}{\mathrm{d}t}$$

对上式分离变量并积分得：

$$-\frac{k}{J}\int_0^t \mathrm{d}t = \int_{\omega_0}^{\frac{\omega_0}{2}} \frac{\mathrm{d}\omega}{\omega^2}$$

故
$$t = \frac{J}{k\omega_0}$$

（2）由刚体定轴转动定律得：

$$-k\omega^2 = J\alpha = J\frac{\mathrm{d}\omega}{\mathrm{d}t}\cdot\frac{\mathrm{d}\theta}{\mathrm{d}\theta} = J\omega\frac{\mathrm{d}\omega}{\mathrm{d}\theta}$$

分离变量并积分得：

$$-\frac{k}{J}\int_{\theta_0}^{\theta} \mathrm{d}\theta = \int_{\omega_0}^{\frac{\omega_0}{2}} \frac{\mathrm{d}\omega}{\omega}$$

故
$$\Delta\theta = \theta - \theta_0 = \frac{J}{k}\ln 2$$

得转数为：
$$n = \frac{\Delta\theta}{2\pi} = \frac{J}{2\pi k}\ln 2$$

例题 4.2.3 质量为m_1、m_2的两物体分别悬挂在质量为M的定滑轮两端，如图 4.13（a）所示。设定滑轮半径为R，且滑轮与绳索间无滑动，轮与轴承间的摩擦力及绳索质量均忽略不计，试求：（1）两物体的加速度；（2）绳中的张力。

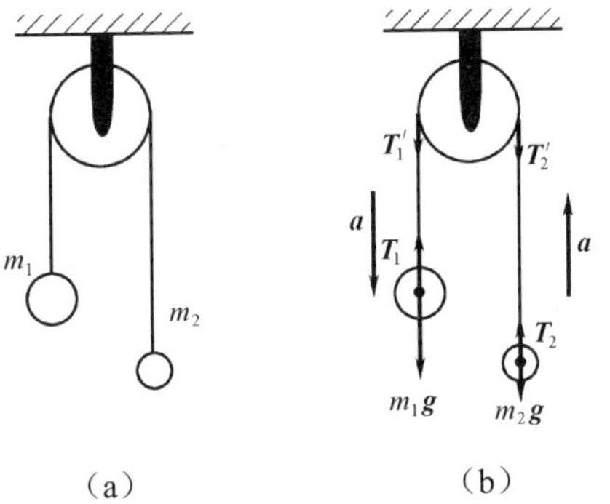

图 4.13　定滑轮与悬挂物体

解：设 $m_1>m_2$，对两物体分别进行受力分析，如图 4.12（b）所示，应用牛顿第二定律得：

$$m_1g-T_1=m_1a$$

$$T_2-m_2g=m_2a$$

对定滑轮应用定轴转动定律得：

$$RT_1'-RT_2'=J\alpha$$

且有

$$T_1'=T_1,\ \ T_2'=T_2$$

滑轮对其中心轴的转动惯量为 $J=\dfrac{1}{2}MR^2$，又已知滑轮与绳索间无滑动，则滑轮边缘上一点的切向加速度与绳索、物体的加速度大小相等，利用 $a=R\alpha$ 得：

$$a=\frac{m_1-m_2}{m_1+m_2+\frac{1}{2}M}g$$

$$T_1=m_1g\left(1-\frac{m_1-m_2}{m_1+m_2+\frac{1}{2}M}\right)$$

$$T_2=m_2g\left(1+\frac{m_1-m_2}{m_1+m_2+\frac{1}{2}M}\right)$$

4.3　刚体定轴转动的角动量守恒定律

刚体定轴转动定律给出了作用于刚体的外力矩与刚体定轴转动角加速度的瞬时关系。本节将讨论力矩对时间的累积作用，导出刚体定轴转动的角动量定理及角动量守恒定律。

4.3.1 刚体定轴转动的角动量定理

1．刚体对定轴的角动量

刚体定轴转动时其角动量也是对固定轴而言，以下将利用质点角动量等概念，导出刚体对定轴的角动量。设以角速度 ω 绕定轴 Oz 转动的刚体如图 4.14 所示。

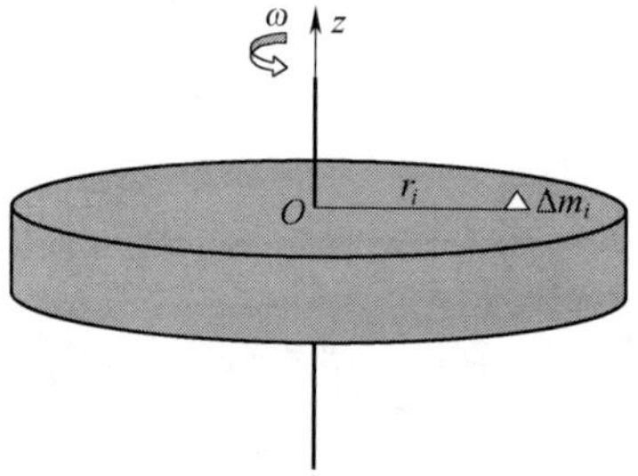

图 4.14　刚体的角动量

将刚体分割成诸多质元，由于刚体绕定轴转动，故刚体的每个质元都以相同的 ω 绕 Oz 轴做圆周运动。其中质元 Δm_i 对 Oz 轴的角动量为：

$$\Delta m_i v_i r_i = \Delta m_i r_i^2 \omega$$

对于定轴转动的刚体，所有 Δm_i 对 Oz 轴角动量的总和，即刚体对 Oz 轴的角动量为：

$$L = \sum \Delta m_i r_i^2 \omega = (\sum \Delta m_i r_i^2)\omega$$

其中 $\sum \Delta m_i r_i^2$ 为刚体绕 Oz 轴的转动惯量，于是刚体绕 Oz 轴的角动量为：

$$L = J\omega \tag{4.3.1}$$

上式表示刚体对定轴的角动量等于刚体对定轴的转动惯量与角速度的乘积。

2．刚体定轴转动的角动量定理

利用刚体对定轴的 L 可以将定轴转动定律写成另一种形式：

$$M = J\alpha = J\frac{\mathrm{d}\omega}{\mathrm{d}t} = \frac{\mathrm{d}}{\mathrm{d}t}(J\omega)$$

得到：

$$M = \frac{\mathrm{d}}{\mathrm{d}t}(J\omega) = \frac{\mathrm{d}L}{\mathrm{d}t} \tag{4.3.2}$$

上式表示，做定轴转动的刚体对转轴的角动量随时间的变化率等于刚体相对于同一转轴所受外力的合力矩。该结论称为刚体对转轴的角动量定理。

实际上，式（4.3.2）比式（4.2.7）更具普遍性。在式（4.3.2）两边同乘 $\mathrm{d}t$ 得：

$$M\mathrm{d}t = \mathrm{d}L \tag{4.3.3}$$

若刚体在 $t_1 \sim t_2$ 内受到外力矩 M 作用，使其绕定轴转动角速度由 ω_1 变为 ω_2，则对式（4.3.3）两边积分得：

$$\int_{t_1}^{t_2} M\mathrm{d}t = J\omega_2 - J\omega_1 \tag{4.3.4}$$

其中$\int_{t_1}^{t_2} M\mathrm{d}t$表示合外力矩在$t_1$到$t_2$时间间隔的累积效应，称为**力矩对定轴的冲量矩**。式（4.3.4）为刚体对定轴角动量定理的积分形式。其物理意义为：转动刚体所受合外力矩的冲量矩等于转动刚体在该段时间内角动量的增量。即刚体所受合外力矩在时间上的累积效应使刚体的角动量发生了变化。

4.3.2 刚体定轴转动的角动量守恒定律

1．刚体对定轴的角动量守恒定律

刚体定轴转动过程中，若其受对转轴的合外力矩为零，由式（4.3.4）可得：

$$L = J\omega = 恒量 \tag{4.3.5}$$

上式表示：当绕定轴转动的刚体所受对转轴的合外力矩为零时，刚体对同一转轴的角动量不随时间变化，此结论称为刚体对定轴的角动量守恒定律。

例题 4.3.1 机械动力传递技术常用摩擦啮合器使两个飞轮啮合，以达到动力传递的目的。如图 4.15 所示 C 为摩擦啮合器，忽略其质量不计，若已知飞轮 A、B 的转动惯量分别为 $J_A = 10\mathrm{kg\cdot m^2}$、$J_B = 20\mathrm{kg\cdot m^2}$，且初始状态 A 的转速为 $100\mathrm{rad\cdot s^{-1}}$，$B$ 静止。设 A、B 两飞轮啮合后一起转动，试求其 ω。

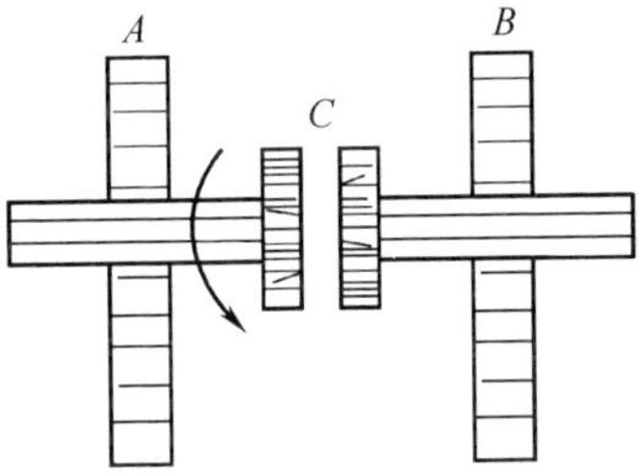

图 4.15　两飞轮的摩擦啮合

解：以飞轮 A、B 和啮合器 C 作为刚体系统考虑。啮合过程该系统受到轴向的正压力、重力、支持力和啮合器之间的切向摩擦力，前三者对转轴的力矩为零，啮合器之间的切向摩擦力对转轴有力矩，但为系统内力矩，故系统受到的外力矩为零，故系统的角动量守恒。由角动量守恒定律式（4.3.5）得：

$$J_A\omega_A = (J_A + J_B)\omega'$$

设ω'为两飞轮啮合后共同的角速度，于是得到：

$$\omega' = \frac{J_A\omega_A}{J_A + J_B} = 33.3(\mathrm{rad\cdot s^{-1}})$$

例题 4.3.2 质量为M、半径为R的圆盘，绕过圆心O且垂直于盘面的水平光滑固定轴转动，已知其角速度为ω_0。如图 4.16 所示，若有两个质量均为m、速度大小相同、方向相反并沿同一直线发射的子弹，子弹同时射入圆盘并在驻留盘内 P 点处随圆盘一起转动，已知 O 点到该直线的距离为 $\frac{3}{4}R$，试求子弹射入后圆盘瞬间的 ω 。

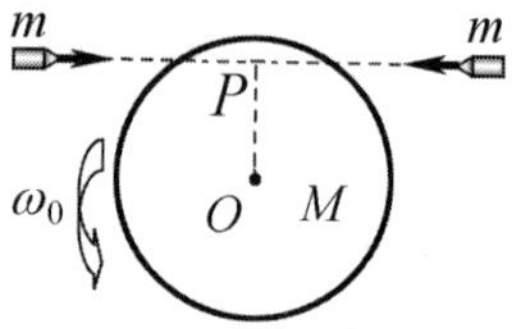

图 4.16　圆盘与射入的子弹

解：将圆盘与子弹视为同一刚体系统，由于两子弹的质量相同，故当子弹同时射入圆盘瞬间，作用于系统的合外力矩为零，系统的角动量守恒，故得到：

$$\frac{1}{2}MR^2\omega_0=\left[\frac{1}{2}MR^2+2m\left(\frac{3}{4}R\right)^2\right]\omega$$

整理得 $\omega=\dfrac{4M}{4M+9m}\omega_0$ 。

2．刚体对定轴的角动量守恒定律的应用

刚体定轴转动的角动量守恒定律，无论对定轴转动的刚体，或是对几个共轴刚体组成的系统均成立。如图 4.17 所示为花样滑冰表演，当运动员站在冰面上旋转时，若把肢体伸展开则其旋转得较慢，但当运动员把肢体收拢靠近其身体时则旋转得较快。冰的摩擦力矩较小可忽略不计，运动员对转轴的角动量近似守恒，故当其肢体伸展开时，转动惯量变大角速度变小，但当其肢体收拢后，转动惯量变小角速度变大。只要用心观察不难发现，优秀体操运动员、跳水运动员都会自然且娴熟地应用角动量守恒定律，将运动中的人体美展现给广大观众。

图 4.17　花样滑冰运动员的旋转与角动量守恒

用于轮船、飞机和火箭的导航装置回转仪，其工作原理就是角动量守恒。如图 4.18 所示，回转仪由支座、常平架和转动惯量较大的转子三部分组成，常平架由两个圆环构成，转子和圆环之间用轴承连接，轴承的摩擦力矩极小，常平架的作用是使转子不会受到任何外力矩的作用。转子一旦转动起来，不论如何转动支座，其角动量均守恒，即其指向永远不变，因而能实现导航的作用。

图 4.18　回转仪

4.4　刚体绕定轴转动的动能定理

4.3 节讨论了力矩对时间的累积作用，得到角动量定理及角动量守恒定律。本节将从力矩对空间的累积作用出发，引入力矩的功，并导出刚体的定轴转动动能及转动动能定理。

4.4.1　力矩的功

1．力矩的功

质点在力的作用下产生位移时，力对质点做功。而当刚体在外力矩的作用下绕定轴转动时，力矩对刚体也做功，此为力矩的空间累积作用。

（1）力矩的元功。

如图 4.19 所示，设刚体在切向力 F_t 的作用下绕定轴 OO' 转动的角位移为 $\mathrm{d}\theta$ 。

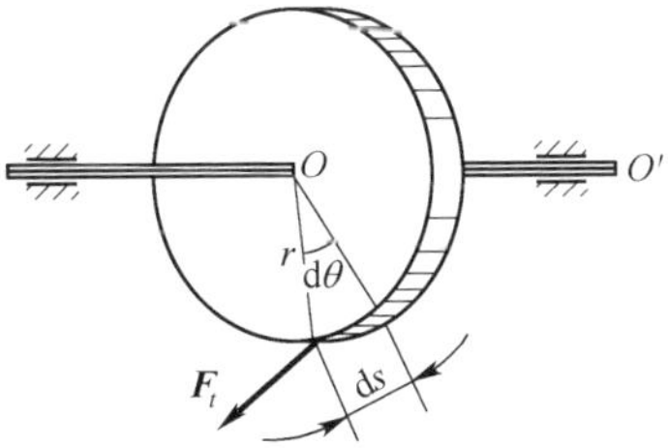

图 4.19　力矩的功

则 F_t 作用点位移的大小 $\mathrm{d}s = r\mathrm{d}\theta$ ，于是 F_t 做的元功为：

$$\mathrm{d}W = F_t\mathrm{d}s = F_t r\mathrm{d}\theta$$

由于 F_t 对转轴的力矩 $M = F_t r$，故得：

$$\mathrm{d}W = M\mathrm{d}\theta$$

上式表明力矩所做的元功等于力矩与角位移的乘积。

（2）恒力矩的功。

当刚体转动 θ 角时，力矩做的功为：

$$W = \int_0^\theta M\mathrm{d}\theta$$

若力矩的大小与方向均不变，则当刚体转动 θ 角时，力矩做的功为：

$$W = \int_0^\theta M\mathrm{d}\theta = M\int_0^\theta \mathrm{d}\theta = M\theta$$

即恒力矩对绕定轴转动的刚体做的功等于力矩的大小与转过角度的乘积。

（3）变力矩所做的功。

若作用于绕定轴转动的刚体的力矩变化，则该变力矩做的功为：

$$W = \int_0^\theta M(\theta)\mathrm{d}\theta \tag{4.4.1}$$

力矩做功的实质仍是力做功，但是对于刚体转动的情况下，用式（4.4.1）表示力矩对刚体做的功，更便于对刚体定轴转动问题的讨论。

2．力矩的功率

单位时间内力矩对刚体所做的功用于描述力矩做功的快慢，称为**力矩的功率**，用 P 表示。设刚体在力矩 M 作用下绕定轴转动，$\mathrm{d}t$ 内转动 $\mathrm{d}\theta$，则力矩的功率为：

$$P = \frac{\mathrm{d}W}{\mathrm{d}t} = M\frac{\mathrm{d}\theta}{\mathrm{d}t} = M\omega \tag{4.4.2}$$

式（4.4.2）表明，力矩的功率等于力矩与角速度的乘积。当功率一定时，由该式看出转速越低力矩越大，反之，转速越高力矩越小。汽车、火车等机动车辆爬坡时常选择低速挡行驶，就是希望得到较大的转动扭矩，以维持车辆的正常行驶。

4.4.2 刚体绕定轴转动的动能定理

1．刚体的转动动能

设刚体以 ω 做定轴转动，取质元 Δm_i，距转轴 r_i，则该质元对轴心的速率为 $v_i = r_i\omega$，其动能为：

$$E_{ki} = \frac{1}{2}\Delta m_i v_i^2 = \frac{1}{2}\Delta m_i r_i^2\omega^2$$

整个刚体对转轴的动能为各质元的动能之和为：

$$E_k = \sum E_{ki} = \sum\frac{1}{2}\Delta m_i r_i^2\omega^2 = \frac{1}{2}(\sum\Delta m_i r_i^2)\omega^2$$

于是有：

$$E_k = \frac{1}{2}J\omega^2 \tag{4.4.3}$$

式（4.4.3）表明，刚体绕定轴转动的转动动能，等于刚体对定轴的转动惯量与角速度平方的乘积的一半。

2．刚体绕定轴转动的动能定理

力对质点做功使得质点的动能发生变化，力矩对定轴转动的刚体做功同样会产生力学效应。设在合外力矩 M 作用下，刚体绕定轴的角位移为 $\mathrm{d}\theta$，则 M 对刚体做的元功为：

$$\mathrm{d}W = M\mathrm{d}\theta$$

由转动定律得：

$$M = J\alpha = J\frac{\mathrm{d}\omega}{\mathrm{d}t}$$

故得

$$\mathrm{d}W = J\frac{\mathrm{d}\omega}{\mathrm{d}t}\mathrm{d}\theta = J\frac{\mathrm{d}\theta}{\mathrm{d}t}\mathrm{d}\omega = J\omega\mathrm{d}\omega$$

若在 0～t 时间间隔内，由于 M 对刚体做功，使得刚体的角速度由 ω_0 变为 ω，则 M 对刚体做的功为：

$$W = \int \mathrm{d}W = J\int_{\omega_0}^{\omega} \omega\,\mathrm{d}\omega$$

即有：

$$W=\frac{1}{2}J\omega^2-\frac{1}{2}J\omega_0^2 \tag{4.4.4}$$

式（4.4.4）表明合外力矩对定轴转动的刚体做的功，等于刚体转动动能的增量，此即刚体绕定轴转动的动能定理。

例题 4.4.1 长为 $l = 0.4\mathrm{m}$、质量为 $M = 1.0\mathrm{kg}$ 的匀质木棒，如图 4.20 所示，可绕水平轴 O 在铅直平面内转动，初态木棒自然铅直悬垂，设质量为 $m = 8\mathrm{g}$ 的子弹以 $v = 100\mathrm{m\cdot s^{-1}}$ 的速率从 A 点射入木棒中，并与木棒一起运动。已知 A、O 两点间距 $3l/4$，试求：（1）棒开始运动时的 ω；（2）棒的最大偏转角度。

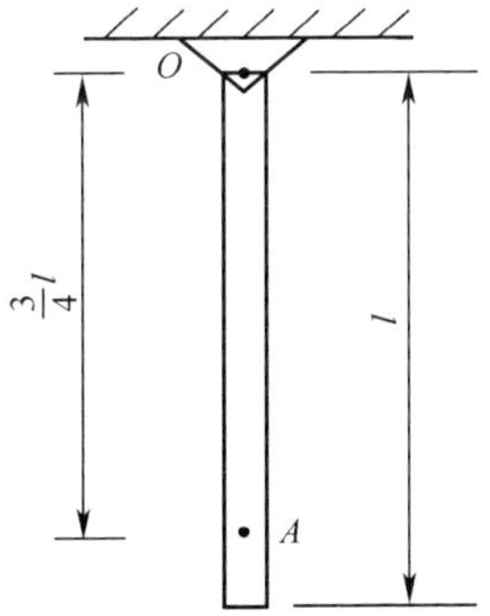

图 4.20 绕水平轴转动的木棒

解：（1）将子弹与木棒看作同一刚体系统，子弹射入木棒瞬间，系统所受重力及轴对木棒的约束力均过转轴 O，因此对转轴的合外力矩为零，故系统的角动量守恒。由角动量守恒定律得：

$$mv\cdot\frac{3}{4}l=\frac{1}{3}Ml^2\omega+m\left(\frac{3}{4}l\right)^2\omega$$

故得
$$\omega=\frac{\frac{3}{4}mv}{\left(\frac{1}{3}M+\frac{9}{16}m\right)l}=\frac{\frac{3}{4}\times8\times10^{-3}\times100}{\left(\frac{1}{3}\times1+\frac{9}{16}\times8\times10^{-3}\right)\times0.4}=4.44\ \ (\mathrm{rad\cdot s^{-1}})$$

（2）把木棒、子弹、地球视为同一刚体系统，子弹射入木棒后，木棒在摆动过程中只有重力做功，重力属于保守内力，故系统的机械能守恒，选取初态木棒 A 点和 $\frac{l}{2}$ 处，分别为子弹重力势能、木棒重力势能零势点，由机械能守恒定律得：

$$\frac{1}{2}\left[\frac{1}{3}Ml^2+m\left(\frac{3}{4}l\right)^2\right]\omega^2=Mg\frac{l}{2}(1-\cos\theta)+mg\frac{3l}{4}(1-\cos\theta)$$

$$\cos\theta=1-\frac{\frac{2}{3}M+\frac{9}{8}m}{2M+3m}\cdot\frac{l}{g}\omega^2=0.732$$

故有 $\theta=43°$。

3．质点运动与刚体定轴转动的对比

质点运动和刚体定轴转动的规律在形式上相似，通过对比可以加深对刚体定轴转动规律的理解与记忆，表 4.3 给出了两种运动的对比。

表 4.3　质点运动与刚体定轴转动的对比

质点运动		刚体定轴转动	
速度	$\boldsymbol{v}=\frac{\mathrm{d}\boldsymbol{r}}{\mathrm{d}t}$	角速度	$\omega=\frac{\mathrm{d}\theta}{\mathrm{d}t}$
加速度	$\boldsymbol{a}=\frac{\mathrm{d}\boldsymbol{v}}{\mathrm{d}t}$	角加速度	$\alpha=\frac{\mathrm{d}\omega}{\mathrm{d}t}$
质量	m	转动惯量	$J=\int r^2\mathrm{d}m$
力	$\boldsymbol{F}$	力矩	$\boldsymbol{M}=\boldsymbol{r}\times\boldsymbol{F}$
牛顿第二定律	$\boldsymbol{F}=m\boldsymbol{a}$	转动定律	$M=J\alpha$
动量	$\boldsymbol{p}=m\boldsymbol{v}$	角动量	$L=J\omega$
动量定理	$\int\boldsymbol{F}\mathrm{d}t=\boldsymbol{p}_2-\boldsymbol{p}_1$	角动量定理	$\int M\mathrm{d}t=L_2-L_1$
动量守恒定律	$\boldsymbol{F}=0$，$\boldsymbol{p}=$恒矢量	角动量守恒定律	$M=0$，$L=$恒量

续表

质点运动		刚体定轴转动	
力的功	$W=\int \boldsymbol{F}\cdot \mathrm{d}\boldsymbol{r}$	力矩的功	$W=\int M\mathrm{d}\theta$
动能	$E_k=\frac{1}{2}mv^2$	转动动能	$E_k=\frac{1}{2}J\omega^2$
动能定理	$W=\frac{1}{2}mv_2^2-\frac{1}{2}mv_1^2$	转动动能定理	$W=\frac{1}{2}J\omega_2^2-\frac{1}{2}J\omega_1^2$

习题 4

一、选择题

4.1 若两个力作用于绕定轴转动的刚体上，试确定如下正确的结果为：______。

A．两者合力为零时，其对轴的合力矩一定为零；

B．两者对轴的合力矩为零时，其合力一定为零；

C．两者均垂直于定轴时，其对该轴的合力矩可能为零；

D．两者不垂直于定轴时，其对该轴的合力矩不可能为零。

4.2 关于刚体对于定轴的转动惯量，试分析下列表述正确的是：______。

A．仅取决于刚体的质量，与其质量的空间分布及定轴的位置无关；

B．取决于刚体的质量及质量的空间分布，与定轴的位置无关；

C．取决于刚体的质量、质量的空间分布及定轴的位置；

D．仅取决于定轴的位置，与刚体的质量及质量的空间分布无关。

4.3 试确定关于力矩正确的表述为：______。

A．若刚体所受合外力为零，则对定轴的合力矩一定为零；

B．若刚体所受合力矩为零，则合力一定为零；

C．一对作用反作用力对同一定轴的合力矩一定为零；

D．以上说法均不正确。

4.4 设两个均质圆盘 A、B 的体密度分别为 ρ_A、ρ_B，且 $\rho_A>\rho_D$。若两圆盘的质量、厚度均相同，且两圆盘对通过盘心且垂直于盘面定轴的转动惯量为 J_A、J_B，试判断如下正确的结论是：______。

A．$J_A>J_B$；　　B．$J_A<J_B$；

C．$J_A=J_B$；　　D．由所给条件无法确定 J_A、J_B 的关系。

4.5 设长 l、质量 m 的匀质细杆 OA，可绕过其端点 O 的水平轴自由转动。现将其置于水平位置由静止状态释放，试分析细杆摆动至铅直位置时以下正确的表述是：______。

A．其角速度由小到大，但角加速度不变；

B．其角速度、角加速度均从小到大；

C．其角速度由小到大，但角加速度从大到小；

D．其角速度不变，但角加速度始终为零。

4.6 若物体绕光滑定轴自由转动，其受热膨胀或遇冷收缩，试确定如下正确的结果是：______。

A．其角速度不变；

B．其受热时角速度变大，但遇冷时角速度变小；

C．其角速度均增大；

D．其受热时角速度变小，但遇冷时角速度变大。

4.7 设有圆环状工件，其内、外半径分别为R_1、R_2，质量M且均匀分布，试确定其相对于垂直环面对称轴的转动惯量为：______。

A．$\frac{1}{2}M(R_2{}^2+R_1{}^2)$；　　B．$\frac{1}{2}M(R_2-R_1)^2$；

C．$\frac{1}{2}M(R_2{}^2-R_1{}^2)$；　　D．$\frac{3}{2}M(R_2{}^2-R_1{}^2)$。

4.8 设人造地球卫星绕地球作椭圆轨道运动，且地球位于椭圆的一个焦点。相对于该焦点，试判断如下正确的结论为：______。

A．卫星的动量不守恒，但其动能守恒；

B．卫星的动量守恒，但其动能不守恒；

C．卫星的角动量守恒，但其动能不守恒；

D．卫星的角动量不守恒，但其动能守恒。

4.9 设半径R的圆盘绕过其中心垂直于盘面的光滑定轴转动，若相对定轴其转动惯量为J，初态角速度ω_0，当质量m的机件自盘心沿半径向外移动至圆盘边缘时，试分析其终态角速度为：______。

A．$\dfrac{J\omega_0}{J+mR^2}$；　　B．$\dfrac{J\omega_0}{(J+m)R^2}$；

C．$\dfrac{J\omega_0}{mR^2}$；　　D．ω_0。

4.10 设加工工件置于实验台上，实验台绕垂直于台面的铅直光滑定轴转动，在外力矩为零的情况下台上工件因固定不牢滑落，将其转动惯量减小一半，试判断如下正确的结论为：______。

A．角速度将增加三倍；　　B．角速度不变转动动能增大两倍；

C．转动动能增大一倍；　　D．角速度不变转动动能增大三倍。

二、计算题

4.11 转轮边缘上一点的角坐标变化规律为$\theta=2+4t^2+2t^3$（SI），试求：

（1）$t=0\mathrm{s}$ 时该点的 θ 和 ω；

（2）$t=2\mathrm{s}$ 时的 α；

（3）$t=4\mathrm{s}$ 时的 ω。

4.12　设汽车发动机曲轴的转速在 15s 内由 $1.3\times10^3\,\mathrm{r\cdot min^{-1}}$ 均匀增加到 $2.8\times10^3\,\mathrm{r\cdot min^{-1}}$，试求：

（1）曲轴转动的 α；

（2）在此时间内曲轴转了多少圈。

4.13　砂轮机在电动机驱动下，以每分钟 1800 转的转速绕定轴做逆时针转动，关闭电源后，半径 0.25m 的砂轮均匀地减速，经过 15s 停止转动，试求：

（1）砂轮转动的角加速度；

（2）从关闭电源到停止转动砂轮转过的转数；

（3）关闭电源 10s 后砂轮边缘上一点的速度和加速度。

4.14　力 $\boldsymbol{F}=-8\boldsymbol{i}+6\boldsymbol{j}$（SI）作用在位矢为 $\boldsymbol{r}=3\boldsymbol{i}+4\boldsymbol{j}$（SI）的质点上，试求：

（1）质点所受力对坐标原点的力矩；

（2）$\boldsymbol{r}$ 和 $\boldsymbol{F}$ 两矢量的夹角。

4.15　设飞轮的质量为 60kg，直径为 0.50m，转速为 1000r/min，现要求在 5s 内使其停止转动，设闸瓦与飞轮之间的摩擦系数为 $\mu=0.4$，且飞轮质量全部分布在轮的外周如图 4.21 所示，试求制动力 F。

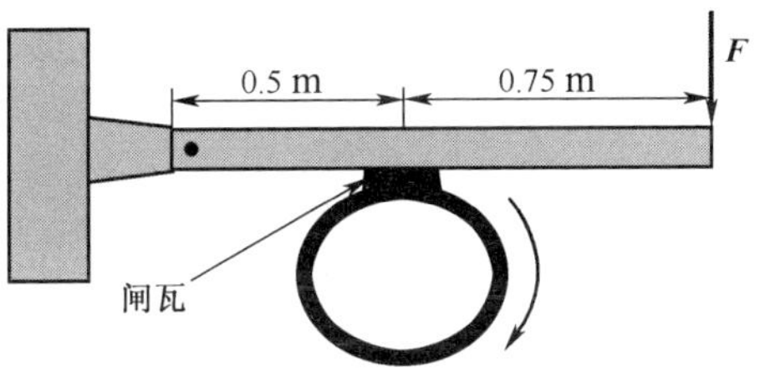

图 4.21　4.15 题用图

4.16　电动机带动转动惯量为 $J=50\,\mathrm{kg\cdot m^2}$ 的转动系统做定轴转动，在 0.5s 内由静止开始最后达到 120r/min 的转速。若为匀加速转动，试求电动机对转动系统施加的力矩。

4.17　长为 l，质量为 m 的匀质细杆 OA 可绕其端点 O 处的水平轴自由转动，如图 4.22 所示。现将其由静止的水平位置释放，当细杆摆动到铅直位置时，试求细杆的 α 与 ω。

4.18　在习题 4.17 的问题中，当细杆 OA 转到与水平位置夹角为 θ 时，试求细杆 OA 的 α 与 ω。

4.19　在习题 4.17 的问题中，当细杆 OA 摆到铅直位置的过程中，重力对轴的力矩所做的功是多少？当摆到铅直位置时，细杆 OA 的转动动能是多少？

4.20　质量为m，半径为R的匀质圆盘如图4.23所示，试求：

（1）对过盘心且垂直于盘面的轴OO的J；

（2）对过圆盘边缘$O'O'$轴的J；

（3）若将以O为圆心、半径为$\frac{R}{2}$的部分挖去，剩余部分对OO轴的J。

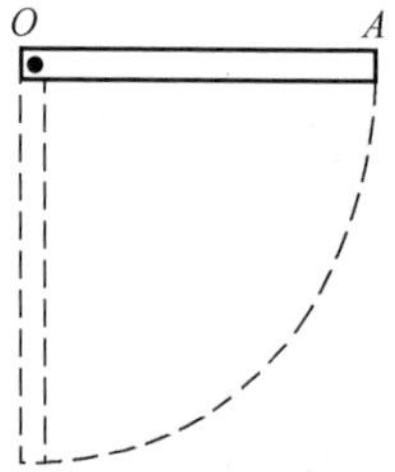

图4.22　4.17题用图

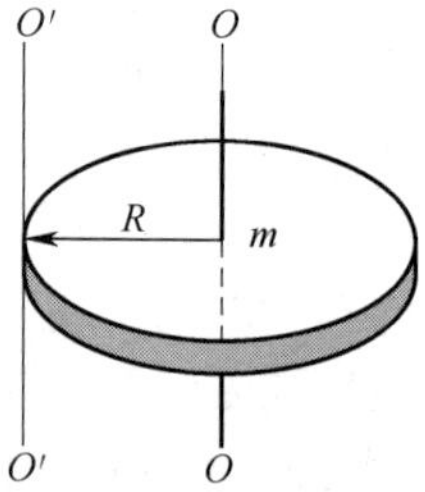

图4.23　4.20题用图

4.21　质量为m_A的物体A静止在光滑水平桌面上，通过一轻绳与质量为m_B的物体B连接如图4.24所示，轻绳跨过半径为R、质量为m_C的定滑轮C。设滑轮与轴承的摩擦力均略去不计，且滑轮与绳索间无滑动。试问两物体的加速度及绳中的张力各为多少？

4.22　芭蕾舞演员可绕过脚尖的铅直轴旋转，若演员水平伸展双臂时其对铅直轴的转动惯量为J_0，角速度为ω_0，而当演员突然收回双臂时对铅直轴的J减小为$\frac{J_0}{2}$，试求其此时的旋转角速度ω。

4.23　长为$l=100\text{cm}$的细杆如图4.25所示，可绕过其上端的水平光滑固定轴O在竖直平面内转动，已知细杆对于O轴的转动惯量$J=20\text{kg}\cdot\text{m}^2$，且初态细杆静止并自然下垂。若位于细杆的下端水平射入质量为$m=0.01\text{kg}$、速率为$v=400\text{m}\cdot\text{s}^{-1}$的子弹并嵌入杆内，试求此时：（1）杆和子弹一起运动时的角速度；（2）杆和子弹的转动动能。

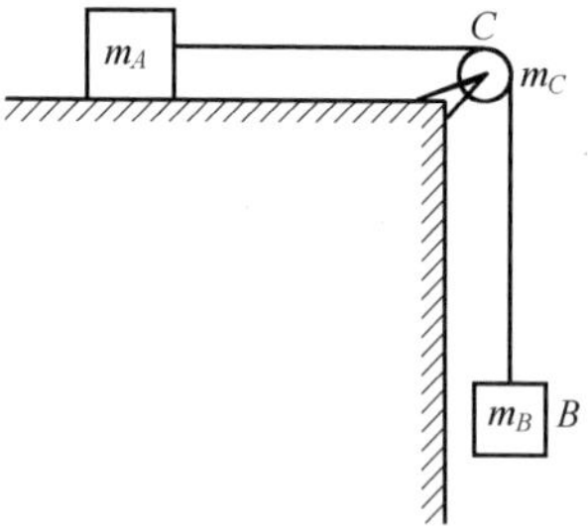

图4.24　4.21题用图

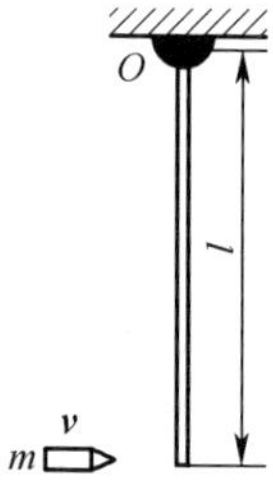

图4.25　4.23题用图

第 5 章

静电场

电子教案

电磁运动是物质的基本运动形式，电磁相互作用是自然界的基本相互作用。电磁学是研究电磁场规律的学科，是工程技术与科学研究的基础，是学习光学等内容的基础，也是理工科各专业学习后继课程的基础，如电工学、电子技术、电路分析、传感器原理及应用等课程均以电磁学为基础。故掌握电磁场的基本规律及应用，对于工程技术的学习与掌握极其重要。

电荷周围存在电场，静止电荷激发的电场称为静电场。本章主要研究静电场的描述与计算、静电场的基本性质及规律。其内容包括电场强度、电势等基本物理量的介绍，以及库仑定律、高斯定理和静电场的环路定理等基本规律的介绍和应用。

5.1 电荷与库仑定律

5.1.1 电荷的量子化

对电的认识最初来自于摩擦起电，人们发现诸如玻璃、硬橡胶、水晶等固体，经丝绸或毛皮摩擦后均能吸引羽毛、头发、纸屑等轻微物体，此即**摩擦起电**，摩擦后能吸引轻微物体者称为**带电体**。实验发现自然界仅存在正、负电荷两种电荷，同种电荷相互排斥，异种电荷相互吸引。物体所带电荷数量的多少，称为**电荷量**，简称**电量**。电量的 SI 单位为 C。最初人们以为电荷是一种连续的流体，所带电量可以连续变化。随着物质原子学说的建立，人们发现电荷存在最小单元。宏观物体由分子、原子组成，原子由原子核、电子组成，原子核由质子、中子组成。中子不带电，质子带正电，电子带负电，一对质子、电子所带电量的绝对值相等，每个原子拥有的电子、质子数相同，原子不显电性，故物体呈**电中性**。当物体因故得到或失去一定数量的电子时，则称该物体带电，得到电子带负电，失去电子带正电。

1913 年美国著名实验物理学家密立根（R.A.Millikan，1868～1953 年）用油滴实验最先测出电子的电量，通常用 e 表示电子电量的绝对值，密立根测出 $e=1.603\times10^{-19}\,\text{C}$。迄今为止诸多实验证明，电子是自然界具有最小电量的粒子，任何带电体的电量均为电子电量的整数倍。电荷的量值只能取一系列分立数值的特性称为**电荷的量子化**。

5.1.2 电荷守恒定律

大量实验表明，电荷既不能被创造，也不能被消灭，只能从一个物体转移到另一个物体，或从物体的一部分转移到其另一部分，即在一个与外界无电荷交换的系统内，不管系统中的电荷如何迁移，正负电荷的代数和在任何物理过程中均保持不变，此即**电荷守恒定律**。该定律对于宏观现象成立，在微观领域也成立，如同动量守恒定律和角动量守恒定律，是自然界的基本规律。

5.1.3 库仑定律

实验发现带电体间的静电作用力，不仅与带电体间距、所带电量有关，同时还与其大小、形状以及电荷在带电体上的分布有关。当带电体的几何线度比带电体间距小很多时，带电体的形状及其电荷分布对作用力影响甚小。此时作用力仅与带电体间距及所带电量有关，因此引入点电荷的概念。当带电体间距远大于带电体大小时，将其视为**点电荷**，点电荷只有相对意义，是一种理想模型。

法国著名物理学家库仑（C.A.de Coulomb，1736～1806 年）于 1785 年通过扭秤实验，测定了两个带电小球间的静电作用力，称为**库仑力**。库仑总结出两个点电荷间的相互作用规律，称为**库仑定律**。

库仑定律表述为：真空中两个静止点电荷间相互作用力的大小，与其电荷量的乘积成正比，与其间距的平方成反比，作用力的方向沿两者连线，同号电荷相斥，异号电荷相吸。

如图 5.1 所示，$\boldsymbol{r}$ 为由点电荷 q_1 指向点电荷 q_2 的矢量，$\boldsymbol{e}_r=\boldsymbol{r}/r$，则 q_2 受到 q_1 的作用力为：

$$\boldsymbol{F}=\frac{1}{4\pi\varepsilon_0}\cdot\frac{q_1q_2}{r^2}\cdot\boldsymbol{e}_r \tag{5.1.1}$$

其中 $\varepsilon_0=8.85\times10^{-12}\,\mathrm{C^2\cdot N^{-1}\cdot m^{-2}}$ 称为真空电容率，是电学中常用的物理常量。由式（5.1.1）可知：当 q_1、q_2 同号时，q_2 受斥力作用；当 q_1、q_2 异号时，q_2 受引力作用，库仑力遵守牛顿第三定律。

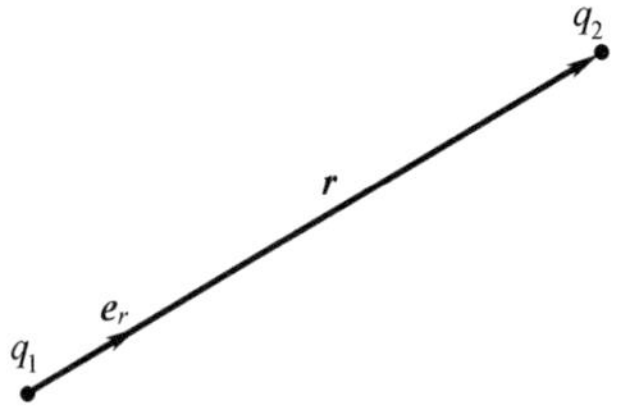

图 5.1　两个静止点电荷间的相互作用力

5.2 电场强度

5.2.1 静电场

法拉第最早提出电场的概念，以解决电荷间相互作用力的传递问题。电荷在其周围激发电场，电荷对电荷的作用通过电场实现。场是物质存在的一种形式，场具有空间叠加性，故称场为特殊物质。相对于观察者静止的电荷激发的电场称为**静电场**，静电场对其他电荷具有作用力。

5.2.2 电场强度

静止的电荷周围存在静电场，为了研究电场中各点的性质，引入正的试验电荷 q_0。试验电荷满足两个条件：q_0 电量足够小，以保证其引入不影响原有电场。q_0 是点电荷，以便确定电场中每一点的性质。

实验表明将试验电荷引入电场后，q_0 在不同位置所受作用力 $\boldsymbol{F}$ 的大小和方向一般是不同的，并且 $\boldsymbol{F}$ 的大小与 q_0 成正比，其方向与 q_0 的符号有关。但是比值 $\boldsymbol{F}/q_0$ 仅与 q_0 所在处电场有关，即 q_0 所受电场力与其电量的比值 $\boldsymbol{F}/q_0$ 可以真实反映电场本身的物理性质，与所选试验电荷无关。对于电场中不同点，比值 $\boldsymbol{F}/q_0$ 一般不同，这恰恰反映了电场的空间分布状况。因此用 $\boldsymbol{F}/q_0$ 描述电场的性质，将比值 $\boldsymbol{F}/q_0$ 称为**电场强度**，简称**场强**，用 $\boldsymbol{E}$ 表示，即有：

$$\boldsymbol{E}=\frac{\boldsymbol{F}}{q_0} \tag{5.2.1}$$

式（5.2.1）表明，电场中任意点的 $\boldsymbol{E}$ 等于位于该点处的单位试验电荷 q_0 所受的电场力。SI 单位为 $\mathrm{N\cdot C^{-1}}$ 或 $\mathrm{V\cdot m^{-1}}$，两个单位等价，且后者使用更普遍。

$\boldsymbol{E}$ 是由电场对电荷具有作用力的角度描述电场性质的物理量。电场中每一点均对应一个大小、方向确定的矢量 $\boldsymbol{E}$，故 $\boldsymbol{E}$ 是空间坐标的矢量函数，在直角坐标系中可记为 $\boldsymbol{E}(x,y,z)$。若空间各点 $\boldsymbol{E}$ 均相等，则称为**匀强电场**。

5.2.3 点电荷和点电荷系的电场强度

1．点电荷的电场强度

由库仑定律和 $\boldsymbol{E}$ 定义式，可求得真空中点电荷的 $\boldsymbol{E}$。

如图 5.2（a）所示，真空中点电荷 q 在其周围产生电场，取 q 所在位置为坐标原点 O，则任意场点 P 相对原点的位置矢量为 $\boldsymbol{r}=r\boldsymbol{e}_r$。设在 P 点放置试验电荷 q_0，由库仑定律知 q_0 受到的电场力为：

$$\boldsymbol{F}=\frac{1}{4\pi\varepsilon_0}\cdot\frac{qq_0}{r^2}\boldsymbol{e}_r$$

由 $\boldsymbol{E}$ 的定义式得 P 点的电场强度为：

$$\boldsymbol{E}=\frac{\boldsymbol{F}}{q_0}=\frac{1}{4\pi\varepsilon_0}\cdot\frac{q}{r^2}\boldsymbol{e}_r \qquad (5.2.2)$$

式（5.2.2）为真空中点电荷的 $\boldsymbol{E}$。由该式可知若 q 为正电荷，$\boldsymbol{E}$ 与 $\boldsymbol{e}_r$ 方向相同，若 q 为负电荷，$\boldsymbol{E}$ 与 $\boldsymbol{e}_r$ 方向相反，各点 $\boldsymbol{E}$ 的方向均沿径向，如图 5.2（b）所示。且以点电荷为球心确定半径的球面上各点 $\boldsymbol{E}$ 的大小相等，可见真空中点电荷的电场具有球对称性。

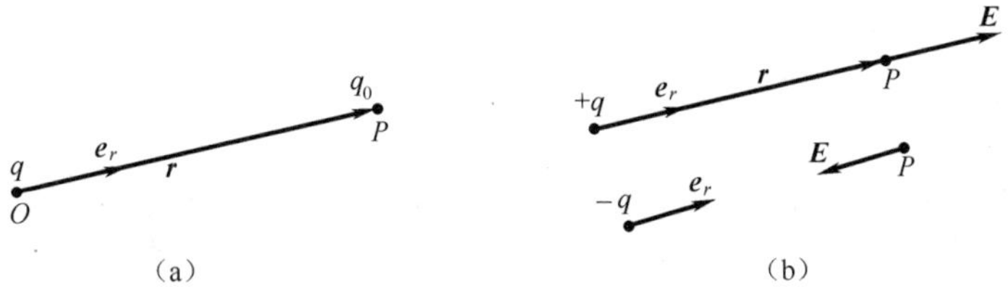

图 5.2　点电荷的电场

2．电场强度叠加原理

设真空中由 n 个点电荷组成**点电荷系**，则真空中的电场即由 n 个点电荷共同激发产生。由力的叠加原理知，试验电荷 q_0 在电场中任意点 P 受到的力等于各个点电荷单独存在时对 q_0 作用力的矢量和，即有：

$$\boldsymbol{F}=\boldsymbol{F}_1+\boldsymbol{F}_2+\cdots+\boldsymbol{F}_n$$

由 $\boldsymbol{E}$ 的定义可得 P 点的电场强度为：

$$\boldsymbol{E}=\frac{\boldsymbol{F}}{q_0}=\frac{\boldsymbol{F}_1}{q_0}+\frac{\boldsymbol{F}_2}{q_0}+\cdots+\frac{\boldsymbol{F}_n}{q_0}$$

由库仑定律知 $\boldsymbol{F}_n=\frac{1}{4\pi\varepsilon_0}\cdot\frac{q_nq_0}{r_n^2}\boldsymbol{e}_n$，于是 P 点的电场强度为：

$$\boldsymbol{E}=\frac{1}{4\pi\varepsilon_0}\cdot\frac{q_1}{r_1^2}\boldsymbol{e}_1+\frac{1}{4\pi\varepsilon_0}\cdot\frac{q_2}{r_2^2}\boldsymbol{e}_2+\cdots+\frac{1}{4\pi\varepsilon_0}\cdot\frac{q_n}{r_n^2}\boldsymbol{e}_n$$

等式右侧各项分别为点电荷单独存在时，在 P 点激发的电场强度。而等式左侧为 P 点的总电场强度，即有：

$$\boldsymbol{E}=\boldsymbol{E}_1+\boldsymbol{E}_2+\cdots+\boldsymbol{E}_n=\sum_{i=1}^{n}\boldsymbol{E}_i=\sum_{i=1}^{n}\frac{1}{4\pi\varepsilon_0}\cdot\frac{q_i}{r_i^2}\boldsymbol{e}_i \qquad (5.2.3)$$

式（5.2.3）表明，点电荷系在任意点激发的 $\boldsymbol{E}$ 等于各个点电荷单独存在时在该点激发电场强度的矢量和，此即**电场强度叠加原理**。利用该原理，基于任何带电体均可看作点电荷集合的事实，理论上可以计算任意带电体激发的 $\boldsymbol{E}$。

为表征带电体、带电曲面、带电曲线电荷的分布情况，引入**电荷体密度**、**电荷面密度**及**电荷线密度**的概念，其定义分别为：

$$\rho = \lim_{\Delta V \to 0} \frac{\Delta q}{\Delta V} = \frac{\mathrm{d}q}{\mathrm{d}V}$$

$$\sigma = \lim_{\Delta S \to 0} \frac{\Delta q}{\Delta S} = \frac{\mathrm{d}q}{\mathrm{d}S}$$

$$\lambda = \lim_{\Delta l \to 0} \frac{\Delta q}{\Delta l} = \frac{\mathrm{d}q}{\mathrm{d}l}$$

若将带电体视为无限多电荷元 $\mathrm{d}q$ 组成的点电荷系，应用电场强度叠加原理即可计算任意带电体激发的 $\boldsymbol{E}$ 。由点电荷的电场强度式（5.2.2）可得电荷元 $\mathrm{d}q$ 在空间任意点 P 激发的电场强度为：

$$\mathrm{d}\boldsymbol{E} = \frac{1}{4\pi\varepsilon_0} \cdot \frac{\mathrm{d}q}{r^2} \boldsymbol{e}_r$$

其中 $\boldsymbol{e}_r$ 是由 $\mathrm{d}q$ 所在点指向场点 P 的单位矢量。带电体的全部电荷在 P 点激发的电场强度，为所有电荷元激发电场强度的矢量和，由于电荷的连续分布，故 P 点的电场强度为：

$$\boldsymbol{E} = \int \mathrm{d}\boldsymbol{E} = \frac{1}{4\pi\varepsilon_0} \int \frac{\mathrm{d}q}{r^2} \boldsymbol{e}_r \qquad (5.2.4)$$

于是由连续带电体的电荷为体分布、面分布或线分布情况，相应的 $\boldsymbol{E}$ 可写为：

$$\boldsymbol{E} = \frac{1}{4\pi\varepsilon_0} \int_V \frac{\rho \boldsymbol{e}_r}{r^2} \mathrm{d}V$$

$$\boldsymbol{E} = \frac{1}{4\pi\varepsilon_0} \int_S \frac{\sigma \boldsymbol{e}_r}{r^2} \mathrm{d}S$$

$$\boldsymbol{E} = \frac{1}{4\pi\varepsilon_0} \int_l \frac{\lambda \boldsymbol{e}_r}{r^2} \mathrm{d}l$$

在计算带电体的电荷分布具有确定对称性的问题时，其 $\boldsymbol{E}$ 的分布也具有确定的对称性，利用该对称性可以简化计算。

例题 5.2.1 试求电偶极子的延长线和中垂线上 $\boldsymbol{E}$ 的分布。相距 l 、电量分别为 $+q$ 、 $-q$ 的两个点电荷，若场点与点电荷间距远大于 l ，则该点电荷系称为电偶极子。由 $-q \to +q$ 矢量 $\boldsymbol{l}$ 称为电偶极子的轴， $\boldsymbol{P} = q\boldsymbol{l}$ 称为电偶极子的电偶极矩。

解：（1）电偶极子延长线上的 $\boldsymbol{E}$。

取电偶极子轴线的中点为坐标原点 O ，沿轴的延长线为 Ox 轴，轴上任意点 A 距原点 O 为 r ，如图 5.3 所示。由点电荷 $\boldsymbol{E}$ 式（5.2.2），正、负点电荷在 A 点的电场强度分别为 $\boldsymbol{E}_+$ 、 $\boldsymbol{E}_-$ ，其方向相反均在 OA 连线上，其大小分别为：

$$E_+ = \frac{1}{4\pi\varepsilon_0} \cdot \frac{q}{\left(r - \frac{l}{2}\right)^2}, \quad E_- = \frac{1}{4\pi\varepsilon_0} \cdot \frac{q}{\left(r + \frac{l}{2}\right)^2}$$

由电场强度叠加原理可知， A 点 $\boldsymbol{E}$ 的大小为：

$$E = E_{+} - E_{-} = \frac{q}{4\pi\varepsilon_0}\left[\frac{1}{\left(r-\frac{l}{2}\right)^2} - \frac{1}{\left(r+\frac{l}{2}\right)^2}\right]$$

即有：

$$\boldsymbol{E} = \frac{q}{4\pi\varepsilon_0}\left[\frac{2rl}{\left(r^2-\frac{l^2}{4}\right)^2}\right]\boldsymbol{i}$$

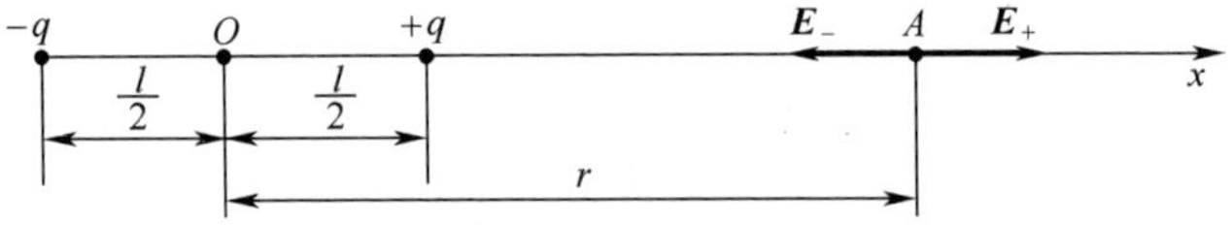

图 5.3　电偶极子延长线上的 $\boldsymbol{E}$

对于电偶极子，$r \gg l$，则 $(r^2 - l^2/4)^2 \approx r^4$，上式近似为：

$$\boldsymbol{E} = \frac{q}{4\pi\varepsilon_0}\left(\frac{2l}{r^3}\right)\boldsymbol{i}$$

由于电矩 $\boldsymbol{P} = q\boldsymbol{l} = ql\boldsymbol{i}$，故有：

$$\boldsymbol{E} = \frac{1}{4\pi\varepsilon_0}\cdot\frac{2\boldsymbol{P}}{r^3}$$

上式表明，电偶极子轴线的延长线上任意点 A 处 $\boldsymbol{E}$ 的大小与电矩 $\boldsymbol{P}$ 的大小成正比，与电偶极子中点到 A 点距离的三次方成反比，$\boldsymbol{E}$ 与 $\boldsymbol{P}$ 的方向相同。

（2）电偶极子中垂线上的 $\boldsymbol{E}$。

建立直角坐标系如图 5.4 所示，设中垂线上任意点 B 距原点 O 为 r，电荷 $+q$、$-q$ 到 B 点间距相等，因此两者在 B 点产生的 $\boldsymbol{E}_{+}$、$\boldsymbol{E}_{-}$ 大小相等，但方向不同，其大小为：

$$E_{+} = E_{-} = \frac{q}{4\pi\varepsilon_0\left(r^2+\frac{l^2}{4}\right)}$$

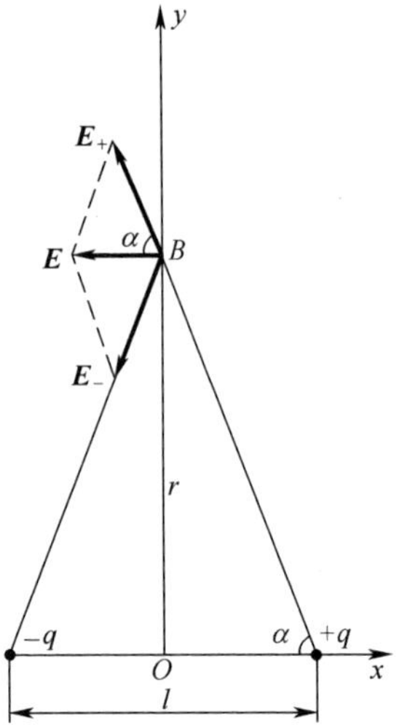

图 5.4　电偶极子中垂线上的 E

$\boldsymbol{E}_{+}$、$\boldsymbol{E}_{-}$ 在 y 轴上的分量相互抵消如图 5.4 所示，总电场强度沿 x 轴负方向，其大小为：

$$E = E_{+}\cos\alpha + E_{-}\cos\alpha = \frac{ql}{4\pi\varepsilon_0\left(r^2+\frac{l^2}{4}\right)^{3/2}} = \frac{P}{4\pi\varepsilon_0\left(r^2+\frac{l^2}{4}\right)^{3/2}}$$

对于电偶极子，$r \gg l$，则$\left(r^2+\frac{l^2}{4}\right)^{3/2} \approx r^3$，且$\boldsymbol{E}$与电矩的方向相反，故$B$点的电场强度为：

$$\boldsymbol{E}=-\frac{1}{4\pi\varepsilon_0}\cdot\frac{\boldsymbol{P}}{r^3}$$

上式表明，在电偶极子的中垂线上任意点B，$\boldsymbol{E}$的大小与电矩$\boldsymbol{P}$的大小成正比，与电偶极子中点到B点的距离的三次方成反比，$\boldsymbol{E}$与$\boldsymbol{P}$的方向相反。

例题 5.2.2 设有均匀带电q、半径为R的细圆环，试求圆环轴线上任意点P的$\boldsymbol{E}$。

解：以环心为坐标原点O，选其对称轴为Ox轴，设P点距O为x，如图 5.5 所示。由于圆环均匀带电，故有$\lambda = q/(2\pi R)$。将圆环细分为无限多线电荷元，每一电荷元$\mathrm{d}q$可视为点电荷，所带电量$\mathrm{d}q=\lambda\mathrm{d}l$，故$\mathrm{d}q$在$P$点产生的电场强度为：

$$\mathrm{d}\boldsymbol{E}=\frac{1}{4\pi\varepsilon_0}\cdot\frac{\lambda\mathrm{d}l}{r^2}\boldsymbol{e}_r$$

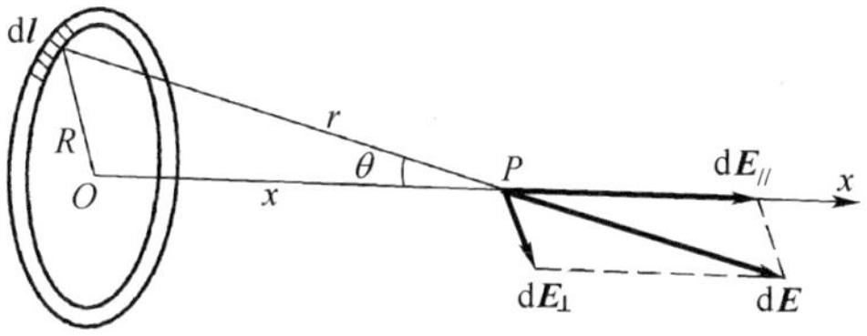

图 5.5 均匀带电细圆环

由于电荷分布的对称性，圆环上各$\mathrm{d}q$在点P激发的电场强度也具有对称性，故在垂直于x轴方向上的分量$\mathrm{d}\boldsymbol{E}_\perp$互相抵消，而各$\mathrm{d}q$在点$P$激发的电场强度沿$x$轴方向上的分量$\mathrm{d}\boldsymbol{E}_{//}$互相加强，且$\mathrm{d}E_{//}=\mathrm{d}E\cos\theta$，故$P$点的总电场强度沿$x$轴方向，其大小为：

$$E=\int_l \mathrm{d}E_{//}=\int_l \mathrm{d}E\cos\theta=\frac{\lambda x}{4\pi\varepsilon_0 r^3}\int_0^{2\pi R}\mathrm{d}l$$

又有$r=(x^2+R^2)^{1/2}$，$\lambda=q/(2\pi R)$，故得：

$$\boldsymbol{E}(x)=\frac{1}{4\pi\varepsilon_0}\cdot\frac{\lambda x}{(x^2+R^2)^{3/2}}2\pi R\boldsymbol{i}=\frac{1}{4\pi\varepsilon_0}\cdot\frac{qx}{(x^2+R^2)^{3/2}}\boldsymbol{i}$$

上式表明，均匀带电圆环轴线上任意点处的$\boldsymbol{E}$为x的函数，其方向沿轴向，当$q>0$时，沿轴向外指；当$q<0$时，沿轴向指向圆心。

讨论：（1）当$x \gg R$，即距圆环较远处，$E \approx q/(4\pi\varepsilon_0 x^2)$，整个圆环在轴线上产生的$\boldsymbol{E}$，相当于把圆环所带电荷全部集中在圆心的点电荷$q$处所产生的$\boldsymbol{E}$，即此时圆环可视为点电荷。

（2）当$x=0$时，$E=0$，即环心处电场强度为 0。

例题 5.2.3 设半径为R的均匀带电薄圆盘，电荷面密度为σ，试求该圆盘对称轴轴线上任意点处的 $\boldsymbol{E}$。

解：以圆盘中心为坐标原点，沿圆盘轴线为 Ox 轴，如图 5.6 所示，取半径 r、宽 $\mathrm{d}r$ 的任意细圆环，该圆环所带电量 $\mathrm{d}q=\sigma\mathrm{d}s=\sigma 2\pi r\mathrm{d}r$，由例题 5.2.2 的结果知该圆环在 P 点产生的电场强度大小为：

$$\mathrm{d}E_x=\frac{x\mathrm{d}q}{4\pi\varepsilon_0(x^2+r^2)^{3/2}}=\frac{\sigma}{2\varepsilon_0}\cdot\frac{xr\mathrm{d}r}{(x^2+r^2)^{3/2}}$$

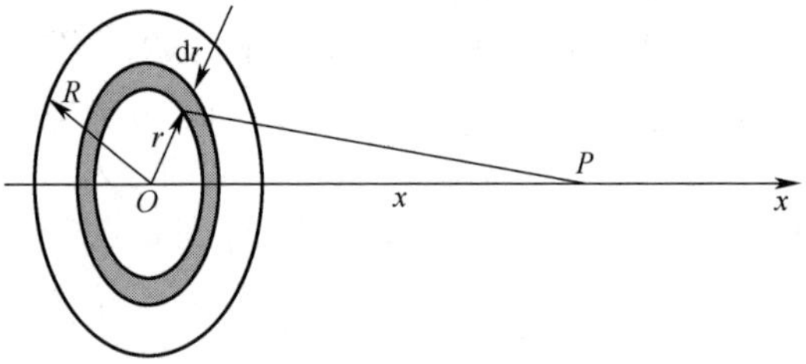

图 5.6　均匀带电薄圆盘

由于圆盘上所有带电圆环在点 P 电场强度的方向均沿 Ox 轴正向，故圆盘轴线上点 P 处的电场强度为：

$$\boldsymbol{E}=\int\mathrm{d}E_x\boldsymbol{i}=\frac{\sigma x}{2\varepsilon_0}\int_0^R\frac{r\mathrm{d}r}{(x^2+r^2)^{3/2}}\boldsymbol{i}=\frac{\sigma x}{2\varepsilon_0}\left(\frac{1}{\sqrt{x^2}}-\frac{1}{\sqrt{x^2+R^2}}\right)\boldsymbol{i}$$

由上式可知，圆盘轴线上任意点 $\boldsymbol{E}$ 的方向，当 $\sigma>0$ 时沿 x 轴正向，当 $\sigma<0$ 时沿 x 轴负向。

讨论：当 $x\ll R$ 时圆盘相对于 P 点可视为无限大带电平面，此时：

$$\left(\frac{1}{\sqrt{x^2}}-\frac{1}{\sqrt{x^2+R^2}}\right)\approx\frac{1}{\sqrt{x^2}}$$

于是有：

$$E=\frac{\sigma}{2\varepsilon_0}$$

上式表明无限大均匀带电平面周围空间的电场为匀强电场。

5.3　静电场的高斯定理

5.3.1　电场线

引入电场线可以形象地描述静电场在空间的分布。**电场线**是在电场中画出的一系列带箭头的曲线，电场线上任一点沿箭头方向的切向表示该点 $\boldsymbol{E}$ 的方向，曲线的疏密表示 $\boldsymbol{E}$ 的大小。为了表示静电场中某点 $\boldsymbol{E}$ 的大小，设想通过该点垂直于电场方向的面积元为 $\mathrm{d}S_\perp$，如图 5.7 所示，$\mathrm{d}S_\perp$ 上各点的 $\boldsymbol{E}$ 可视为相同，通过此面积元的电

场线数目 $\mathrm{d}N$ 与 $\boldsymbol{E}$ 大小的关系为 $E = \mathrm{d}N / \mathrm{d}S_{\perp}$，这表明电场中某点 $\boldsymbol{E}$ 的大小等于该点处电场线数密度，即等于该点附近垂直电场方向单位面积所通过的电场线数。

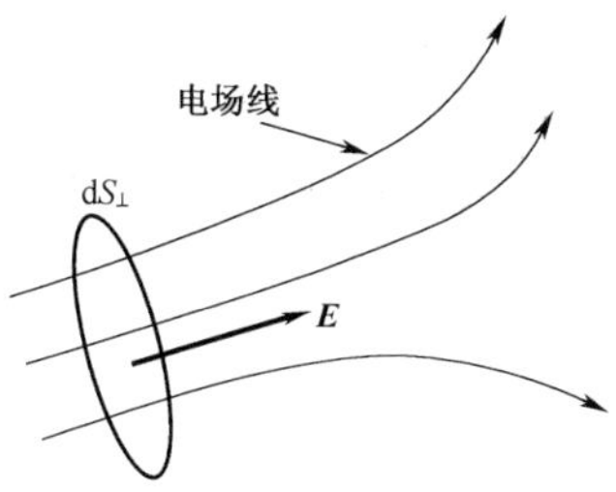

图 5.7　电场线密度与 $\boldsymbol{E}$

如图 5.8 所示给出 6 种常见的静电场的电场线分布。静电场的电场线具有如下性质：

（1）电场线起始于正电荷或无穷远处，终止于负电荷或无穷远处，无电荷处不中断，且不形成闭合曲线；

（2）任何两条电场线不相交。

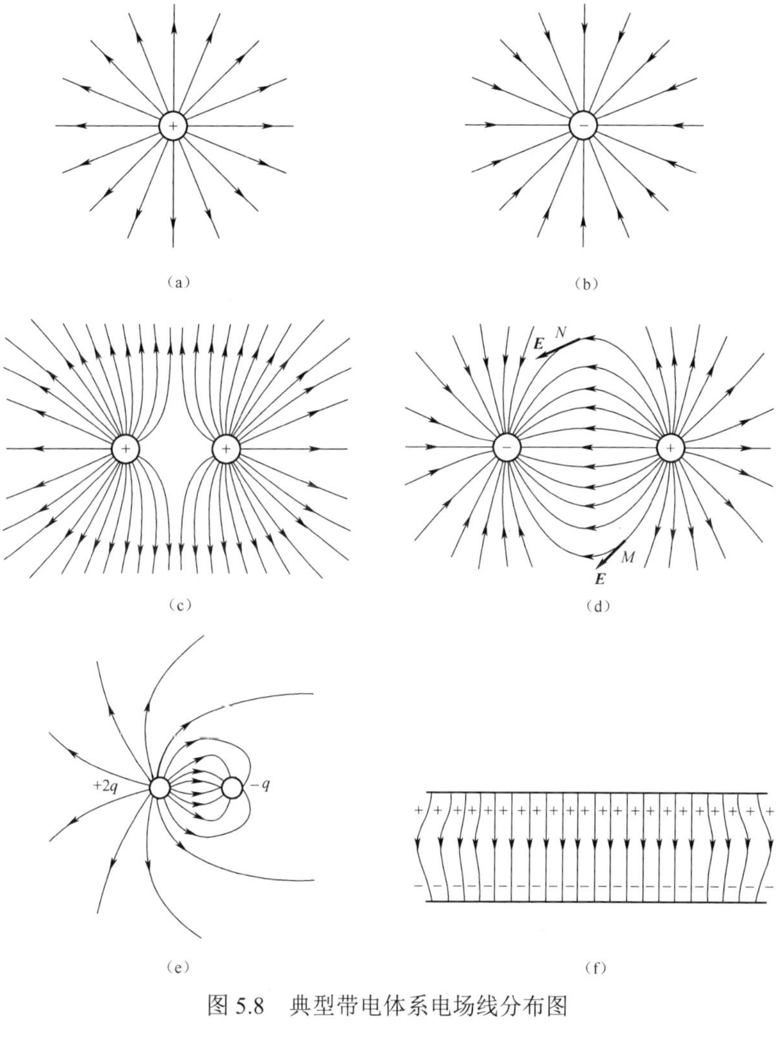

图 5.8　典型带电体系电场线分布图

5.3.2 电场强度通量

通量是描述矢量场性质的物理量，把垂直通过静电场中某一截面的电场线数目称为通过该面的**电场强度通量**，用符号 Φ_e 表示。

首先讨论匀强电场的 Φ_e，设均匀电场的电场强度为 $\boldsymbol{E}$，在电场中取面积为 S 且垂直于 $\boldsymbol{E}$ 的平面如图 5.9（a）所示，由于电场线数密度等于该处 $\boldsymbol{E}$ 的大小，且匀强电场的 $\boldsymbol{E}$ 处处相等，故通过面 S 的电场强度通量为：

$$\Phi_e = ES$$

其次讨论平面 S 与匀强电场不垂直的情况。引入面积矢量 $\boldsymbol{S} = S\boldsymbol{e}_n$，规定其大小为 S，单位法向矢量为 $\boldsymbol{e}_n$，如图 5.9（b）所示，$\boldsymbol{e}_n$ 与 $\boldsymbol{E}$ 的夹角为 θ。故通过 S 的电场强度通量为：

$$\Phi_e = ES\cos\theta$$

上式可表示为：

$$\Phi_e = \boldsymbol{E}\cdot\boldsymbol{S} = \boldsymbol{E}\cdot\boldsymbol{e}_n S \tag{5.3.1}$$

最后讨论非均匀电场通过任意曲面 S 的 Φ_e。如图 5.9（c）所示，S 为非均匀电场中任意形状的曲面，将 S 分割为无限多面积元 $\mathrm{d}S$，可近似视 $\mathrm{d}S$ 为小平面，且在 $\mathrm{d}S$ 上 $\boldsymbol{E}$ 处处相等，设 $\mathrm{d}\boldsymbol{S} = \mathrm{d}S\boldsymbol{e}_n$，$\boldsymbol{E}$ 与 $\boldsymbol{e}_n$ 夹角为 θ，于是通过 $\mathrm{d}S$ 的电场强度通量为：

$$\mathrm{d}\Phi_e = E\mathrm{d}S\cos\theta = \boldsymbol{E}\cdot\mathrm{d}\boldsymbol{S}$$

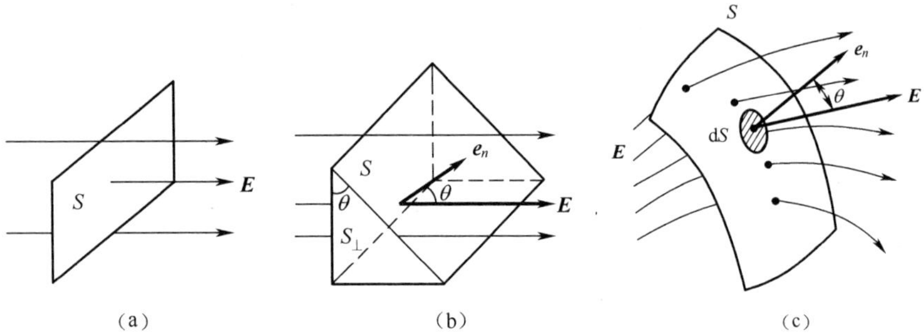

图 5.9 Φ_e 的计算

通过整个曲面的 Φ_e，就是每一面积元的电场强度通量的代数和：

$$\Phi_e = \int_S \mathrm{d}\Phi_e = \int_S E\cos\theta\mathrm{d}S = \int_S \boldsymbol{E}\cdot\mathrm{d}\boldsymbol{S} \tag{5.3.2}$$

$\int_S$ 表示积分遍及整个 S，若曲面是一闭合曲面，则用积分符号 $\oint_S$ 表示。于是通过任意闭合曲面的 Φ_e 为：

$$\Phi_e = \oint_S E\cos\theta\mathrm{d}S = \oint_S \boldsymbol{E}\cdot\mathrm{d}\boldsymbol{S} \tag{5.3.3}$$

对于闭合曲面，规定垂直于 $\mathrm{d}S$ 并由曲面内指向曲面外的方向作为其法线方向。于是当电场线由闭合曲面内穿出时，如图 5.10 所示的 A 点处，$\theta < \pi/2$，$\cos\theta > 0$，故 A 点通过 dS 的电场强度通量为正值。电场线自曲面外穿进时，如图 5.10 所示的 B 点处，$\theta > \pi/2$，$\cos\theta < 0$，故 B 点通过 dS 的电场强度通量为负值。

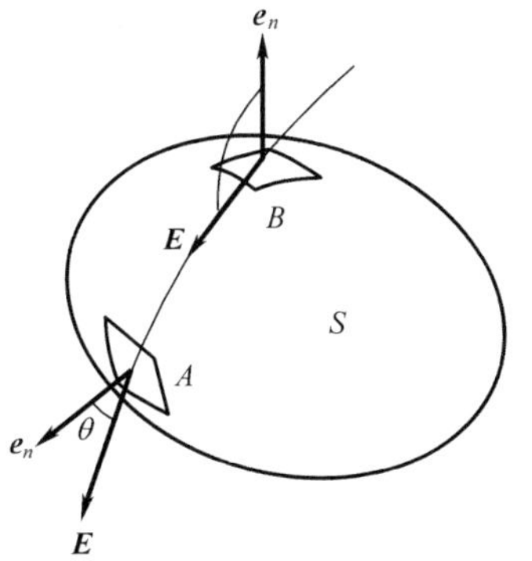

图 5.10　通过闭合曲面 Φ_e 正负的判别

5.3.3　静电场的高斯定理

高斯定理是关于任意闭合曲面的 Φ_e 与面内净电荷关系的定理，反映了电场和场源的内在联系，是静电场的基本定理之一。

首先计算包围一正点电荷 q 同心球面的 Φ_e。正点电荷置于半径为 R 的球面 S 中心，如图 5.11（a）所示。由点电荷的 $\boldsymbol{E}$ 知，在球面 S 上各点 $\boldsymbol{E}$ 大小相等，方向沿半径向外呈辐射状，而 $\boldsymbol{E}$ 的大小为：

$$E = \frac{1}{4\pi\varepsilon_0} \cdot \frac{q}{R^2}$$

在球面 S 上任取面积元 dS，其 $\boldsymbol{e}_n$ 沿球面半径向外，即 $\boldsymbol{e}_n$ 与 $\boldsymbol{E}$ 间夹角 $\theta = 0$，则通过 dS 的电场强度通量为：

$$\mathrm{d}\Phi_e = \boldsymbol{E} \cdot \mathrm{d}\boldsymbol{S} = E\mathrm{d}S\cos\theta = E\mathrm{d}S = \frac{1}{4\pi\varepsilon_0} \cdot \frac{q}{R^2}\mathrm{d}S$$

通过整个闭合球面的 Φ_e 为：

$$\Phi_e = \oint_S \mathrm{d}\Phi_e = \oint_S \boldsymbol{E} \cdot \mathrm{d}\boldsymbol{S} = \frac{1}{4\pi\varepsilon_0} \cdot \frac{q}{R^2} \oint_S \mathrm{d}S = \frac{1}{4\pi\varepsilon_0} \cdot \frac{q}{R^2} 4\pi R^2$$

于是得到：

$$\Phi_e = \oint_S \boldsymbol{E} \cdot \mathrm{d}\boldsymbol{S} = \frac{q}{\varepsilon_0} \tag{5.3.4}$$

由式（5.3.4）可知，通过闭合球面的 Φ_e 等于球面所包围的电荷除以真空电容率，且仅与球面包围点电荷的电量有关，与所取球面的半径无关。

从点电荷发出的所有电场线连续地延伸到无穷远处，即使球面发生了畸变，如图 5.11（a）所示的曲面 S'，或者点电荷不在球面中心，通过闭合曲面的 Φ_e 均不发生变化，其通量仍为 q/ε_0。

若闭合曲面内无点电荷，如图 5.11（b）所示，由于单个点电荷产生的电场线为辐射状射线，则进入、穿出该闭合曲面的电场线数必定相等，故总的 Φ_e 为零。

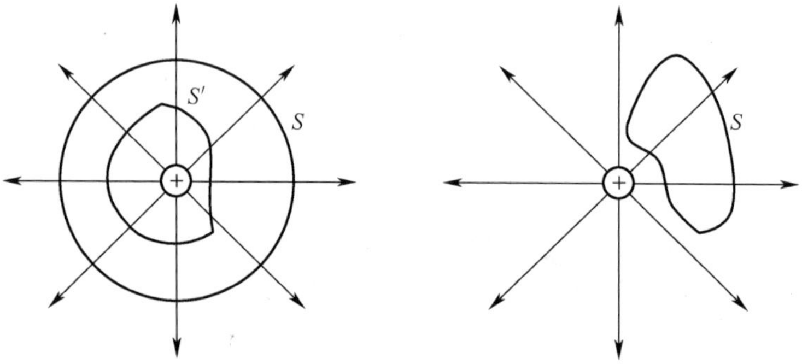

图 5.11　高斯定理的推导

对于由 $q_1, q_2, \cdots, q_n$ 组成的点电荷系，由电场强度叠加原理知，空间任意一点的 $\boldsymbol{E}$ 为：

$$\boldsymbol{E} = \boldsymbol{E}_1 + \boldsymbol{E}_2 + \cdots + \boldsymbol{E}_n$$

穿过静电场中任意闭合曲面的 Φ_e 为：

$$\begin{aligned}\oint_S \boldsymbol{E} \cdot \mathrm{d}\boldsymbol{S} &= \oint_S \boldsymbol{E}_1 \cdot \mathrm{d}\boldsymbol{S} + \oint_S \boldsymbol{E}_2 \cdot \mathrm{d}\boldsymbol{S} + \cdots + \oint_S \boldsymbol{E}_n \cdot \mathrm{d}\boldsymbol{S} \\ &= \Phi_{e1} + \Phi_{e2} + \cdots + \Phi_{en}\end{aligned}$$

其中 $\Phi_{e1}, \Phi_{e2}, \cdots, \Phi_{en}$ 为点电荷 $q_1, q_2, \cdots, q_n$ 各自激发的电场穿过闭合曲面的电场强度通量。由上述讨论可知，当电荷 q_i 在闭合曲面内时，其 Φ_{ei} 为 q_i/ε_0，当电荷 q_i 在闭合曲面外时，其 Φ_{ei} 为零。故穿过此闭合曲面的 Φ_e 只与此闭合曲面内的电荷有关，即有：

$$\oint_S \boldsymbol{E} \cdot \mathrm{d}\boldsymbol{S} = \frac{1}{\varepsilon_0}\sum_{i=1}^{n} q_i^{in} \tag{5.3.5}$$

其中 $\sum_{i=1}^{n} q_i^{in}$ 为闭合曲面内所包围电荷的代数和。上式即为真空中静电场的**高斯定理**，可表述为：真空静电场穿过任意闭合曲面的 Φ_e，等于该曲面包围的所有电荷的代数和除以 ε_0。高斯定理所选择的闭合曲面称为**高斯面**。

高斯定理表明，通过闭合曲面的 Φ_e 仅与该曲面包围的净电荷有关，与曲面内的电荷分布情况及曲面的形状无关，与曲面外的电荷也无关。但高斯定理式（5.3.5）中的 $\boldsymbol{E}$，却是由闭合曲面内外所有电荷共同产生，故 $\boldsymbol{E}$ 与闭合曲面内外所有电荷及其分布均密切相关。高斯定理、库仑定律均为静电场的基本规律。

5.3.4 高斯定理的应用

高斯定理不仅可以解决已知 $\boldsymbol{E}$ 分布求任意区域内电荷的问题，而且当电荷分布具有某种对称性时，也可应用该定理求解电荷系统的 $\boldsymbol{E}$ 。且其方法比应用库仑定律和电场强度叠加原理更为简便。

应用高斯定理求解 $\boldsymbol{E}$ 的分布，关键在于由电荷分布的对称性分析得到 $\boldsymbol{E}$ 的对称性，依据对称性适当选取高斯面，以便使积分 $\oint_S \boldsymbol{E}\cdot \mathrm{d}\boldsymbol{S}$ 中的 $\boldsymbol{E}$ 能以标量形式从积分号内提出来，最后应用高斯定理计算 $\boldsymbol{E}$ 的数值。

例题 5.3.1 如图 5.12（a）所示，试求均匀带电半径为 R 的球面内、外的 $\boldsymbol{E}$ 分布，设球面所带总电量为 Q 。

解：由题意知电荷均匀分布在球面上，故电荷分布具有球对称性，电场也应具有球对称性，即同一球面上各点 $\boldsymbol{E}$ 的大小相等，方向沿该点球面的法线方向，据此选取与带电球面同心的球面为高斯面。

（1）球面内：在球面内任取一点 P ，如图 5.12（b）所示，设 P 点距球心 O 为 r ，以 O 点为中心，以 r 为半径作一球形高斯面，P 点为高斯面上一点，高斯面内无电荷，由高斯定理得：

$$\oint_S \boldsymbol{E}\cdot \mathrm{d}\boldsymbol{S} = E4\pi r^2 = 0$$

于是得到：

$$E = 0 \quad（r < R）$$

上式表明均匀带电球面内部 $\boldsymbol{E}$ 处处为零。

（2）球面外：取球面外一点 P 如图 5.12（c）所示，设 P 点距球心 O 为 r，以 O 点为中心，以 r 为半径作一球形高斯面，所包围电荷为 Q 。由高斯定理得：

$$\oint_S \boldsymbol{E}\cdot \mathrm{d}\boldsymbol{S} = E4\pi r^2 = \frac{Q}{\varepsilon_0}$$

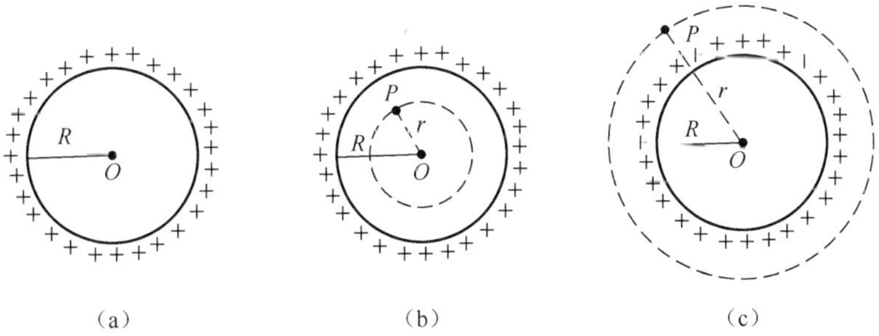

图 5.12 均匀带电球面的 $\boldsymbol{E}$

于是得到：

$$E=\frac{1}{4\pi\varepsilon_0}\cdot\frac{Q}{r^2}\ (r>R)$$

矢量表示为：

$$\boldsymbol{E}=\frac{1}{4\pi\varepsilon_0}\cdot\frac{Q}{r^2}\boldsymbol{e}_r\ (r>R)$$

上式表明，均匀带电球面在外部空间产生的电场，与电荷全部集中在球心时产生的电场相同。

图 5.13 所示的 $E-r$ 曲线表明 $\boldsymbol{E}$ 的大小随 r 的变化情况，可以看出 $\boldsymbol{E}$ 在球面处产生跃变。

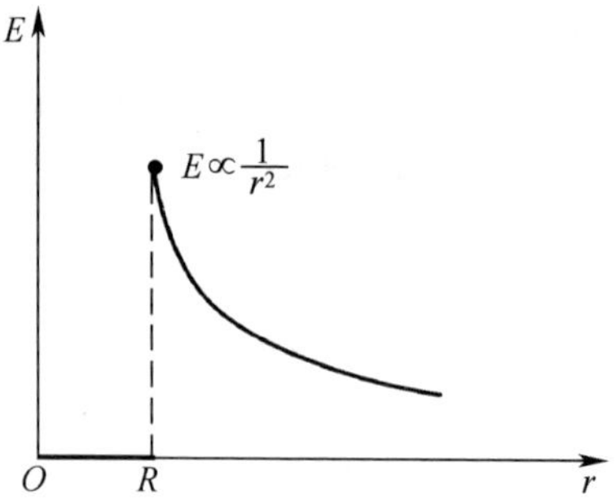

图 5.13　均匀带电球面 $E-r$ 曲线

例题 5.3.2　试求无限长均匀带电圆柱面内外的 $\boldsymbol{E}$ 分布。设柱面半径为 R，沿轴向单位长度柱面所带电量为 λ。

解：由于电荷分布具有轴对称性，故电场分布也应具有轴对称性，即距柱面对称轴等距离各点 $\boldsymbol{E}$ 大小相等，方向均沿柱面的法线方向 $\boldsymbol{e}_r$，选取同轴圆柱形高斯面如图 5.14 所示。高斯面两个底面处 $\boldsymbol{E}$ 与底面法线方向垂直，故通过两底面的 Φ_e 均为零。

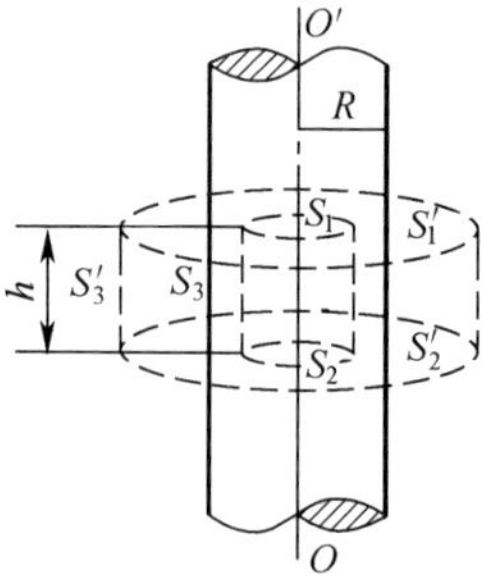

图 5.14　无限长均匀带电圆柱面

（1）圆柱面外：在带电圆柱面外取半径为 r、高度为 h 的同轴圆柱形高斯面 S'

如图 5.14 所示，可得：

$$\begin{aligned}\Phi_e &= \oint_S \boldsymbol{E}\cdot \mathrm{d}\boldsymbol{S} = \int_{S_1'} \boldsymbol{E}\cdot \mathrm{d}\boldsymbol{S} + \int_{S_2'} \boldsymbol{E}\cdot \mathrm{d}\boldsymbol{S} + \int_{S_3'} \boldsymbol{E}\cdot \mathrm{d}\boldsymbol{S} \\ &= 0 + 0 + E\int_{S_3'} \mathrm{d}S = 2\pi rhE\end{aligned}$$

由于该高斯面包围的电荷为 λh，故由高斯定理得：

$$2\pi rhE = \frac{\lambda h}{\varepsilon_0}$$

故带电圆柱面外电场强度为：

$$\boldsymbol{E} = \frac{\lambda}{2\pi r\varepsilon_0}\boldsymbol{e}_r \ (r > R)$$

（2）圆柱面内：仿照前述分析，取 $r < R$ 的柱形高斯面 S，其 Φ_e 为 $2\pi rhE$，高斯面包围的电荷为零，由高斯定理得：

$$\oint_S \boldsymbol{E}\cdot \mathrm{d}\boldsymbol{S} = 2\pi rhE = 0$$

故带电圆柱面内电场强度为：

$$\boldsymbol{E} = \boldsymbol{0} \ (r < R)$$

例题 5.3.3 试求无限大均匀带电平面的 $\boldsymbol{E}$ 分布，设其电荷面密度为 σ。

解： 由于电荷均匀分布在无限大平面上，故电场的分布具有面对称性。若设 $\sigma > 0$，则平面两侧对称点处的 $\boldsymbol{E}$ 大小相等，方向与平面垂直并指向两侧，如图 5.15 所示。故选取高斯面为一圆柱面，其侧面与带电面垂直，两底面与带电面平行并在对称位置上，如图 5.15 所示侧面上各点 $\boldsymbol{E}$ 处处与侧面法线方向垂直，故通过侧面的 Φ_e 为零。由于所选高斯面关于带电平面对称，故在其两底面 $\boldsymbol{E}$ 的大小处处相等，方向沿两底面的法线方向。设底面面积为 S，则通过每个 S 的 Φ_e 均为 ES，故通过所选高斯面的 Φ_e 为 $2ES$。

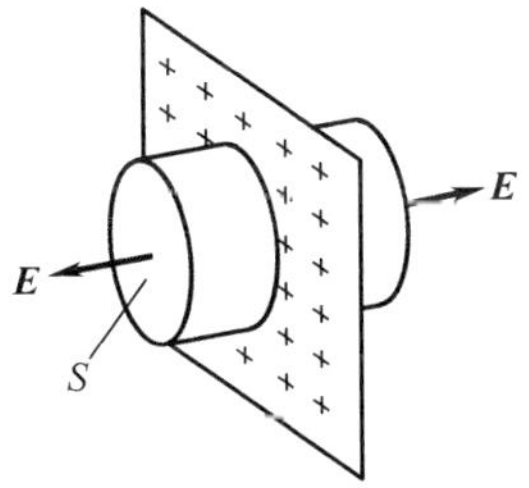

图 5.15 无限大均匀带电平面

由高斯定理得：

$$\oint_S \boldsymbol{E}\cdot \mathrm{d}\boldsymbol{S} = 2ES = \frac{\sigma S}{\varepsilon_0}$$

于是有：

$$E = \frac{\sigma}{2\varepsilon_0}$$

其方向与平面垂直并指向两侧。本例题与例题 5.2.3 结果相同，表明无限大均匀带电平面产生的电场为匀强电场。

利用例题 5.3.3 的结果，可方便求得两个均匀带等量异号电荷的无限大平行平面之间的 $\boldsymbol{E}$ 。设带电平面的电荷面密度分别为 $+\sigma$ 、$-\sigma$ ，如图 5.16 所示，两平面激发的 $\boldsymbol{E}$ 大小均为 $E = \sigma / 2\varepsilon_0$ ，在两平面外 $\boldsymbol{E}$ 方向相反，两平面之间 $\boldsymbol{E}$ 方向相同。由电场强度叠加原理知，两平面之外 $E = 0$ ，两平面之间 $\boldsymbol{E}$ 的大小为：

$$E = \frac{\sigma}{\varepsilon_0}$$

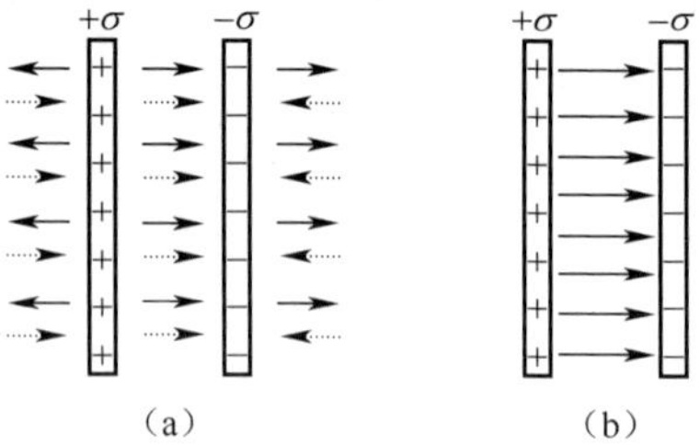

图 5.16　两个均匀带等量异号电荷的无限大平行平面 $\boldsymbol{E}$ 的分布

其方向由带正电平面指向带负电平面。由此可见，两个均匀带等量异号电荷的无限大平行平面之间的电场也是匀强电场。

上述各例带电体的电荷分布均具有一定对称性，应用高斯定理计算此类带电体的 $\boldsymbol{E}$ 方便易行。但对于不具有确定对称性电荷分布的带电体，其 $\boldsymbol{E}$ 难以直接应用高斯定理求解。不过，对有些带电体系统，若其中每个带电体的电荷分布都具有对称性，则仍可应用高斯定理求出每个带电体的电场，然后再应用电场强度叠加原理，求出整个带电体系的 $\boldsymbol{E}$ 。

5.4　静电场的环路定理

5.4.1　静电场力做功的特点

电荷在静电场中移动时，静电场力对电荷做功，由库仑定律和电场强度叠加原理，可以证明静电场力做功与路径无关。

1. 点电荷的静电场

设带正电的点电荷 q 固定于 O 点，如图 5.17 所示，试验电荷 q_0 由 a 点沿任意路径移动到 b 点，在路径 c 点处取位移元 $\mathrm{d}\boldsymbol{l}$ ，当 q_0 移动 $\mathrm{d}\boldsymbol{l}$ 时，静电场力做的元功为：

$$\mathrm{d}W = q_0 \boldsymbol{E} \cdot \mathrm{d}\boldsymbol{l}$$

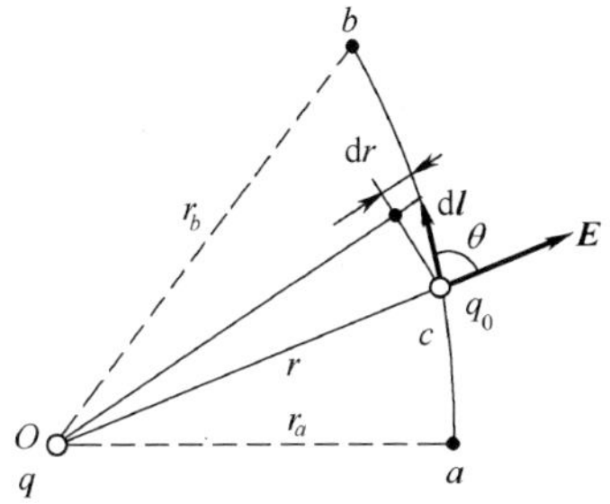

图 5.17　静电场力做功

已知点电荷的 $\boldsymbol{E}$ 为：

$$\boldsymbol{E}=\frac{1}{4\pi\varepsilon_0}\cdot\frac{q}{r^2}\boldsymbol{e}_r$$

则静电场力做的元功为：

$$\mathrm{d}W=\frac{1}{4\pi\varepsilon_0}\cdot\frac{qq_0}{r^2}\boldsymbol{e}_r\cdot\mathrm{d}\boldsymbol{l}$$

由图 5.17 可知 $\boldsymbol{e}_r\cdot\mathrm{d}\boldsymbol{l}=\mathrm{d}l\cos\theta=\mathrm{d}r$，$\theta$ 为 $\boldsymbol{E}$ 、$\mathrm{d}\boldsymbol{l}$ 间夹角，上式可写为：

$$\mathrm{d}W=\frac{1}{4\pi\varepsilon_0}\cdot\frac{qq_0}{r^2}\mathrm{d}r$$

则试验电荷 q_0 从 a 到 b 的过程中静电场力所做总功为：

$$W=\int\mathrm{d}W=\frac{qq_0}{4\pi\varepsilon_0}\int_{r_a}^{r_b}\frac{\mathrm{d}r}{r^2}=\frac{qq_0}{4\pi\varepsilon_0}\left(\frac{1}{r_a}-\frac{1}{r_b}\right) \tag{5.4.1}$$

式（5.4.1）表明点电荷的静电场中，静电场力对 q_0 做的功与路径无关，只与其起点和终点的位置有关。

2．连续带电体的静电场

可以把连续带电体细分为许多电荷元，每一电荷元近似为点电荷，基于电场强度叠加原理，当试验电荷 q_0 由点 a 移动到点 b 时，电场力做的功为：

$$W=q_0\int_l\boldsymbol{E}\cdot\mathrm{d}\boldsymbol{l}-q_0\int_l\boldsymbol{E}_1\cdot\mathrm{d}\boldsymbol{l}+q_0\int_l\boldsymbol{E}_2\cdot\mathrm{d}\boldsymbol{l}+\cdots \tag{5.4.2}$$

其中等式右侧每一项代表一个电荷元单独存在时其电场力将 q_0 由点 a 移动到点 b 做的功，由于每一项均与路径无关，故总电场力做的功也必定与路径无关，于是得出结论：在任意静电场中，电场力对试验电荷所做的功，只与 q_0 的起点和终点的位置有关，与路径无关。由此可知，静电场力是保守力，静电场是保守力场。

5.4.2　静电场的环路定理

在静电场中任意取一闭合路径 L，试验电荷 q_0 沿闭合路径移动一周如图 5.18

所示，电场力做功为：

$$W = q_0 \oint_L \boldsymbol{E} \cdot \mathrm{d}\boldsymbol{l}$$

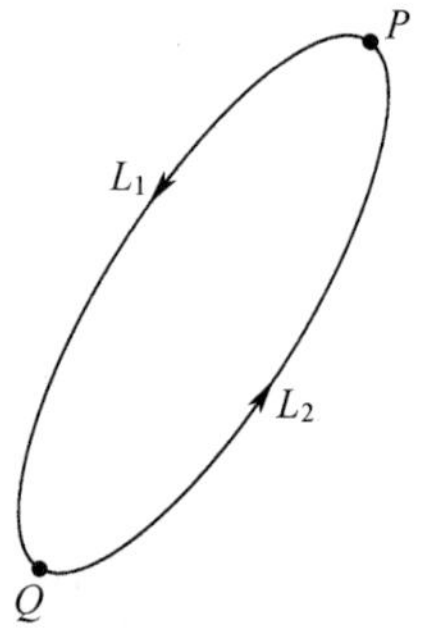

图 5.18　静电场力沿闭合路径做功

在路径 L 上取任意两点 P 、Q，把路径 L 分成 L_1、L_2 两段。由于静电场力做功与路径无关，故有：

$$W = q_0 \oint_L \boldsymbol{E} \cdot \mathrm{d}\boldsymbol{l} = q_0 \int_{P(L_1)}^{Q} \boldsymbol{E} \cdot \mathrm{d}\boldsymbol{l} + q_0 \int_{Q(L_2)}^{P} \boldsymbol{E} \cdot \mathrm{d}\boldsymbol{l}$$

$$= q_0 \int_{P(L_1)}^{Q} \boldsymbol{E} \cdot \mathrm{d}\boldsymbol{l} - q_0 \int_{P(-L_2)}^{Q} \boldsymbol{E} \cdot \mathrm{d}\boldsymbol{l}$$

式中 $(-L_2)$ 表示沿图 5.18 所示 L_2 的反方向，故有：

$$q_0 \int_{P(L_1)}^{Q} \boldsymbol{E} \cdot \mathrm{d}\boldsymbol{l} = q_0 \int_{P(-L_2)}^{Q} \boldsymbol{E} \cdot \mathrm{d}\boldsymbol{l}$$

于是得：

$$W = q_0 \oint_L \boldsymbol{E} \cdot \mathrm{d}\boldsymbol{l} = 0$$

即有：

$$\oint_L \boldsymbol{E} \cdot \mathrm{d}\boldsymbol{l} = 0 \tag{5.4.3}$$

式（5.4.3）左边表示静电场的 $\boldsymbol{E}$ 沿任意闭合路径 L 的线积分，称为 $\boldsymbol{E}$ 的环流。故式（5.4.3）表明：静电场 $\boldsymbol{E}$ 的环流恒为零。该结论称为静电场的**环路定理**，是表述静电场性质的重要定理。

5.5　电势

5.5.1　电势能

静电场力与重力一样均为保守力，因此可类比重力势能，引入电势能描述静电场。将试验电荷 q_0 在静电场中由点 A 移动到点 B，静电场力所做的功与路径无关，故存在由q_0与场源电荷相对位置所决定的能量，称为**电势能**，用E_P表示。E_P的增量等于q_0由初位置A沿任意路径移动到末位置B，电场力对q_0做功的负值，即有：

$$E_{PB}-E_{PA}=-q_0\int_{AB}\boldsymbol{E}\cdot\mathrm{d}\boldsymbol{l}\text{ 或 }E_{PA}-E_{PB}=q_0\int_{AB}\boldsymbol{E}\cdot\mathrm{d}\boldsymbol{l}\tag{5.5.1}$$

式（5.5.1）表明，q_0在静电场中初末位置的E_P之差，等于将q_0从A点沿任意路径移动到B点的过程电场力做的功。电势能是一个相对量，要确定q_0在电场中某点的E_P，必须选定参考点，该点的选择是任意的。若选定B点为参考点，令$E_{PB}=0$，则A点的电势能为：

$$E_{PA}=q_0\int_A^{\text{参考点}}\boldsymbol{E}\cdot\mathrm{d}\boldsymbol{l}\tag{5.5.2}$$

式（5.5.2）表明，q_0在电场中任意点A的E_P，在数值上等于将q_0从A点沿任意路径移动到参考点电场力做的功。

5.5.2 电势

参考点选定之后，q_0在电场中任意确定位置，由式（5.5.2）知均有确定的E_P。显然，q_0在电场中任意点的E_P，是由q_0、$\boldsymbol{E}$共同决定的，因此E_P不能描述电场本身的性质。但比值E_P/q_0与q_0无关，仅取决于$\boldsymbol{E}$，因此把比值E_P/q_0称为静电场某点的**电势**，用V表示：

$$V_A=\frac{E_{PA}}{q_0}=\int_A^{\text{参考点}}\boldsymbol{E}\cdot\mathrm{d}\boldsymbol{l}\tag{5.5.3}$$

式（5.5.3）表明电场中A点的电势，在数值上等于单位正电荷在该点的E_P，或等于单位正电荷从A点移动到参考点电场力做的功。电场中任意两点的**电势差**定义为：

$$U_{AB}=V_A-V_B=\int_{AB}\boldsymbol{E}\cdot\mathrm{d}\boldsymbol{l}\tag{5.5.4}$$

式（5.5.4）表明：在静电场中，任意两点A、B的电势差，数值上等于单位正电荷从A点沿任意路径移到B点电场力做的功。

电场中某点的V实际上是该点与参考点之间的电势差，是将参考点的电势指定为零的结果。原则上可以任意选取参考点，但为方便计算，同时保证电势的物理意义，对参考点的选取通常遵循以下原则：

（1）若场源电荷分布于有限区域，常选取无穷远处为参考点，即$V_\infty=0$。于是任一点A的电势可写成$V_A=\int_A^\infty\boldsymbol{E}\cdot\mathrm{d}\boldsymbol{l}$。

（2）若电荷分布于无穷区域，如无限长带电直线、无限大带电平面等，一般不能选无穷远处为参考点，否则电势的值将为无穷大或不确定。这时要把参考点选在有限区域内。

（3）在日常生活及工程技术中，常把大地或仪器外壳选为电势参考点。

只有选定了参考点之后，V 才有确定的值，而电势差是绝对量，与参考点的选择无关。根据电势差的数值，可以比较电场中两点间的V 高低，例如，由P 点到C 点，若电场力对单位正电荷做正功，$U_{PC}>0$，则$V_P>V_C$，若电场力对单位正电荷做负功，$U_{PC}<0$，则$V_P<V_C$。

电势和电势差的 SI 单位均为 V。

5.5.3 点电荷和点电荷系的电势

1．点电荷的电势

点电荷为有限带电体，故可选取无穷远处为电势零点$V_\infty=0$。因V 的计算与路径无关，故可选沿径向的直线作为积分路径，由式（5.5.3）、（5.2.2）得到：

$$V=\int_r^\infty \boldsymbol{E}\cdot \mathrm{d}\boldsymbol{l}=\int_r^\infty \frac{1}{4\pi\varepsilon_0}\cdot\frac{q}{r^2}\mathrm{d}r=\frac{q}{4\pi\varepsilon_0 r} \qquad (5.5.5)$$

其中r是由点电荷q到P点的距离，当$q>0$时，$V>0$，空间各点的电势均为正值，且距正电荷越近电势就越高；当$q<0$时，$V<0$，空间各点的电势均为负值，且距负电荷越近电势就越低。

2．电势的叠加原理

对于多个点电荷$q_1,q_2,\cdots,q_n$组成的点电荷系，由电场强度叠加原理知，空间点A的$\boldsymbol{E}$等于各个点电荷单独存在时，在该点激发$\boldsymbol{E}$的矢量和，再由式（5.5.3）得A点的电势为：

$$\begin{aligned}V_A&=\int_A^\infty \boldsymbol{E}\cdot \mathrm{d}\boldsymbol{l}=\int_A^\infty \boldsymbol{E}_1\cdot \mathrm{d}\boldsymbol{l}+\int_A^\infty \boldsymbol{E}_2\cdot \mathrm{d}\boldsymbol{l}+\cdots+\int_A^\infty \boldsymbol{E}_n\cdot \mathrm{d}\boldsymbol{l}\\&=V_1+V_2+\cdots+V_n\end{aligned}$$

式中$V_1,V_2,\cdots,V_n$分别是点电荷$q_1,q_2,\cdots,q_n$单独存在时激发的电场在A点的电势。于是将点电荷的电势式（5.5.5）代入上式得到：

$$V_A=\sum_{i=1}^{n}\frac{1}{4\pi\varepsilon_0}\cdot\frac{q_i}{r_i} \qquad (5.5.6)$$

式（5.5.6）表明，点电荷系激发的静电场任意点的V，等于各个点电荷单独存在时在该点产生电势的代数和。该结论为静电场的电势叠加原理。

若要计算连续分布带电体电场中任意点的V，对于有限带电体取无穷远处为电势零点$V_\infty=0$，将带电体分割为无限多电荷元$\mathrm{d}q$，则$\mathrm{d}q$在任意点P的电势，可应用点电荷的电势式（5.5.5）得到：

$$\mathrm{d}V=\frac{1}{4\pi\varepsilon_0}\cdot\frac{\mathrm{d}q}{r}$$

整个带电体在P点的电势为所有电荷元在该点电势的代数和，即有：

$$V=\frac{1}{4\pi\varepsilon_0}\int\frac{\mathrm{d}q}{r} \qquad (5.5.7)$$

若 $\boldsymbol{E}$ 已知，可直接应用电势定义式（5.5.3）计算 V。当电荷在有限区域内分布已知时，原则上可以应用电势叠加原理计算 V。对于多个带电体的电场，可以分别计算每个带电体在同一点的电势 $V_1, V_2, \cdots, V_n$，然后求代数和得到多个带电体在该点的电势：

$$V = \sum_{i=1}^{n} V_i$$

其中 $V_1, V_2, \cdots, V_n$ 均相对于同一参考点。

例题 5.5.1 试求均匀带电细圆环对称轴上任意点的 V。设环半径为 R、所带电量为 q。

解：（1）应用电势叠加原理计算。

取 $V_\infty = 0$，如图 5.19 所示以环心为坐标原点，选圆环对称轴为 Ox 轴，P 点距坐标原点为 x。由题意知圆环电荷均匀分布，故有 $\lambda = q/(2\pi R)$。将圆环分割为无限多线电荷元 $\mathrm{d}q$，且 $\mathrm{d}q = \lambda \mathrm{d}l$，则电荷元 $\mathrm{d}q$ 在 P 点的电势为：

$$\mathrm{d}V = \frac{1}{4\pi\varepsilon_0} \cdot \frac{\mathrm{d}q}{r} = \frac{1}{4\pi\varepsilon_0} \cdot \frac{1}{\sqrt{x^2 + R^2}} \cdot \frac{q}{2\pi R} \mathrm{d}l$$

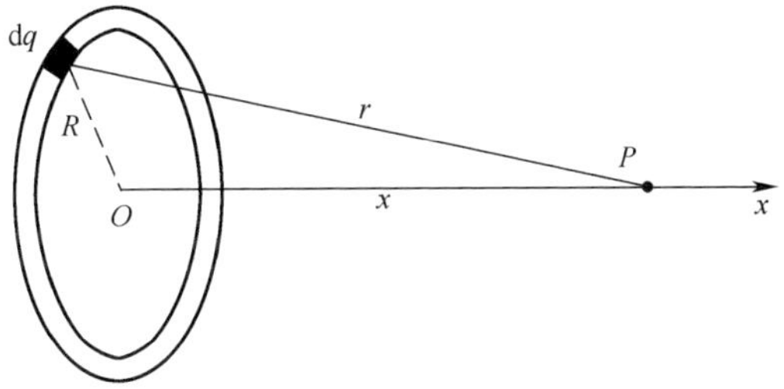

图 5.19 均匀带电细圆环对称轴上任意点的 V

由电势叠加原理得到 P 点的电势为：

$$V = \int \mathrm{d}V = \frac{1}{4\pi\varepsilon_0} \int_l \frac{1}{\sqrt{x^2 + R^2}} \cdot \frac{q}{2\pi R} \mathrm{d}l = \frac{1}{4\pi\varepsilon_0} \cdot \frac{q}{\sqrt{x^2 + R^2}}$$

若 $x \gg R$，则 $V = q/(4\pi\varepsilon_0 x)$，此时带电细圆环可视为点电荷。若 $x = 0$，则 $V = q/(4\pi\varepsilon_0 R)$。

（2）已知 $\boldsymbol{E}$ 由电势定义式计算。

取 $V_\infty = 0$，应用例题 5.2.2 的结果，均匀带电细圆环对称轴上任意点 $\boldsymbol{E}$ 的值为：

$$E = \frac{1}{4\pi\varepsilon_0} \cdot \frac{qx}{(x^2 + R^2)^{3/2}}$$

由电势定义式（5.5.3），沿 x 轴积分得 P 点的电势为：

$$V = \int_P^\infty \boldsymbol{E} \cdot \mathrm{d}\boldsymbol{l} = \int_x^\infty \frac{1}{4\pi\varepsilon_0} \cdot \frac{qx}{(x^2 + R^2)^{3/2}} \mathrm{d}x = \frac{1}{4\pi\varepsilon_0} \cdot \frac{q}{\sqrt{x^2 + R^2}}$$

解法（1）应用了点电荷电势及电势叠加原理，解法（2）应用了例题 5.2.2 的结果和电势定义式（5.5.3）。殊途同归，两种方法所得结果相同。

由例题 5.5.1 的结果出发，容易计算均匀带电圆盘，垂直盘面对称轴上任意点的 V。如图 5.20 所示均匀带电薄圆盘，半径为 R，电荷面密度为 σ，圆盘中心与坐标原点重合，P 点距离原点 x。把圆盘分割为无限多个细圆环，对应半径 r、宽度 $\mathrm{d}r$ 圆环所带电量 $\mathrm{d}q=\sigma\mathrm{d}s=\sigma 2\pi r\mathrm{d}r$，圆环在点 P 的电势由例题 5.5.1 的结果得：

$$\mathrm{d}V=\frac{1}{4\pi\varepsilon_0}\cdot\frac{\mathrm{d}q}{\sqrt{x^2+r^2}}=\frac{1}{4\pi\varepsilon_0}\cdot\frac{\sigma 2\pi r\mathrm{d}r}{\sqrt{x^2+r^2}}=\frac{1}{2\varepsilon_0}\cdot\frac{\sigma r\mathrm{d}r}{\sqrt{x^2+r^2}}$$

则带电圆盘在点 P 的电势为无限多个细圆环在该点电势的代数和，即：

$$V=\int\mathrm{d}V=\int_0^R\frac{1}{2\varepsilon_0}\cdot\frac{\sigma r\mathrm{d}r}{\sqrt{x^2+r^2}}=\frac{\sigma}{2\varepsilon_0}(\sqrt{x^2+R^2}-x)$$

例题 5.5.2 试求均匀带电球面在空间的 V。设球面半径为 R，所带电量为 Q。

解： 取 $V_\infty=0$，由高斯定理可以得到均匀带电球面的电场强度为：

$$E_1=0\ (r<R),\quad E_2=\frac{1}{4\pi\varepsilon_0}\cdot\frac{Q}{r^2}\ (r>R)$$

故在球面外任意点处有：

$$V=\int_r^\infty\boldsymbol{E}\cdot\mathrm{d}\boldsymbol{l}=\int_r^\infty\frac{1}{4\pi\varepsilon_0}\cdot\frac{Q}{r^2}\mathrm{d}r=\frac{Q}{4\pi\varepsilon_0 r}\ (r>R)$$

在球面内任意点处有：

$$V=\int_r^\infty\boldsymbol{E}\cdot\mathrm{d}\boldsymbol{l}=\int_r^R\boldsymbol{E}_1\cdot\mathrm{d}\boldsymbol{l}+\int_R^\infty\boldsymbol{E}_2\cdot\mathrm{d}\boldsymbol{l}=0+\int_R^\infty\frac{1}{4\pi\varepsilon_0}\cdot\frac{Q}{r^2}\mathrm{d}r=\frac{Q}{4\pi\varepsilon_0 R}\ (r\leqslant R)$$

由上述结果可知，均匀带电球面内 $\boldsymbol{E}$ 处处为零，V 处处相等，故球面内为等电势区域。球面外的 V 与场点到球心的距离成反比。图 5.21 给出了 V 随距离 r 的分布曲线。

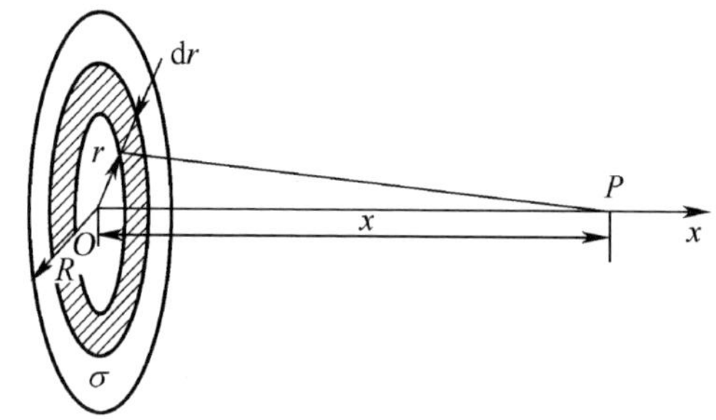

图 5.20　均匀带电圆盘

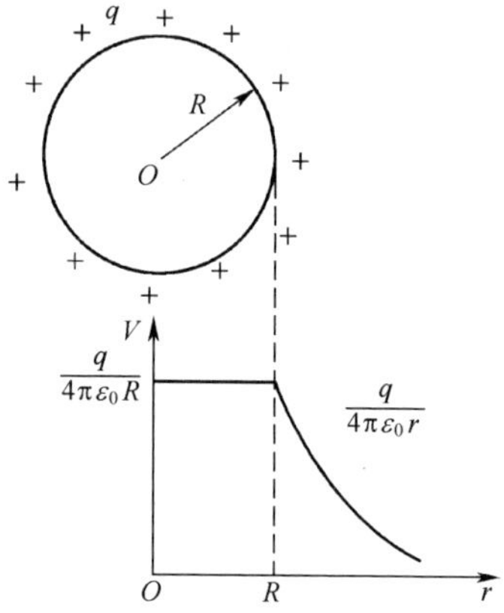

图 5.21　均匀带电球面的电势 V

5.6 电场强度与电势

5.6.1 等势面

引入电场线可以直观地描绘静电场，同理也可以应用等势面直观描述电势 V 的分布。在静电场中电势 V 相等的点所组成的曲面称为**等势面**，将对应于不同电势值的等势面逐个画出来，并规定相邻两等势面的电势差为常量，这样的等势面图形能直观地反映静电场中电势 V 的分布情况。图 5.22 给出了带正电的点电荷、匀强电场和两个等量异号点电荷的等势面和电场线的分布图，其中虚线、实线分别表示等势面、电场线。

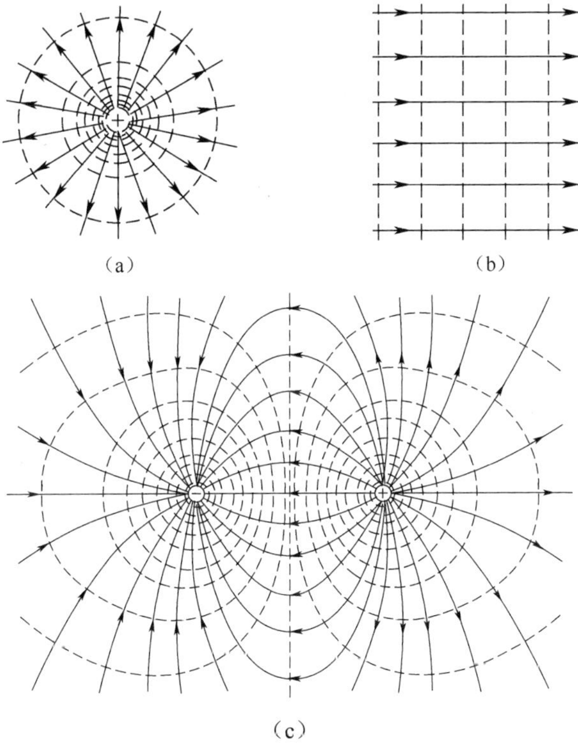

图 5.22　电场线与等势面

等势面具有如下性质：

（1）等势面与电场线处处正交。

（2）等势面密处电场强度大，等势面疏处电场强度小。

（3）电场线总是由电势高的等势面指向电势低的等势面。

等势面方法在解决带电体电场分布问题时具有一定的实用价值，例如，对于某些带电体可以先通过实验手段绘出其等势面分布，然后再分析得出其电场的实际分布。

5.6.2 电场强度与电势梯度

$\boldsymbol{E}$ 和 V 均为描述静电场的物理量，而且电势的定义式（5.5.3）给出了两者的积分关系，以下将讨论其微分关系。

在静电场中取两个邻近的等势面，如图 5.23 所示，分别对应电势 V、$V+\Delta V$。在两等势面之间取任意方向的线段 $AB=\Delta l$，由于两等势面相距较近，A、B 两点间的 $\boldsymbol{E}$ 可近似认为处处相等。设 $\Delta\boldsymbol{l}$、$\boldsymbol{E}$ 间的夹角为 θ，则 A、B 两点间的电势差为：

$$U_{AB}=V_A-V_B=\boldsymbol{E}\cdot\Delta\boldsymbol{l}$$

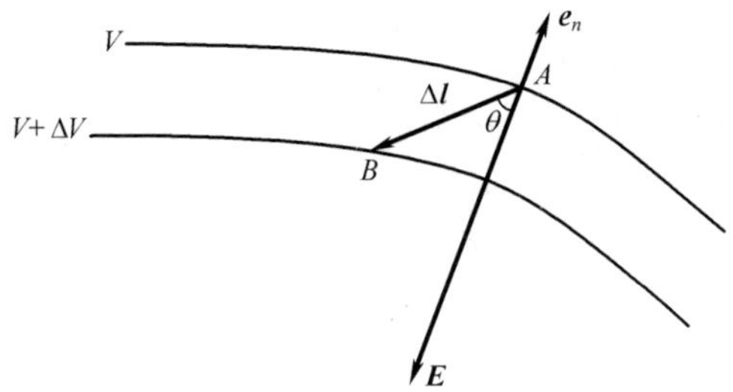

图 5.23　电场强度与电势的关系

即有：

$$\Delta V=V_B-V_A=-\boldsymbol{E}\cdot\Delta\boldsymbol{l}=-E\Delta l\cos\theta$$

由于 $\boldsymbol{E}$ 在 $\Delta\boldsymbol{l}$ 方向上的分量 $E_l=E\cos\theta$，则有：

$$E_l=-\frac{\Delta V}{\Delta l}$$

$\Delta V/\Delta l$ 为电势沿 $\Delta\boldsymbol{l}$ 方向单位长度上的变化率。于是有：

$$\lim_{\Delta l\to 0}\frac{\Delta V}{\Delta l}=\frac{\mathrm{d}V}{\mathrm{d}l}$$

则：

$$E_l=-\frac{\mathrm{d}V}{\mathrm{d}l} \tag{5.6.1}$$

$\mathrm{d}V/\mathrm{d}l$ 为电势沿 $\boldsymbol{l}$ 方向单位长度上的变化率。式（5.6.1）表明，静电场中某一点 $\boldsymbol{E}$ 沿任意方向的分量，等于该点的 V 沿该方向单位长度变化率的负值。一般情况下 V 为空间坐标的函数，将式（5.6.1）在直角坐标系中表示得：

$$E_x=-\frac{\partial V}{\partial x},\quad E_y=-\frac{\partial V}{\partial y},\quad E_z=-\frac{\partial V}{\partial z}$$

于是 $\boldsymbol{E}$ 在直角坐标系中表示为：

$$\boldsymbol{E}=-\left(\frac{\partial V}{\partial x}\boldsymbol{i}+\frac{\partial V}{\partial y}\boldsymbol{j}+\frac{\partial V}{\partial z}\boldsymbol{k}\right)$$

由于 $\boldsymbol{E}$ 与等势面垂直，取两等势面法线方向的单位矢量为 $\boldsymbol{e}_n$ ，规定其方向由低电势指向高电势，则沿 $\boldsymbol{e}_n$ 的 $\boldsymbol{E}$ 分量为：

$$E_n = -\frac{\mathrm{d}V}{\mathrm{d}l_n}$$

式中 $\mathrm{d}V/\mathrm{d}l_n$ 是电势 V 沿法线方向单位长度的变化率，因为 $\boldsymbol{E}$ 与 $\boldsymbol{e}_n$ 反向，在其他方向无分量，故 $\boldsymbol{e}_n$ 是电势 V 空间变化率最大的方向，电场中某一点的 $\boldsymbol{E}$ 大小就是该点 $\boldsymbol{E}$ 的法线方向分量，即有：

$$E = -\frac{\mathrm{d}V}{\mathrm{d}l_n}$$

其矢量式为：

$$\boldsymbol{E} = -\frac{\mathrm{d}V}{\mathrm{d}l_n}\boldsymbol{e}_n \tag{5.6.2}$$

式（5.6.2）表明，电场中任意点的 $\boldsymbol{E}$ ，等于该点电势 V 沿等势面法线方向单位长度变化率的负值。定义电势梯度，其方向与该点电势 V 增加最快的方向相同，大小等于该点电势的变化率，用 $\mathrm{grad}V = \nabla V$ 表示，即有：

$$\mathrm{grad}V = \nabla V = \frac{\mathrm{d}V}{\mathrm{d}l_n}\boldsymbol{e}_n$$

对比式（5.6.2）得：

$$\boldsymbol{E} = -\mathrm{grad}V = -\nabla V \tag{5.6.3}$$

式（5.6.3）表明， $\boldsymbol{E}$ 与 V 存在微分关系，即电场强度等于电势梯度的负值。这表明电场中某点的 $\boldsymbol{E}$ 取决于 V 在该点的空间变化率。总之，为了描述静电场的分布，引入 $\boldsymbol{E}$ 和 V ，前者是矢量，服从矢量叠加原理，后者是标量，服从标量叠加原理。两者间的关系，既有积分关系也有微分关系。因此，只要已知两者之一，就可应用关系式求出另一物理量。由于 V 是标量，往往比计算 $\boldsymbol{E}$ 简单。因此通常首先求出 V ，然后利用梯度关系求 $\boldsymbol{E}$ 。只有在带电体具有一定对称性的情况下，才能较方便地直接利用高斯定理求解 $\boldsymbol{E}$ ，然后用 $\boldsymbol{E}$ 的线积分求 V 。

例题 5.6.1　半径为 R_2 的均匀带电圆盘，如图 5.24 所示，在盘心挖去半径 R_1 的小孔，若电荷面密度为 σ ，试应用电势梯度方法计算该带电系统对称轴上 P 点的 $\boldsymbol{E}$ 。

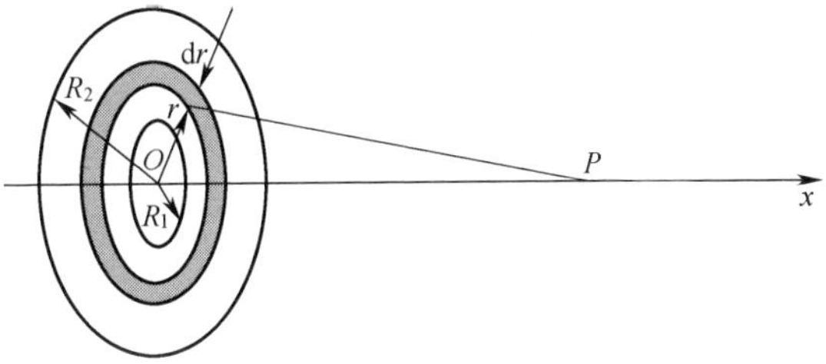

图 5.24　均匀带电圆盘

解：取圆盘中心与坐标原点重合，P 点距原点为 x，如图 5.24 所示，将圆盘分割为无限多个细圆环，取半径为 r、宽度为 $\mathrm{d}r$ 的圆环，带电量为 $\mathrm{d}q=\sigma\mathrm{d}s=\sigma\cdot 2\pi r\mathrm{d}r$，则圆环在点 P 的电势由例题 5.5.1 的结果得：

$$\mathrm{d}V=\frac{1}{4\pi\varepsilon_0}\cdot\frac{\mathrm{d}q}{\sqrt{x^2+r^2}}=\frac{1}{4\pi\varepsilon_0}\cdot\frac{\sigma\cdot 2\pi r\mathrm{d}r}{\sqrt{x^2+r^2}}=\frac{1}{2\varepsilon_0}\cdot\frac{\sigma r\mathrm{d}r}{\sqrt{x^2+r^2}}$$

中空带电圆盘在点 P 的电势为：

$$V=\int\mathrm{d}V=\int_{R_1}^{R_2}\frac{1}{2\varepsilon_0}\cdot\frac{\sigma r\mathrm{d}r}{\sqrt{x^2+r^2}}=\frac{\sigma}{2\varepsilon_0}\left(\sqrt{x^2+R_2^2}-\sqrt{x^2+R_1^2}\right)$$

由于 V 仅为 x 的函数，则称轴上 P 点 $\boldsymbol{E}$ 的方向必沿 Ox 轴，其大小为：

$$E=E_x=-\frac{\partial V}{\partial x}=\frac{\sigma}{2\varepsilon_0}\left(\frac{x}{\sqrt{x^2+R_1^2}}-\frac{x}{\sqrt{x^2+R_2^2}}\right)$$

习题 5

一、选择题

5.1　试分析带电体可视为点电荷的条件为：______。

A．电荷必须呈球形分布；

B．带电体线度很小；

C．带电体线度与其他有关长度相比可忽略不计；

D．电量很小。

5.2　设光滑绝缘的水平桌面上，固定带电 $+Q$ 的小球 P，若带电 $-q$、$+2q$ 的小球 A、B 由绝缘杆相连静止于桌面上，设 P、A 相距 L，且三小球均可视为点电荷，试判断如下正确的表述是：______。

A．A、B 间距为 L；

B．A、B 间距小于 L；

C．A、B 间距大于 L；

D．P、A 和 B 可能不在同一直线上。

5.3　电场强度定义式 $\boldsymbol{E}=\boldsymbol{F}/q_0$，试分析下列正确的表述是：______。

A．$\boldsymbol{E}$ 的大小与试验电荷 q_0 的大小成反比；

B．场中某点 q_0 的受力 $\boldsymbol{F}$ 与其比值不因 q_0 而变；

C．试验电荷 q_0 的受力与 $\boldsymbol{E}$ 同方向；

D．若场中某点无试验电荷，则该点 $\boldsymbol{F}=0$，从而 $\boldsymbol{E}=0$。

5.4　设点电荷 $+q$ 位于边长 a 的立方体中心，试确定穿过其任一平面的电通量为：______。

A. $\dfrac{q}{\varepsilon_0}$；　　B. $\dfrac{q}{2\varepsilon_0}$；

C. $\dfrac{q}{6\varepsilon_0}$；　　D. $\dfrac{6q}{\varepsilon_0}$。

5.5　已知一高斯面所包围的空间内电荷的代数和为零，试确定如下正确的结果为：______。

A．高斯面上各点场强均为零；

B．穿过高斯面上每一面元的电通量均为零；

C．穿过整个高斯面的电通量为零；

D．以上说法均不正确。

5.6　关于高斯定理有如下几种表述，试分析其中正确的是：______。

A．若高斯面上 $\boldsymbol{E}$ 处处为零，则该面内必无电荷；

B．如果穿过高斯面的电通量为零，则高斯面上各点的电场强度一定处处为零；

C．如果高斯面内有静电荷，则穿过高斯面的电通量必不为零；

D．高斯定理仅适用于具有高度对称性的电场。

5.7　地球表面附近某区域存在大小 $150\text{N}\cdot\text{C}^{-1}$、方向竖直向下的电场，若带电为 $-1.5\times10^{-7}\text{C}$ 的小球由静止释放，在电场内下落 10m，试确定此过程中小球：______。

A．电势能增加 $2.25\times10^{-4}\text{J}$；　　B．电势能减少 $2.25\times10^{-4}\text{J}$；

C．电场力做正功 $2.25\times10^{-4}\text{J}$；　　D．以上说法均不正确。

5.8　试分析以下正确的表述是：______。

A．等势面上各点场强的大小一定相等；

B．电势高处，电势能必定高；

C．场强大处，电势必定高；

D．场强的方向总是由电势高处指向低处。

5.9　设真空中半径 R 的球面均匀带电 Q，若带电量 q 的点电荷置于球心处，取无穷远处为电势零点，试判断球面内距球心 r 处 P 点的电势为：______。

A. $\dfrac{q}{4\pi\varepsilon_0 r}$；　　B. $\dfrac{1}{4\pi\varepsilon_0}\left(\dfrac{q}{r}+\dfrac{Q}{R}\right)$；

C. $\dfrac{q+Q}{4\pi\varepsilon_0}$；　　D. $\dfrac{1}{4\pi\varepsilon_0}\left(\dfrac{q}{r}+\dfrac{Q+q}{R}\right)$.

5.10　电场线均匀分布且为平行直线的静电场内，场线方向上任意两点 A、B 处的 $\boldsymbol{E}$、V 相比较，试分析正确的结论为：______。

A．$\boldsymbol{E}$ 同，V 不同；　　B．$\boldsymbol{E}$ 不同，V 同；

C．$\boldsymbol{E}$、V 均不同；　　D．$\boldsymbol{E}$、V 均相同。

二、计算题

5.11 两个相同的带电导体小球被固定，其中心间距为 0.5m，且以 0.108N 的静电场力相互吸引。若用细导线将两球连接，再移去导线，则两球以 0.036 N 的静电场力相互排斥，试求小球初态所带的电荷。

5.12 氢原子由一个核内质子和一个核外电子组成，基态时电子绕核旋转的轨道半径约为 $5.3\times10^{-11}\,\mathrm{m}$，试求质子、电子间的库仑力。

5.13 卢瑟福在其著名的 α 粒子散射实验中证明：当两个原子核间距小到 $10^{-15}\,\mathrm{m}$ 时，两者间的排斥力仍然遵守库仑定律。试计算当 α 粒子与金原子核相距 $1\times10^{-14}\,\mathrm{m}$ 时，α 粒子受到金原子核斥力的大小。

5.14 两个很小的带电球分别带电 $q_1=2.1\times10^{-8}\,\mathrm{C}$、$q_2=-8.4\times10^{-8}\,\mathrm{C}$，若两者被固定在相距 0.5m 处，试确定两小球连线上 $E=0$ 的点。

5.15 设氢原子中电子绕核圆周运动的半径为 $5.3\times10^{-11}\,\mathrm{m}$，试求电子所在处原子核 $\boldsymbol{E}$ 的大小。

5.16 均匀带电 q 的细导线被弯成半径为 r 的半圆，试求圆心处 $\boldsymbol{E}$ 的大小。

5.17 长为 l 的细绝缘杆均匀带电 q，试求其中垂线上一点 $\boldsymbol{E}$ 的大小。

5.18 钚原子的原子序数为 94，核半径约为 $6.64\times10^{-15}\,\mathrm{m}$，若设正电荷均匀分布在核内，则在核的表面附近由正电荷产生的 $\boldsymbol{E}$ 的大小是多少？

5.19 均匀带电为 Q 的橡胶球壳，其内、外半径分别为 R_1、R_2，试求其 $\boldsymbol{E}$ 的分布。

5.20 设靠近地球表面 $\boldsymbol{E}$ 的大小约为 $100\,\mathrm{N\cdot C^{-1}}$，方向垂直于地面向下。若距地面 $1.5\,\mathrm{km}$ 高处，$\boldsymbol{E}$ 也垂直于地面向下，其大小约为 $25\,\mathrm{N\cdot C^{-1}}$，则：（1）若地球所带电荷均匀分布于其表面，取其半径为 $6.4\times10^{6}\,\mathrm{m}$，试计算地球表面的 σ；（2）试计算从地面到 $1.5\,\mathrm{km}$ 高度大气中的平均 ρ。

5.21 自然界闪电的可见部分之前有一不可见阶段，该阶段产生电子柱从浮云向下一直延伸到地面，组成电子柱的电子来自于浮云和位于该柱内被电离的空气分子，沿该柱体的电荷线密度为 $-1\times10^{-3}\,\mathrm{C\cdot m^{-1}}$。一旦电子柱延伸达地面，其内的电子迅速倾泄于地面，其间运动电子与柱内空气的碰撞导致明亮的闪光，形成闪电的可见部分。倘若空气分子在超过 $2.4\times10^{6}\,\mathrm{N\cdot C^{-1}}$ 的电场中被击穿，试求该圆柱体的半径。

5.22 两个带有等量异号电荷的无限长同轴圆柱面，其内、外半径分别为 R_1、R_2，单位长度电荷为 λ，试求 $\boldsymbol{E}$。

5.23 半径为 R 的无限长均匀带电圆柱体，电荷体密度为 ρ，试求圆柱体内、外的 $\boldsymbol{E}$。

5.24 设有两平行无限大均匀带电平板 A、B，电荷面密度均为 $+\sigma$，试求 $\boldsymbol{E}$。

5.25 设靠近地球表面处的 $\boldsymbol{E}$ 大小约为 $100\,\mathrm{N\cdot C^{-1}}$，方向垂直于地面向下。若

地面电子被释放，就会受到静电场力的作用，试求释放的电子竖直向上通过距离为 500m 时静电场力做的功。

5.26　设电偶极子电量为 q，相距 l，如图 5.25 所示。点电荷 q_0 沿半径为 R 的半圆路径 L 从 A 点运动到 B 点，试求 q_0 所受电场力做的功。

5.27　试求如图 5.26 所示电矩 $\boldsymbol{P}=q\boldsymbol{l}$ 的电偶极子在均匀外电场 $\boldsymbol{E}$ 中的电势能。

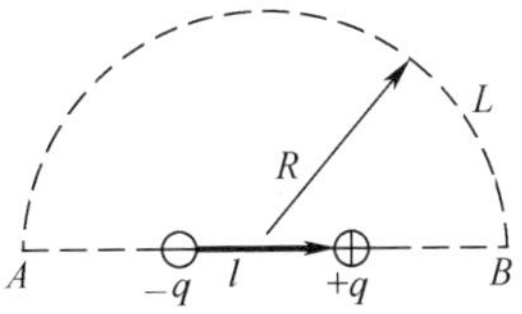

图 5.25　5.26 题用图

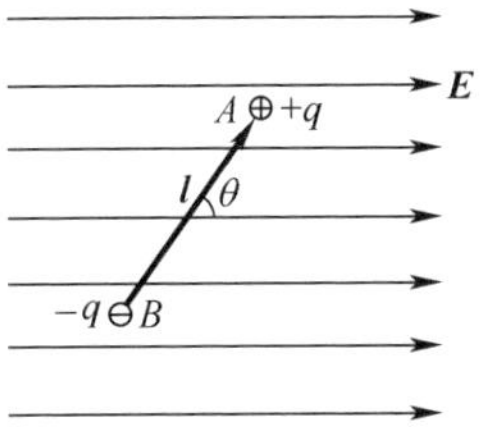

图 5.26　5.27 题用图

5.28　金原子核可视为半径约为 7.0×10^{-15} m 的均匀带电球体，试求：

（1）原子核表面的电势 V；

（2）原子核中心的电势 V。

5.29　设有球形水滴带电 3×10^{-11}C，若取无穷远处电势 $V_\infty=0$，则水滴表面电势 V 为 300V，试求：

（1）该水滴半径；

（2）若把两个同样的水滴合二为一，大水滴表面的电势 V。

5.30　试求电荷线密度为 λ 的无限长均匀带电直导线电场中的电势 V。

5.31　设有半径分别为 R_1、R_2 的两个同心球面，分别带有电荷 $+q$、$-q$，试求其电势差。

5.32　已知电偶极子的电势为 $V=p\cos\theta/(4\pi\varepsilon_0 r^2)$，试求其 $\boldsymbol{E}$。

5.33　沿 x 轴正方向放置长为 l 的细棒，设棒一端位于坐标原点，且每单位长分布 $\lambda=kx$ 的正电荷，k 为常数。若选取无穷远处电势 $V_\infty=0$。

（1）试求 y 轴上任意点 P 的电势 V；

（2）应用场强与电势关系求解 y 方向的电场强度 E_y。

第 6 章

静电场中的导体与电介质

电子教案

真空中静电场的基本规律，可以解决真空中的静电场问题，但事实上静电场中总有导体或电介质的存在，而介质中的静电场问题虽然较复杂，却更具实用性。本章主要讨论静电平衡条件、静电平衡时导体上电荷的分布情况、静电屏蔽、电介质的极化，以及有电介质时的高斯定理，最后简单介绍静电场的能量。

6.1 静电场中的导体

视频讲解

6.1.1 导体的静电平衡

从微观角度出发，金属导体是由带正电的晶格点阵和带负电的自由电子所构成的，自由电子可在导体内做无规则热运动。一般情况下导体的自由负电荷与正电荷中和，导体不显电性，称为**中性导体**。若将导体放入静电场中，自由电子受到静电场力的作用，在无规则热运动的基础上附加规则的宏观移动，使导体的电荷重新分布。在静电场的作用下，导体上的电荷重新分布的现象称为**静电感应现象**。

在外电场 $\boldsymbol{E}_0$ 作用下，电子朝着如图 6.1 所示与电场方向相反的方向运动，这时导体左侧因电子的堆积而出现负电荷，右侧因缺失负电荷而出现正电荷，此类电荷称为**感应电荷**，感应电荷激发的电场称为**附加电场**。当导体内的外电场 $\boldsymbol{E}_0$ 与附加电场 $\boldsymbol{E}'$ 叠加为零时，导体内合场强为零，电荷运动停止，导体处于**静电平衡状态**，由此得到导体处于静电平衡状态的条件为：

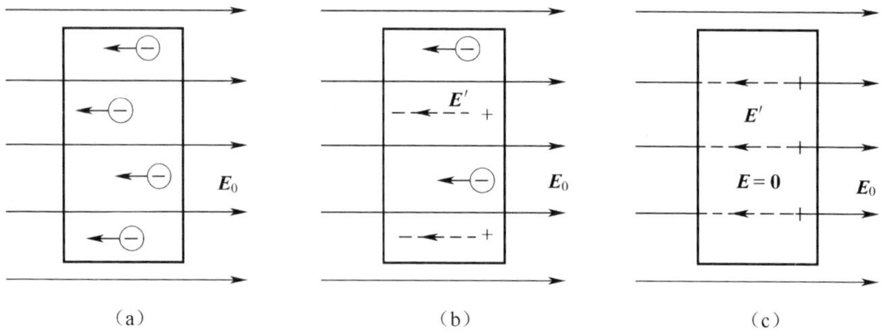

图 6.1 导体在均匀电场作用下的静电感应现象

（1）处于静电平衡状态的导体内场强处处为零。

（2）导体外紧靠导体表面附近的场强都与导体表面垂直。

以下应用反证法对（2）给出证明。设导体表面 $\boldsymbol{E}$ 方向与导体表面不垂直，则 $\boldsymbol{E}$ 在导体表面就有切向分量，电子在切向力的作用下沿导体表面宏观运动，这与静电平衡状态矛盾，故 $\boldsymbol{E}$ 在导体表面不可能有切向分量，导体表面 $\boldsymbol{E}$ 一定与导体表面垂直。

导体达到静电平衡状态时，导体是等势体，其表面是等势面。在导体内任取两点 A、B，由于导体内 $\boldsymbol{E}$ 为零，因此 $\boldsymbol{E}$ 由点 A 沿导体内任一条曲线的线积分必然为零，故导体是等势体。同理，在导体表面任取两点 C、D，计算沿导体表面任意曲线求 $\boldsymbol{E}$ 由点 C 到点 D 的线积分，虽然导体表面 $\boldsymbol{E}$ 不为零，但 $\boldsymbol{E}$ 与导体表面垂直，故此线积分也为零，导体表面是等势面。因此导体达到静电平衡状态时，导体是等势体，导体表面是等势面。

6.1.2 导体静电平衡时电荷的分布

1．实心导体

处于静电平衡时，实心导体内部无净电荷，电荷只能分布在导体的表面。

该结论可应用高斯定理给出证明。如图 6.2 所示，在导体内部作任意闭合曲面为高斯面，由于该曲面上各点的 $\boldsymbol{E}$ 均为零，故通过该曲面的 $\varPhi_e$ 必为零，于是由高斯定理得到闭合曲面内电荷的代数和一定为零的结论，由于所选闭合高斯面可以遍布导体内部每一点，故上述结论在导体内部处处成立，因此导体内部处处无净电荷，电荷只能分布在导体表面。

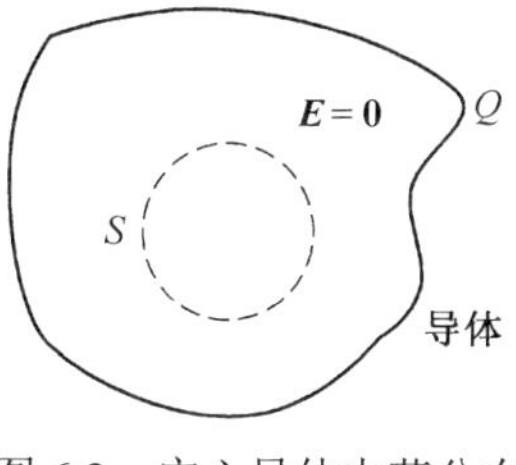

图 6.2　实心导体电荷分布

2．空腔导体（腔内无净电荷）

处于静电平衡状态时，空腔导体内部和内表面均无净电荷，电荷只能分布在空腔导体的外表面。

空腔导体内无净电荷可仿照上述实心导体方法证明，以下主要讨论其空腔内表面电荷分布情况即可。如图 6.3 所示，在导体内作一个包围空腔的闭合曲面为高斯面，由于导体内部 $\boldsymbol{E}$ 处处为零，故通过该曲面的 $\varPhi_e$ 必为零，于是由高斯定理得到闭合曲面内无净电荷，由此可知空腔导体内表面无净电荷。若设空腔导体内表面如图 6.3（b）所示有等量异号电荷，则必然有电场线从正电荷指向负电荷，而电场线由高电势指向低电势，这与导体为等势体相矛盾。因此有结论，空腔导体内表面不可能有等量异号电荷。

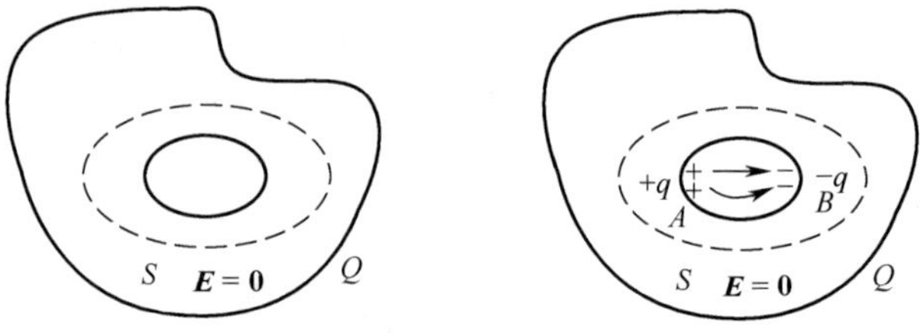

图 6.3　空腔导体（腔内无净电荷）的电荷分布

3．空腔导体（腔内有净电荷）

处于静电平衡时，电荷只能分布在空腔导体的内、外表面上。

空腔导体的导体内无净电荷可仿照上述实心导体方法证明，以下主要讨论空腔导体内、外表面的带电情况即可。设空腔导体带净电荷Q，如图 6.4 所示，且腔内置有净电荷q，在导体内作一包围空腔的闭合曲面为高斯面，由于导体内部$\boldsymbol{E}$处处为零，故通过该曲面的Φ_e必为零，于是由高斯定理得到闭合曲面内无净电荷，因此空腔导体的内表面必须带有与腔内q等量异号的电荷$-q$，由电荷守恒定律可知，空腔导体的外表面一定带电$Q+q$。因此有结论，空腔导体带有净电荷且处于静电平衡时，电荷只能分布在其内、外表面上。

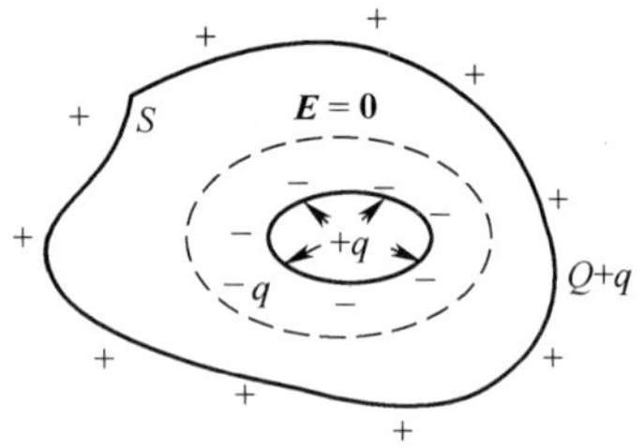

图 6.4　空腔导体（腔内有净电荷）的电荷分布

6.1.3　导体表面附近的场强

由上述讨论可知，处于静电平衡的金属导体，电荷只能分布在导体的表面上，事实上，导体表面电荷的分布情况与其形状以及附近带电体的状况等诸多因素有关。但对于孤立导体，实验表明：其表面曲率半径愈大处，表面电荷面密度愈小，导体表面曲率愈小处，表面电荷面密度愈大，导体表面曲率为负处或凹处，电荷密度更小。

由高斯定理可以求得导体表面附近的场强与该处电荷面密度的关系。设导体外表面电荷面密度为σ，如图 6.5 所示，在导体外表面紧靠其表面处作一个平行于导体表面的小面元S_1，以S_1为底面作一圆柱面S_3，另一底面S_2位于导体内。则通过该圆柱面的Φ_e为：

$$\oint_S E\cdot \mathrm{d}s=\int_{S_1}E_1\cdot \mathrm{d}s+\int_{S_2}E_2\cdot \mathrm{d}s+\int_{S_3}E_3\cdot \mathrm{d}s$$

$$=E_1\cdot\Delta S+0\cdot\Delta S+E_3\cdot S_3\cdot\cos\frac{\pi}{2}=\frac{\sigma\Delta S}{\varepsilon_0}$$

可得：

$$E_1=\sigma/\varepsilon_0\Rightarrow$$

$$E=\sigma/\varepsilon_0 \tag{6.1.1}$$

上式表明：导体表面附近邻近导体一点的场强大小，与该点处的电荷面密度成正比。

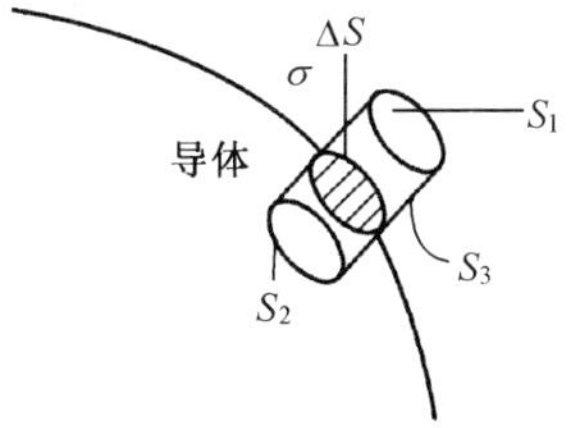

图 6.5　导体外表面附近的场强

6.1.4　尖端放电

对于有尖端的带电导体，其尖端处电荷面密度较大，故其尖端处场强也较大，当场强超过空气的击穿场强时，就会产生空气被电离的放电现象，称为**尖端放电**。避雷针就是应用导体尖端放电达到保护建筑物免遭雷击的目的。

6.1.5　静电屏蔽

由 6.1.2 节的讨论可知，将腔内无净电荷的空腔导体放入电场中，空腔内 $\boldsymbol{E}$ 恒为零，即空腔内不受腔外电场的影响。而腔内有净电荷的空腔导体，其外表面会带电，故导体外有电场，但若将该导体外表面接地，在电场力的作用下，外表面的电荷将运动入地，此时导体外表面不再带电，故外部电场为零，即腔内有净电荷的空腔导体外表面接地，可使腔外不受腔内电场的影响，称之为**静电屏蔽**。

静电屏蔽在电子技术工程中有着广泛的应用，例如，为了避免电场对某些电子仪器正常工作的的干扰，可以应用金属壳或金属网罩产生静电屏蔽。高压作业时，操作人员要穿上金属丝网做成的屏蔽服也是为了产生静电屏蔽，以防止强电场对人体的伤害。接近高压设备时，屏蔽服带电，但屏蔽服内的场强为零，从而保证了操作人员的安全。

例题 6.1.1 半径为 R_1 的导体球，被一与其同心的导体球壳包围，球壳的内、外半径分别为 R_2、R_3，若使导体球带电 Q_1、球壳带电 Q_2，试求：

（1）导体球及球壳的电荷分布；

（2）该带电系统的 V 分布。

解：（1）导体球达到静电平衡时，电荷 Q_1 均匀分布在导体球表面；导体球壳达到静电平衡时，内表面均匀分布着 $-Q_1$ 的电荷，而外表面均匀分布着 Q_1+Q_2 的电荷。

（2）此带电系统达到静电平衡时电荷分布在三个球面，由电势叠加原理，空间某点的 V，等于三个带电球面单独存在时在该点电势的代数和。

选无穷远处为电势零点，半径 R 带电 Q 的球面单独存在时，其 V 分布为：

$$r \leqslant R, \quad V = \frac{Q}{4\pi\varepsilon_0 R}$$

$$r \geqslant R, \quad V = \frac{Q}{4\pi\varepsilon_0 r}$$

于是有：

$$r \leqslant R_1, \quad V_1 = \frac{Q_1}{4\pi\varepsilon_0 R_1} - \frac{Q_1}{4\pi\varepsilon_0 R_2} + \frac{Q_1+Q_2}{4\pi\varepsilon_0 R_3}$$

$$R_1 \leqslant r \leqslant R_2, \quad V_2 = \frac{Q_1}{4\pi\varepsilon_0 r} - \frac{Q_1}{4\pi\varepsilon_0 R_2} + \frac{Q_1+Q_2}{4\pi\varepsilon_0 R_3}$$

$$R_2 \leqslant r \leqslant R_3, \quad V_3 = \frac{Q_1+Q_2}{4\pi\varepsilon_0 R_3}$$

$$r \geqslant R_3, \quad V_4 = \frac{Q_1+Q_2}{4\pi\varepsilon_0 r}$$

本题还可以应用高斯定理先求得电场的分布，然后再应用式（5.5.3）求得 V 的分布。

6.2 静电场中的电介质

本节主要讨论电介质的静电特性。电介质是电阻率较大、导电性能较差的物质，主要特征是其原子的电子被原子核束缚得较紧，在外电场作用下，电子只能相对于原子核产生微小位移，而不像导体中的自由电子，在外电场作用下可做定向运动。

6.2.1 电介质的极化

处于电场中的电介质，其电子在电场力的作用下做微小的相对位移，达到静电平衡状态时，电介质表面层或体内出现极化电荷，此现象称为**电介质的极化**。电介质分为两类：当不存在外电场时，电介质分子正、负电荷的中心重合，这类分子称为**无极分子**；当不存在外电场时，电介质分子正、负电荷的中心不重合，这类分子称为**有极分子**。

1．无极分子

氢、石蜡、甲烷、聚苯乙烯等分子是无极分子，如图 6.6（a）所示，无外电场时，其分子正负电荷的中心重合。在外电场作用下，如图 6.6（b）所示，每个无极分子的正负电荷中心不再重合形成电偶极子，其电偶极矩的方向与外电场的方向大体一致，这种电偶极矩称为诱导电偶极矩。此类均匀电介质的内部，任一小体积内所含正负电荷数量相等，电荷体密度为零。但在与外电场垂直的两个电介质表面上，分别出现正、负电荷，此即极化电荷。极化电荷与导体的自由电荷有较大区别，因其不能离开电介质转移到其他带电体，也不能在电介质内部自由运动。当外电场消失后，如图 6.6（a）所示无极分子的正负电荷中心又恢复重合，极化现象消失。由于无极分子的极化在于正、负电荷中心的相对位移，通常称此类极化现象为**位移极化**。

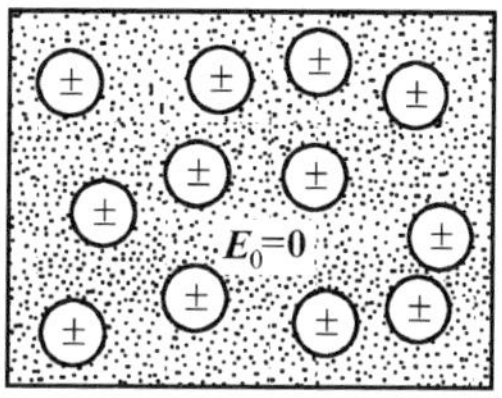

（a）无外电场作用

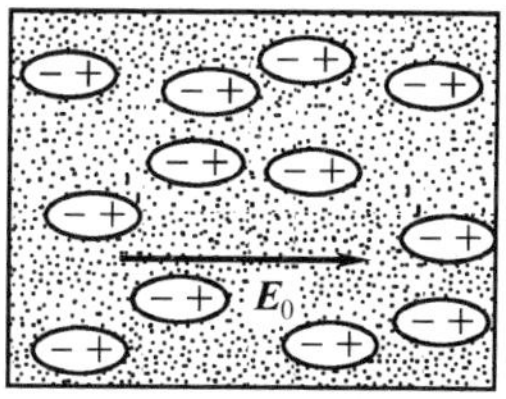

（b）有外电场作用

图 6.6　无极分子介质的极化

2．有极分子

水、纤维素、聚氯乙烯、有机玻璃等，即使无外电场时，此类物质分子的正、负电荷中心也不重合，相当于分子中存在固有电偶极矩，如图 6.7（a）所示，故此类分子称为有极分子。在无外场的情况下，由于分子的热运动，电介质中各分子电偶极矩的排列无序，因此电介质对外不呈现电性。外电场存在时，电介质中各分子的电偶极矩，均偏向外电场方向，如图 6.7（b）所示，故称为**取向极化**。若取消外电场，由于分子热运动，电偶极子电偶极矩的排列又恢复无序状态，如图 6.7（a）所示。

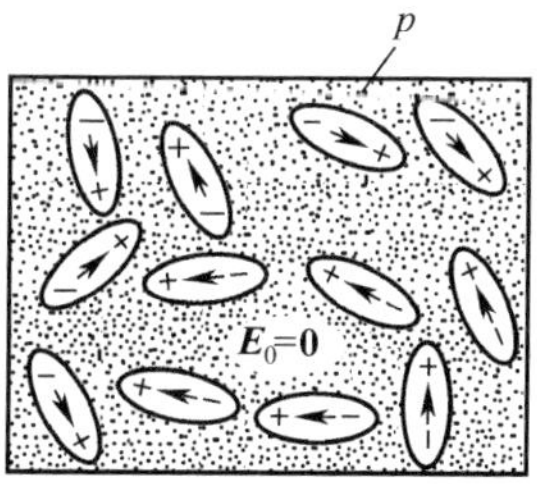

（a）无外电场作用

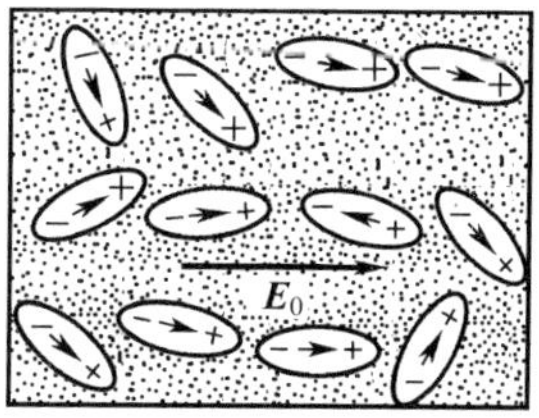

（b）有外电场作用

图 6.7　有极分子介质的极化

6.2.2 电极化强度

在电介质中任取微小体积元ΔV，设其中仍包括大量分子，但该体积元中所有分子电偶极矩$\boldsymbol{p}$的矢量和为零。外电场存在时，由于电介质的极化，该体积中分子电偶极矩的矢量和不为零，并且外电场越强，极化程度越大，$\sum_i \boldsymbol{p}_i$的值也越大。因此选取单位体积中分子电偶极矩的矢量和表征电介质的极化程度，即有：

$$\boldsymbol{P} = \frac{\sum_i \boldsymbol{p}_i}{\Delta V} \tag{6.2.1}$$

其中$\boldsymbol{P}$称为**电极化强度**，SI 单位为$\mathrm{C \cdot m^{-2}}$。

极化电荷是因电介质极化产生的，因此$\boldsymbol{P}$与极化电荷之间存在必然关系。对于均匀电介质而言，极化电荷只集中在表面层或两个不同界面层。电介质极化后产生的一切宏观效应都是通过这些电荷体现的。以下将以电荷面密度分别为$+\sigma_0$、$-\sigma_0$的两平行板间充满均匀电介质为例，进一步研究电介质极化电荷密度与$\boldsymbol{P}$之间的关系。

如图 6.8 所示，在极化的电介质中取长为l，底面积为ΔS的柱体，设两底面的极化电荷密度分别为$-\sigma'$、$+\sigma'$。则柱体内所有分子电偶极矩矢量和的大小为：

$$\sum_i p_i = \sigma' \Delta S l$$

由$\boldsymbol{P}$的定义知其值为：

$$P = \frac{\sum_i p_i}{\Delta V} = \frac{\sigma' \Delta S l}{\Delta S l} = \sigma' \tag{6.2.2}$$

由上式看出，两平板间均匀电介质$\boldsymbol{P}$的大小等于极化电荷面密度。

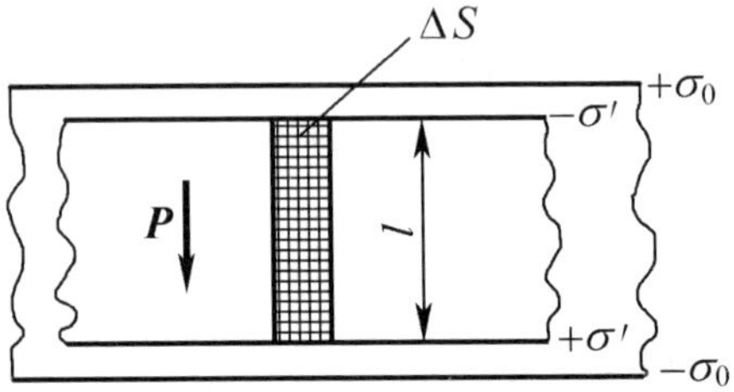

图 6.8　$\boldsymbol{P}$与极化电荷面密度的关系

6.2.3 极化电荷与自由电荷的关系

设真空中两无限大平行板上自由电荷面密度分别为$\pm\sigma_0$，则自由电荷在两板间激发的电场强度$E_0 = \sigma_0 / \varepsilon_0$。维持两平行板上电荷密度不变，在两板间均匀充满各向同性的相对电容率为ε_r的电介质，则两板间的电场强度$E = E_0 / \varepsilon_r$。由于电介质的极化，在其表面分别出现正、负极化电荷，对应电荷面密度$\pm\sigma'$，则极化电荷激发的电场强度$\boldsymbol{E}'$的值为$E'=\sigma'/\varepsilon_0$。由图 6.9 所示可看出电介质中的$\boldsymbol{E}$为：

$$\boldsymbol{E}=\boldsymbol{E}_0+\boldsymbol{E}'$$

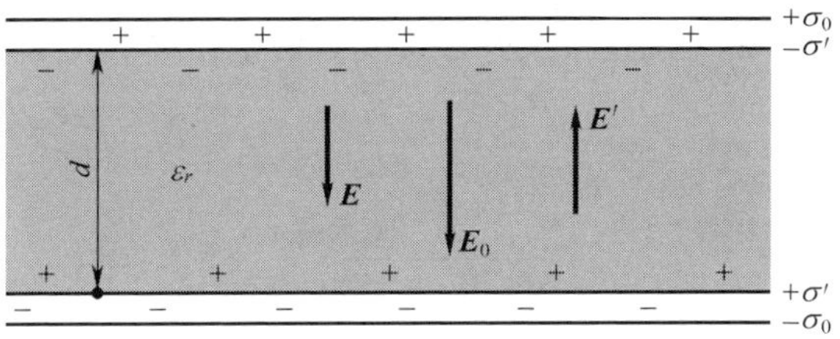

图 6.9　电介质中的电场强度

由于$\boldsymbol{E}'$与$\boldsymbol{E}_0$的方向相反，故电介质$\boldsymbol{E}$的值为：

$$E=E_0-E'=\frac{E_0}{\varepsilon_r}$$

故得：

$$E'=\frac{\varepsilon_r-1}{\varepsilon_r}E_0$$

从而得到：

$$\sigma'=\frac{\varepsilon_r-1}{\varepsilon_r}\sigma_0 \qquad (6.2.3)$$

自由电荷$Q_0=\sigma_0 S$，极化电荷$Q'=\sigma' S$，故极化电荷和自由电荷的关系为：

$$Q'=\frac{\varepsilon_r-1}{\varepsilon_r}Q_0 \qquad (6.2.4)$$

实验表明各向同性电介质，其$\boldsymbol{P}$与作用于电介质内部的电场$\boldsymbol{E}$成正比，且方向相同，表示为：

$$\boldsymbol{P}=\chi_e\varepsilon_0\boldsymbol{E} \qquad (6.2.5)$$

其中χ_e为电介质的电极化率。另外，电介质的相对电容率与电极化率满足关系：

$$\varepsilon_r=1+\chi_e$$

6.3　电位移　电介质中的高斯定理

由第 5 章可知，真空中静电场的高斯定理为：

$$\oint_S \boldsymbol{E}\cdot \mathrm{d}\boldsymbol{S}=\frac{Q_0}{\varepsilon_0} \qquad (6.3.1)$$

其中Q_0是闭合曲面S所包围自由电荷的代数和。若电场中包含电介质，则所围面积中应同时包含极化电荷和自由电荷，故电介质中的高斯定理为：

$$\oint_S \boldsymbol{E}\cdot \mathrm{d}\boldsymbol{S}=\frac{1}{\varepsilon_0}(Q_0-Q') \tag{6.3.2}$$

其中 Q_0、Q' 分别是所围面积 S 内的自由电荷和极化电荷，并且 $Q_0=\sigma_0 S$，$Q'=\sigma' S$，如图 6.10 所示。由于极化电荷的分布与 $\boldsymbol{E}$ 有关系，求解 $\boldsymbol{E}$ 时，极化电荷本身也是未知量，故无法直接求得 $\boldsymbol{E}$，仍以两平行带电板间充满均匀电介质为例讨论该问题。

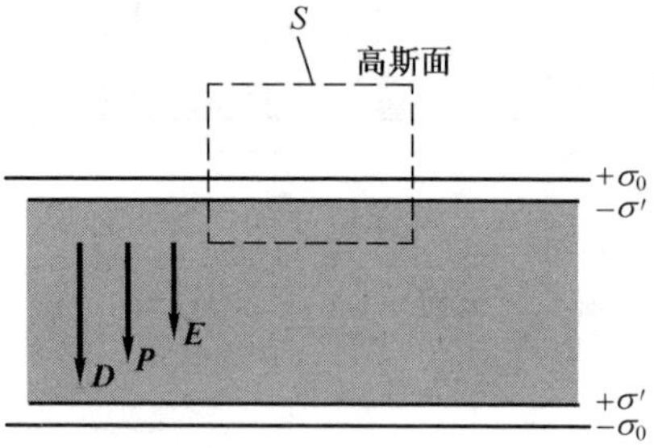

图 6.10　电介质中的高斯定理

由极化电荷和自由电荷之间的关系，得到 $Q_0-Q'=Q_0/\varepsilon_r$，将其带入式（6.3.2）有：

$$\oint_S \boldsymbol{E}\cdot \mathrm{d}\boldsymbol{S}=\frac{Q_0}{\varepsilon_0\varepsilon_r}$$

或

$$\oint_S \varepsilon_0\varepsilon_r\boldsymbol{E}\cdot \mathrm{d}\boldsymbol{S}=Q_0 \tag{6.3.3}$$

引入辅助物理量 $\boldsymbol{D}$，其定义为：

$$\boldsymbol{D}=\varepsilon_0\varepsilon_r\boldsymbol{E}=\varepsilon\boldsymbol{E} \tag{6.3.4}$$

其中 $\varepsilon_0\varepsilon_r=\varepsilon$ 称为电介质的绝对电容率，于是式（6.3.3）可写为：

$$\oint_S \boldsymbol{D}\cdot \mathrm{d}\boldsymbol{S}=Q_0$$

其中 $\boldsymbol{D}$ 称为**电位移**，$\oint_S \boldsymbol{D}\cdot \mathrm{d}\boldsymbol{S}$ 表示通过任意闭合曲面 S 的**电位移通量**。$\boldsymbol{D}$ 的 SI 单位为 $\mathrm{C\cdot m^{-2}}$。于是电介质中的高斯定理可表述为：静电场中通过任一闭合曲面的电位移通量等于该闭合曲面所包围的自由电荷的代数和，表示为：

$$\oint_S \boldsymbol{D}\cdot \mathrm{d}\boldsymbol{S}=\sum_i Q_{0i} \tag{6.3.5}$$

于是应用式（6.3.5）就可避开极化电荷的影响，先求得 $\boldsymbol{D}$，再由式（6.3.4）求得电介质中的 $\boldsymbol{E}$。

例题 6.3.1　相距 $d=1\mathrm{mm}$，电势差为 1000V 的两平行带电平板间充满相对电容率 $\varepsilon_r=3$ 的电介质，保持平板上的电荷面密度不变，试求：（1）两板间的 E、P；（2）平板和电介质的电荷面密度；（3）电介质中的 D。

解：（1）放入电介质前，两平行板间 $\boldsymbol{E}$ 的值为：

$$E_0=\frac{U}{d}=10^3(\text{kV}\cdot\text{m}^{-1})$$

放入电介质后 $\boldsymbol{E}$ 的值为：

$$E=\frac{E_0}{\varepsilon_r}=3.33\times10^2(\text{kV}\cdot\text{m}^{-1})$$

电介质的 $\boldsymbol{P}$ 的值为：

$$P=(\varepsilon_r-1)\varepsilon_0 E=5.89\times10^{-6}(\text{C}\cdot\text{m}^{-2})$$

（2）两平行板的电荷面密度为：

$$\sigma_0=\varepsilon_0 E_0=8.85\times10^{-6}(\text{C}\cdot\text{m}^{-2})$$

极化电荷面密度为：

$$\sigma'=P=5.89\times10^{-6}(\text{C}\cdot\text{m}^{-2})$$

（3）电介质中 $\boldsymbol{D}$ 的值为：

$$D=\varepsilon_0\varepsilon_r E=\sigma_0=8.85\times10^{-6}(\text{C}\cdot\text{m}^{-2})$$

例题 6.3.2 带有电荷 q_0、半径为 R_3 的金属球，放置于内外半径分别为 R_2、R_1 的且与其同心的球壳内，如图 6.11 所示，两球壳间充满相对电容率为 ε_r 的电介质，试求：（1）电介质中的 $\boldsymbol{E}$、$\boldsymbol{D}$ 和 $\boldsymbol{P}$；（2）电介质内、外表面的极化电荷面密度。

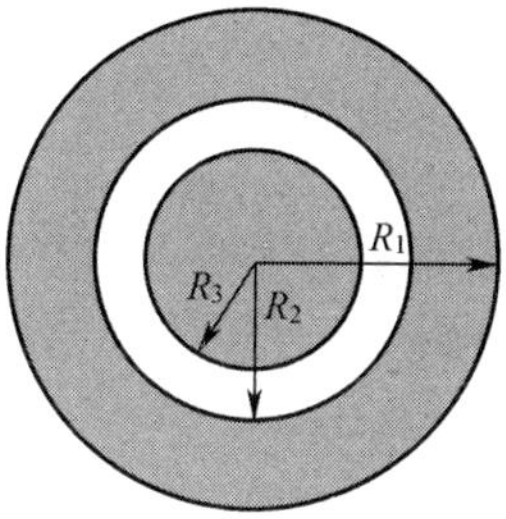

图 6.11 球壳与金属球

解：（1）以金属球心为中心，以半径为 r（$R_3<r<R_2$），在电介质中作球形高斯面，由电介质中的高斯定理可得：

$$D=\frac{1}{4\pi}\cdot\frac{q_0}{r^2}$$

$\boldsymbol{D}$ 的方向沿径向向外。

由 $\boldsymbol{E}=\boldsymbol{D}/\varepsilon_0\varepsilon_r$，得到电介质中 $\boldsymbol{E}$ 的值为：

$$E=\frac{1}{4\pi\varepsilon_0\varepsilon_r}\cdot\frac{q_0}{r^2}$$

各处 $\boldsymbol{E}$ 与 $\boldsymbol{D}$ 的方向相同。

电介质的 $\boldsymbol{P}$ 只存在于极化的电介质球壳内，可以得到：

$$P=\chi_e\varepsilon_0 E=\varepsilon_0(\varepsilon_r-1)E=\frac{\varepsilon_r-1}{4\pi\varepsilon_r}\cdot\frac{q_0}{r^2}$$

$\boldsymbol{P}$ 与 $\boldsymbol{E}$ 的方向相同。

（2）由上述求解可知电介质内外表面 $\boldsymbol{E}$ 的值分别为：

$$E_1=\frac{1}{4\pi\varepsilon_0\varepsilon_r}\cdot\frac{q_0}{R_3^2}$$

$$E_2=\frac{1}{4\pi\varepsilon_0\varepsilon_r}\cdot\frac{q_0}{R_2^2}$$

故电介质内外表面极化电荷面密度的值分别为：

$$\sigma_1'=(\varepsilon_r-1)\varepsilon_0 E_1=\frac{(\varepsilon_r-1)}{4\pi\varepsilon_r}\cdot\frac{q_0}{R_3^2}$$

$$\sigma_2'=(\varepsilon_r-1)\varepsilon_0 E_2=\frac{(\varepsilon_r-1)}{4\pi\varepsilon_r}\cdot\frac{q_0}{R_2^2}$$

6.4　电容器及其电容

6.4.1　孤立导体的电容

若导体周围无其他物体，则该导体称为**孤立导体**。事实上，导体周围通常都会有其他物体，但只要这些物体的电场对导体影响很小，就可把导体近似作为孤立导体。由静电平衡条件可知，孤立导体球的电荷只能分布在导体表面，相当于一个均匀带电的球面，若选无穷远处为零势点，其电势为 $V=Q/(4\pi\varepsilon_0 R)$，可以证明，对任何形状的孤立导体，该关系式均成立。将孤立导体电荷和电势的比值定义为**孤立导体的电容**，即有：

$$C=\frac{Q}{V} \tag{6.4.1}$$

为纪念英国著名科学家法拉第，C 的 SI 单位为 F（法拉），实际应用中常用 μF（微法）、pF（皮法），其中 $1\text{F}=10^6\,\mu\text{F}=10^{12}\,\text{pF}$。

6.4.2　电容器的电容

把两个能够带等值异号电荷的导体组成的系统称为**电容器**，导体称为电容器的极板。设两个极板分别带电 $\pm Q$，实验证明，若无外电场的影响，两极板间的电势差 U 与电量 Q 成正比，该比值定义为电容器的电容，用以描述电容器的容电能力，表示为 $C=Q/U$。电容器的 C 只与两极板的形状、大小、相对位置及极板间的电介质等有关，与极板是否带电无关。以下将给出几种常见电容器 C 的计算方法及计算结果。

1．平行板电容器

如图 6.12 所示，平行板电容器由两个平行、相距较近、面积相等、其间充满电介质的极板组成。设两个极板分别带电荷 $\pm Q$，面积为 S，电介质相对电容率为 ε_r，若忽略边缘效应，电荷将均匀分布在两板的内表面，电荷面密度的值为 $\sigma = Q/S$，两极板间为均匀电场。

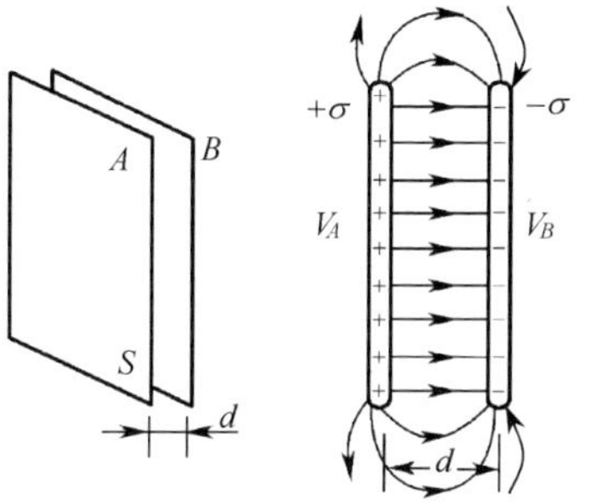

图 6.12　平行板电容器

由电介质中的高斯定理可求得两板间的电位移矢量的值为：

$$D = \sigma$$

两板间 $\boldsymbol{E}$ 的值为：

$$E = \frac{D}{\varepsilon_0 \varepsilon_r} = \frac{\sigma}{\varepsilon_0 \varepsilon_r}$$

则两极板间的电势差为：

$$U = \int_A^B \boldsymbol{E} \cdot \mathrm{d}\boldsymbol{l} = Ed = \frac{\sigma}{\varepsilon_0 \varepsilon_r} d = \frac{Qd}{\varepsilon_0 \varepsilon_r S}$$

故平行板电容器的电容为：

$$C = \frac{Q}{U} = \frac{\varepsilon_0 \varepsilon_r S}{d} \tag{6.4.2}$$

式（6.4.2）表明，平行板电容器的 C 取决于两极板的形状、相对位置和极板间电介质的性质。

2．圆柱形电容器

如图 6.13 所示，圆柱形电容器由两个同轴的金属圆筒构成，圆筒的长度远大于圆筒的半径，圆筒间填充相对电容率为 ε_r 的电介质。设内外筒的长度均为 l，内筒外径为 R_A，外筒内径为 R_B，且内、外筒分别带电为 $+Q$、$-Q$。忽略边缘效应，电荷应各自均匀地分布在内筒的外表面和外筒的内表面，电荷线密度 $\lambda = Q/l$。

由电介质的高斯定理可求得两筒之间距离轴线为 r 的一点 P 处的电位移矢量的值为：

$$D = \frac{\lambda}{2\pi r}$$

其方向垂直于圆筒的轴线，可得圆筒间 $\boldsymbol{E}$ 的值为：

$$E = \frac{\lambda}{2\pi\varepsilon_0\varepsilon_r r}$$

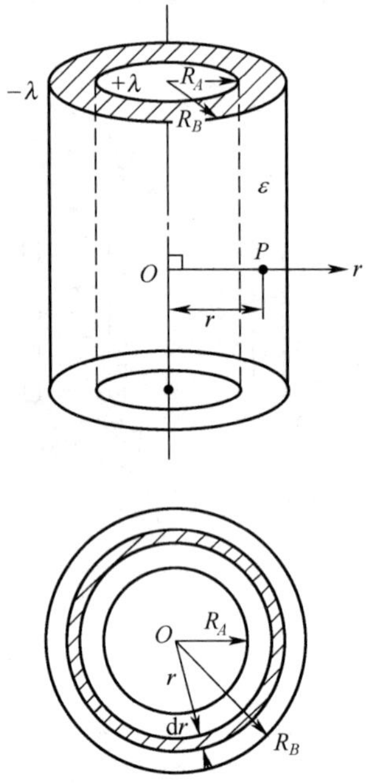

图 6.13　圆柱形电容器

由电势差公式可求得两圆筒的电势差为：

$$U = \int_A^B \boldsymbol{E}\cdot \mathrm{d}\boldsymbol{l} = \int_{R_A}^{R_B} \frac{\lambda}{2\pi\varepsilon_0\varepsilon_r r}\mathrm{d}r = \frac{Q}{2\pi\varepsilon_0\varepsilon_r l}\ln\frac{R_B}{R_A}$$

由电容的定义式可得圆柱形电容器的电容为：

$$C = \frac{Q}{U} = \frac{2\pi\varepsilon_0\varepsilon_r l}{\ln(R_B/R_A)}$$

单位长度上的电容为：

$$C_l = \frac{2\pi\varepsilon_0\varepsilon_r}{\ln(R_B/R_A)} \tag{6.4.3}$$

式（6.4.3）表明，圆柱越长或两圆筒间的间隙 d 越小，C 越大。两筒间隙远小于两筒半径时得：

$$\ln\frac{R_B}{R_A} \approx \frac{d}{R_A}$$

于是圆柱形电容器的 C 近似为：

$$C \approx \frac{2\pi\varepsilon_0\varepsilon_r l R_A}{d} = \frac{\varepsilon_0\varepsilon_r S}{d}$$

其中 $S = 2\pi R_A l$ 为圆筒的侧面积，这正是平行板电容器的 C。由此可见当两圆筒之间的间隙远小于圆柱体半径时，圆柱形电容器与平行板电容器等效。

3．球形电容器

如图 6.14 所示，球形电容器由两个同心的导体球壳构成，两球壳间充满相对电容率为 ε_r 的电介质。设内球壳的外径为 R_A，外球壳的内径为 R_B。若内、外球壳分别带电 $+Q$、$-Q$，则电荷将均匀分布在两个球面上。

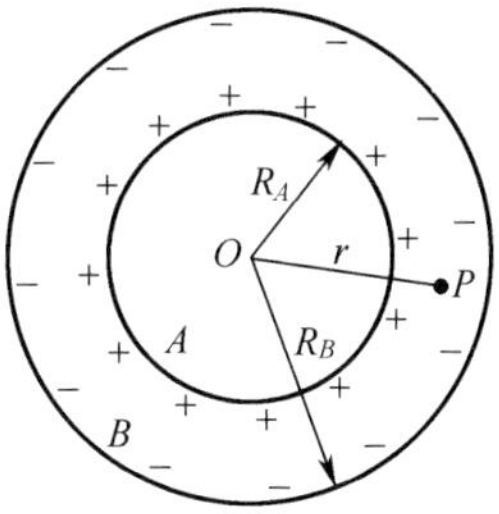

图 6.14　球形电容器

由电介质的高斯定理，可求得距球心为 r 两球壳间 P 点的场强为：

$$E = \frac{Q}{4\pi\varepsilon_0\varepsilon_r r^2}$$

其方向沿径向方向，两球壳的电势差为：

$$U = \int_A^B \boldsymbol{E}\cdot\mathrm{d}\boldsymbol{l} = \int_{R_A}^{R_B} \frac{Q}{4\pi\varepsilon_0\varepsilon_r r^2}\mathrm{d}r = \frac{Q}{4\pi\varepsilon_0\varepsilon_r}\left(\frac{1}{R_A} - \frac{1}{R_B}\right)$$

于是由电容定义式可得球形电容器的 C 为：

$$C = \frac{Q}{U} = \frac{4\pi\varepsilon_0\varepsilon_r R_A R_B}{R_B - R_A} \tag{6.4.4}$$

从以上结果可以看出，两极板间距越小，C 的值越大。但当极板加一定的电压时，两板间距越小，介质中的场强越强，当场强增大到最大值——击穿场强时，分子中的束缚电荷能在强电场的作用下变成自由电荷，即电介质分子发生电离，这时电介质将失去绝缘性能而转化为导体，电容器被破坏，即称电容器被击穿。电容器容纳电荷的能力在随机存取存储器中有着重要的应用，因此被广泛应用于计算机技术领域。

6.4.3　电容器的联接

实际应用中常把几个电容器联接起来构成一个电容器组，联接的基本方式为并联和串联。以下将以两个电容器的联接为例，讨论其并联、串联的等效 C。

1．电容器的并联（图 6.15）

设两个电容器的电容分别为C_1、C_2，充电后每个电容器两极板间的电势差相等，均为U。则两个电容器极板所带电荷分别为：

$$Q_1 = C_1U \text{ , } Q_2 = C_2U$$

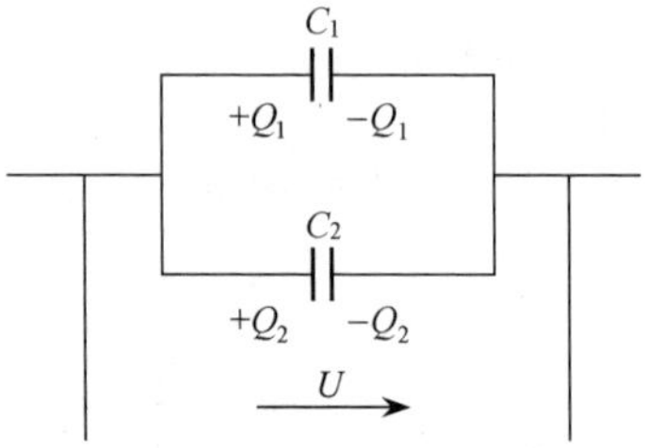

图 6.15　电容器的并联

若用一个电容器等效地代替两个并联的电容器，则该电容器所带电荷为：

$$Q = Q_1 + Q_2 = C_1U + C_2U = (C_1 + C_2)U$$

等效电容器两端的电压仍为 U，则由电容器C的计算公式可得等效电容器的电容为：

$$C = \frac{Q}{U} = \frac{(C_1 + C_2)U}{U} = C_1 + C_2 \tag{6.4.5}$$

即并联电容器的等效C等于每个电容器的电容之和。可将上述结果推广到多个电容器的并联。

2．电容器的串联（图 6.16）

设两个串联电容器的电容分别为C_1、C_2，充电后由于静电感应，每个电容器均带等量异号电荷$\pm Q$，设两个电容器极板间的电势差分别为U_1、U_2，则有：

$$U_1 = \frac{Q}{C_1} \text{ , } U_2 = \frac{Q}{C_2}$$

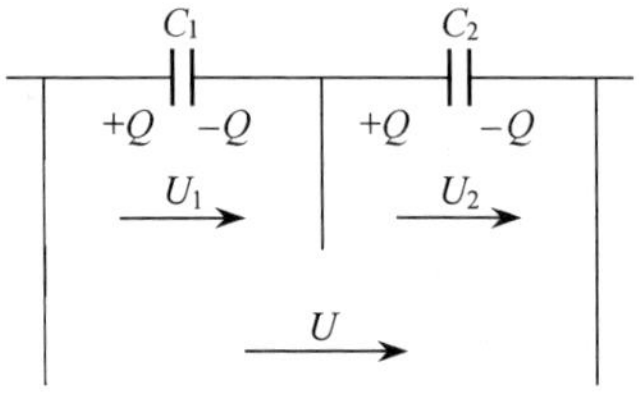

图 6.16　电容器的串联

若用一等效电容器替代两个串联的电容器，设该电容器所带电荷为Q，极板间的电势差为：

$$U = U_1 + U_2 = \frac{Q}{C_1} + \frac{Q}{C_2} = Q\left(\frac{1}{C_1} + \frac{1}{C_2}\right)$$

则等效电容器的电容为：

$$C=\frac{Q}{U}=\frac{Q}{Q\left(\frac{1}{C_1}+\frac{1}{C_2}\right)}=\frac{1}{\frac{1}{C_1}+\frac{1}{C_2}}$$

上式可写为：

$$\frac{1}{C}=\frac{1}{C_1}+\frac{1}{C_2} \tag{6.4.6}$$

式（6.4.6）表示串联电容器电容的倒数，等于各串联电容器电容的倒数之和。可将上述结果推广到多个电容器的串联。

6.5 静电场的能量 能量密度

电容器是储存电荷的装置，也是储存能量的装置。由于电容器充电过程中，两极板间的电势差逐渐增大，要不断把电荷移动到极板上，必须对电荷做功。由功能原理知，外界所做的功就等于电容器电势能的增加。设$\bar{U}$为两极板间平均电势差，则外界做的总功$W=q\bar{U}$，而电容器充电过程中，两极板间的电势差从0上升到U，可得平均电势差$\bar{U}=U/2$，又$q=CU$，静电能为$W_e=CU^2/2$。静电能储存在极板间的电场中，因此电容器储存的静电能应为极板间的电场所拥有的能量。对于平行板电容器有$U=Ed$、$C=\varepsilon_0\varepsilon_r S/d$，可得$W_e=\varepsilon_0\varepsilon_r S(Ed)^2/2d$。两平板间的体积为$V=Sd$，故可得单位体积内的能量，即电场的能量密度为$w_e=\varepsilon_0\varepsilon_r E^2/2$，可以证明该式对于任意电场均成立。凡是物质均具有能量，电场也具有能量，因此可以认为电场是物质存在的一种形态，即电场也是物质。

习题6

一、选择题

6.1 设带电导体处于静电平衡状态，试分析如下表述正确的是：______。

A．导体表面电荷密度较大处电势相对较高；

B．导体表面曲率较大处电势较高；

C．导体内部电势比其表面电势高；

D．导体内任一点与其表面上任一点的电势差为零。

6.2 带正电荷物体靠近不带电金属导体，若其左端感生负电荷，右端感生正电荷，试判断将其左端接地则有：______。

A．导体上负电荷入地；　　B．导体上正电荷入地；

C．导体上的电荷不动；　　D．导体上所有电荷均入地。

6.3 关于带电导体球的场强和电势，试确定如下所给结论正确的是：______。

A. 导体球内的场强和电势均为零；

B. 导体球内的场强为零，电势不为零；

C. 导体球内的电势与其表面的电势相等；

D. 导体球内的场强大小和电势均为常量。

6.4 设两个半径分别为 R_1、R_2 的同心金属薄球壳，且 $R_1 < R_2$，若内球壳带电荷 Q，则两者的电势分别为 $V_1 = \dfrac{Q}{4\pi\varepsilon_0 R_1}$、$V_2 = \dfrac{Q}{4\pi\varepsilon_0 R_2}$，若选无穷远处为电势零点，且用导线将两者相连，试确定其电势为：______。

A. V_1；　　B. $\dfrac{1}{2}(V_1+V_2)$；

C. V_1+V_2；　　D. V_2。

6.5 若均匀带电球体所带电荷 $+q$，其外部同心套有内、外半径分别为 r_1、r_2 的金属球壳，设无穷远处为电势零点，试分析位于金属球壳内半径 r 处点 P 的场强大小和电势分别为：______。

A. $\dfrac{q}{4\pi\varepsilon_0 r^2}$，0；　　B. 0，$\dfrac{q}{4\pi\varepsilon_0 r_2}$；

C. 0，$\dfrac{q}{4\pi\varepsilon_0 r}$；　　D. 0，0。

6.6 设不带电空腔导体球壳内半径为 R，在腔内距球心 a 处放置点电荷 $+q$，用导线将球壳接地后再将导线撤去，选无穷远处为电势零点，试确定该球心处的电势为：______。

A. $\dfrac{q}{2\pi\varepsilon_0 a}$；　　B. 0；

C. $-\dfrac{q}{4\pi\varepsilon_0 R}$；　　D. $\dfrac{q}{4\pi\varepsilon_0}\left(\dfrac{1}{a}-\dfrac{1}{R}\right)$。

6.7 若静电场中作一闭合曲面 S，且有 $\oint_S \boldsymbol{D}\cdot \mathrm{d}\boldsymbol{S} = 0$，试判断 S 面内必定：______。

A. 既无自由电荷，也无束缚电荷；

B. 没有自由电荷；

C. 自由电荷和束缚电荷的代数和为零；

D. 自由电荷的代数和为零。

6.8 若平行板电容器充电后将电源撤掉，设两极板间充满电介质，试分析以下表述正确的是：______。

A. 极板上自由电荷减少；　　B. 两极板间电势差变大；

C. 两极板间电场强度减小；　　D. 两极板间电场强度不变。

6.9 设平行板电容器充电后断开电源，若使电容器两极板间距变小，对于两极板间的电势差U、电场强度大小E、电场能量W，试判断如下正确的表述是：______。

A．三者均减小； B．U增大，E不变，W增大；

C．三者均增大； D．U减小，E不变，W减小。

6.10 若有C_1、C_2两个电容器，其电容及击穿电压分别为200pF、500V和300pF、900V，现将C_1、C_2串联，其两端加上1000V的电压，试确定如下正确的结论为：______。

A．C_1被击穿，C_2不被击穿； B．C_2被击穿，C_1不被击穿；

C．两者均被击穿； D．两者均不被击穿。

二、计算题

6.11 半径为R的带电导体球，所带电量为Q，试求导体球内、外的$\boldsymbol{E}$。

6.12 半径分别为R_1、R_2的两个导体球均带电量为Q，设两球心相距较远，若用导线将两球相连，试求：

（1）每个导体球所带电量；

（2）每个导体球的V。

6.13 带电Q且内、外半径分别为R_1、R_2的金属球壳，位于腔内距球心r处放置点电荷q，设$0<r<R_1$，试求：

（1）球壳上电荷的分布；

（2）球心处的V。

6.14 带有电荷Q且半径为R的金属球，置入相对电容率为ε_r的均匀电介质中，试求金属球外任意点的$\boldsymbol{E}$。

6.15 半径为R_1的长直圆柱导体外置有同轴且半径为R_2的薄圆筒导体，两者之间充满相对电容率为ε_r的电介质。设两者单位长度电荷密度分别为$+\lambda$、$-\lambda$，试求：

（1）电介质中$\boldsymbol{E}$、$\boldsymbol{D}$及$\boldsymbol{P}$的值；

（2）电介质内、外表面的极化电荷面密度。

6.16 设平行板电容器极板面积为S，两极板间充有厚度和电容率分别为d_1、d_2，ε_1、ε_2的电介质，如图6.17所示，两极板的自由电荷面密度为$\pm\sigma$，试求：

（1）两层电介质内$\boldsymbol{D}$、$\boldsymbol{E}$的值；

（2）两层电介质表面的极化电荷面密度；

（3）该平行板电容器的C。

6.17 平行板电容器可用于精确检测材料的厚度。设平行板电容器的极板面积为S，两极板间距为d，若极板间放置厚度均匀且与极板平行的金属薄片，试导出C与金属薄片厚度的关系，并解释检测原理。

6.18 若将地球视为真空中的导体球，试计算其C。

6.19 计算机电容式键盘通过按键导致电容变化产生信号。即当按下按键时，电容器极板间距发生变化导致 C 的改变而产生信号。设极板面积为 S，极板间距为 d，若相关电路测得电容变化量为 ΔC，试问按键按下距离多大时方可给出所需信号？

6.20 食用油加工厂应用电容传感器测量相对电容率 ε_r 的油料液面高度，测量原理如图 6.18 所示，导体圆管 A 与储油罐 B 相连，若圆管内径为 D，圆管 A 内同轴插入直径为 d 的导体棒 C，且 d、D 均远小于圆管 A 的长度 L，并且相互绝缘，试证当 A、C 之间接上电压为 U 的电源时，圆管 A 所带电荷与液面高度成线性关系。

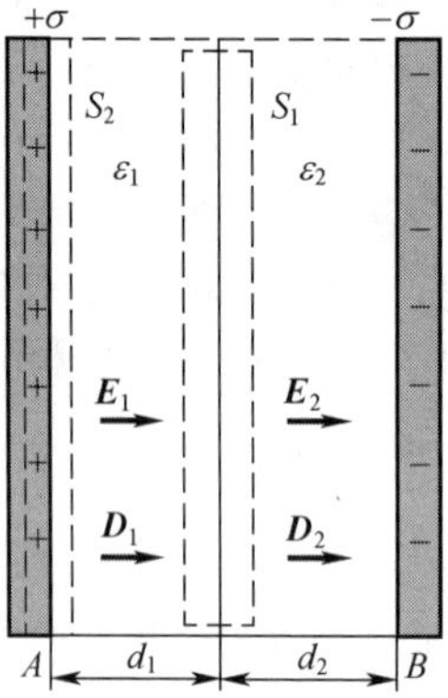

图 6.17 6.16 题用图

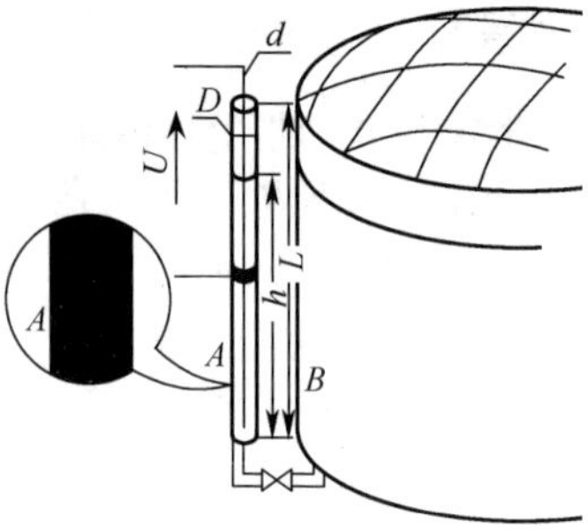

图 6.18 6.20 题用图

6.21 球形电容器的内球壳外径为 R_A，外球壳内径为 R_B，设两球壳间充满相对电容率为 ε_r 的电介质，若内、外球壳分别带电 $+Q$、$-Q$，试求该电容器储存的电场能量。

第 7 章

恒定磁场

电子教案

静止电荷周围存在电场，但当电荷运动时其周围不仅有电场，同时还存在磁场。本章将重点介绍由于电荷运动而产生磁场的基本规律，磁场对运动电荷和电流的作用，诸如毕奥-萨伐尔定律、磁场中的高斯定理、磁场的安培环路定理以及安培定律等，最后介绍磁场中的磁介质等内容。

7.1 恒定电流

7.1.1 恒定电流

在电场的作用下，导体内的自由电荷定向移动形成电流。因此，导体内产生电流需要两个条件：①导体内部存在自由移动的带电粒子或自由电荷；②导体内部存在电场。由于历史原因，人们把正电荷定向运动的方向规定为电流的方向，而把单位时间内通过导体任一截面的电量称为该截面处的电流强度，简称**电流**，用 I 表示，即有：

$$I=\lim_{\Delta t\to 0}\frac{\Delta q}{\Delta t}=\frac{\mathrm{d}q}{\mathrm{d}t} \tag{7.1.1}$$

其中 Δq 是在 Δt 内通过截面的电量。电流是标量，但又具有方向。电流的 SI 单位为 A（安培），$1\text{A}=1\text{C}\cdot\text{s}^{-1}$。常用的电流强度单位还有 mA（毫安）、μA（微安），其换算关系为 $1\text{ A} = 10^3\text{ mA} = 10^6\mu\text{A}$。若电流的大小和方向不随时间改变，则称为恒定电流或直流，若电流强度随时间而变，则称其为交变电流。

7.1.2 电流和电流密度

当电流在粗细不均的导体中流动时，导体的不同部分电流的大小和方向均不相同，这就形成一定的电流分布。为了描述电流在导体截面上的分布情况，需要引入电流密度矢量 $\boldsymbol{j}$。**电流密度矢量**定义为：其方向与导体中某点正电荷定向运动的方向一致，其大小等于通过该点与电流方向垂直的单位截面上的电流强度，即单位时间内通过单位垂直截面的电量。若在导体内某点取一个与电流方向垂直

的截面元 $\mathrm{d}S_{\perp}$，如图 7.1（a）所示，设通过 $\mathrm{d}S_{\perp}$ 的电流强度为 $\mathrm{d}I$，则该点 $\boldsymbol{j}$ 的大小为：

$$j=\frac{\mathrm{d}I}{\mathrm{d}S_{\perp}} \tag{7.1.2}$$

于是有：

$$\mathrm{d}I=j\mathrm{d}S_{\perp}=j\mathrm{d}S\cos\theta=\boldsymbol{j}\cdot\mathrm{d}\boldsymbol{S} \tag{7.1.3}$$

其中如图 7.1（b）所示的 θ 为面元 $\mathrm{d}\boldsymbol{S}$ 的法向单位矢量 $\boldsymbol{e}_n$ 与电流方向的夹角。

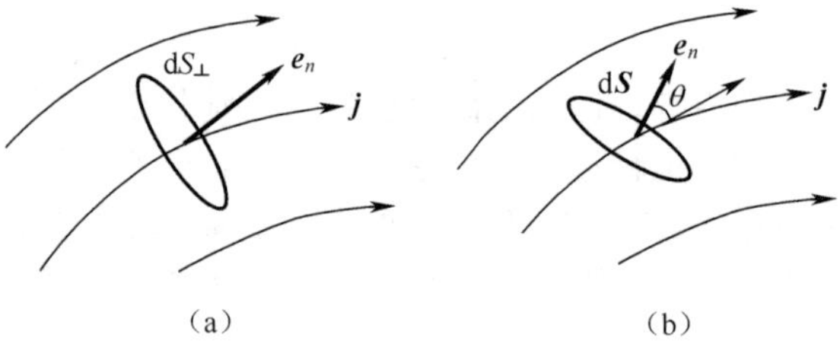

图 7.1　电流强度与 $\boldsymbol{j}$ 的关系

7.2　恒定磁场和磁感应强度

7.2.1　磁的基本现象

公元前数百年人类就观察到了磁现象。早在春秋时期，我国就已有“磁石召铁”的记载，是最早发现磁现象并应用磁现象的国家，例如，指南针的发明，磁偏角的发现等，为磁学的建立和发展做出了一定的贡献。

早期对磁现象的认识仅局限于磁铁磁极之间的相互作用，认为磁和电是两类不相关的现象。直到 1820 年，丹麦科学家汉斯•奥斯特（H.C.Oersted，1777～1851 年）发现电流的磁效应，人类才第一次把磁与电联系在一起。1820 年法国科学家安德烈•玛丽•安培（A.M.Ampere，1775～1836 年）相继发现了磁体对电流的作用以及电流与电流之间的作用，进一步提出了分子电流假设，即一切磁现象均起源于电荷和电荷的运动，一切物质的磁性均起源于**分子电流**。

静止电荷周围存在电场，电荷之间的相互作用依靠电场传递。与此类似，运动电荷周围存在磁场，磁体与磁体、磁体与电流、电流与电流之间的相互作用通过磁场传递。磁场和电场一样，是客观存在的特殊物质，是磁体之间以及磁体与电流之间相互作用的媒介。

7.2.2　磁感应强度

磁场与电场一样均为矢量场，故引入磁感应强度矢量，其方向与磁场的方向一致，其大小用以描述磁场的强弱。将可自由转动的小磁针放入磁场，小磁针 N 极的受力方向即为该点磁场的方向。如图 7.2 所示，磁感应强度的大小可由磁场对运动电荷的磁场力确定。

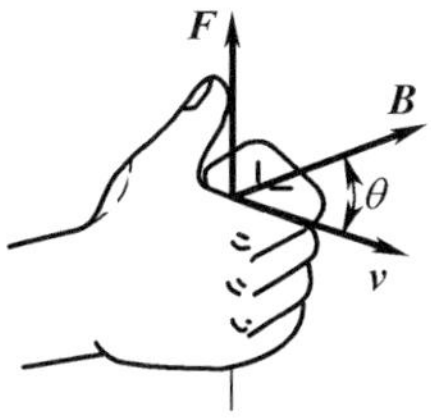

图 7.2　运动电荷在磁场中的受力

大量实验发现，磁场对运动电荷的作用有如下规律：

（1）电荷沿特定方向运动时，不受磁场力的作用，该方向与小磁针 N 极的受力方向一致，这一特定方向即为磁感应强度的方向。

（2）当试验电荷的速度与磁场方向垂直时，试验电荷所受的磁场力最大，用 $\boldsymbol{F}_{\max}$ 表示，其大小与试验电荷的电量 q_0 、经过该点时的速率 $v_{\perp}$ 以及该点磁场的强弱有关。

（3）当试验电荷的速度与磁场方向成 θ 角时，试验电荷所受的磁场力与 $\boldsymbol{v}$ 和 $\boldsymbol{B}$ 构成的平面垂直且满足右手螺旋定则，如图 7.2 所示。其大小不仅与试验电荷的电量 q_0 、经过该点的速率 v ，以及该点磁场的强弱有关，还与电荷的速度与磁场方向的夹角 θ 有关。

（4）不论试验电荷电量 q 、其运动速度 v 以及电荷运动方向与磁场方向的夹角 θ 如何变化，但对于磁场中确定点，比值 $\dfrac{F}{qv\sin\theta}$ 保持不变，该值仅由磁场性质决定，故将该比值定义为该点的**磁感应强度**的值，以 B 表示，即有：

$$B=\frac{F}{qv\sin\theta} \quad \text{或} \quad B=\frac{F_{\max}}{qv_{\perp}} \tag{7.2.1}$$

SI 单位为 T（特斯拉）。

7.2.3　磁感应线

为了形象地描述磁场的方向和大小，类比电场线，引入**磁感应线**。规定磁感应线上某点的切线方向与该点的磁感应强度的方向一致，且磁感应线的疏密表示磁感应强度的大小，密集处磁感应强度大，稀疏处磁感应强度小。

磁感应线具有如下性质：

（1）磁感应线为无始点又无终点的闭合曲线，在空间永不相交；

（2）磁感应线环绕电流时，服从右手螺旋法则。

7.3 毕奥-萨伐尔定律

7.3.1 毕奥-萨伐尔定律

19 世纪 20 年代，法国物理学家毕奥（J.B.Biot，1774～1862 年）、萨伐尔（F.Savart，1791～1841 年）在大量实验的基础上分析总结出电流元产生磁场的规律，称为**毕奥-萨伐尔定律**。把线状电流分割为许多电流元 $I\mathrm{d}\boldsymbol{l}$，其中 I 是通过的电流，$\mathrm{d}\boldsymbol{l}$ 是电流元的线元，其大小等于线元的长度，方向沿电流的方向，如图 7.3 所示。设真空中某点 P 相对于 $I\mathrm{d}\boldsymbol{l}$ 的位矢为 $\boldsymbol{r}$，则电流元在 P 点产生的磁感应强度 $\mathrm{d}\boldsymbol{B}$ 的大小，与电流元的大小、$\boldsymbol{r}$ 夹角 θ 的正弦乘积成正比，与 $\boldsymbol{r}$ 大小的平方成反比，$\mathrm{d}\boldsymbol{B}$ 与 $I\mathrm{d}\boldsymbol{l}\times\boldsymbol{r}$ 的方向相同，其关系为：

$$\mathrm{d}B = k\frac{I\mathrm{d}l\sin\theta}{r^2} \tag{7.3.1}$$

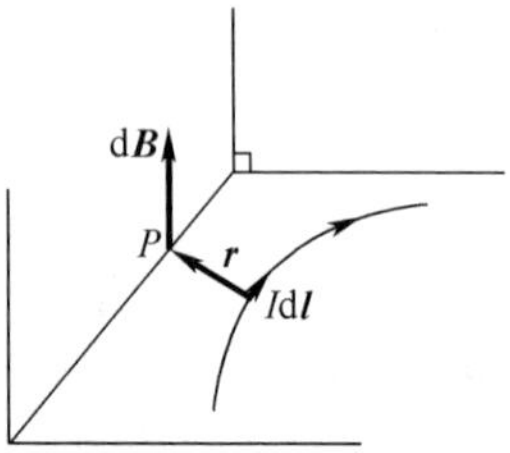

图 7.3 毕奥-萨伐尔定律

其中 k 为比例系数，取 SI 单位为：

$$k = \frac{\mu_0}{4\pi} = 10^{-7}(\mathrm{N\cdot A^{-2}}) \tag{7.3.2}$$

其中 μ_0 为真空磁导率，且 $\mu_0 = 4\pi\times10^{-7}\,\mathrm{N\cdot A^{-2}}$，于是有：

$$\mathrm{d}B = \frac{\mu_0}{4\pi}\cdot\frac{I\mathrm{d}l\sin\theta}{r^2} \tag{7.3.3}$$

故真空中的毕奥-萨伐尔定律为：

$$\mathrm{d}\boldsymbol{B} = \frac{\mu_0}{4\pi}\cdot\frac{I\mathrm{d}\boldsymbol{l}\times\boldsymbol{r}}{r^3} \tag{7.3.4}$$

则整个载流导线在 P 点产生的磁感应强度 $\boldsymbol{B}$ 为式(7.3.4)沿载流导线的积分为：

$$\boldsymbol{B} = \int_L \mathrm{d}\boldsymbol{B} = \frac{\mu_0}{4\pi}\int_L\frac{I\mathrm{d}\boldsymbol{l}\times\boldsymbol{r}}{r^3} \tag{7.3.5}$$

7.3.2 毕奥-萨伐尔定律的应用

由毕奥-萨伐尔定律和磁场叠加原理，原则上可以计算任意形状载流导线周围的磁场。但实际上由于积分的难度，仅可以计算具有规则形状的通电导线产生的磁场，下面介绍两种典型的通电导线磁场的计算，用以说明毕奥-萨伐尔定律的应用。

1．载流直导线的磁场

设真空中有长为L的载流直导线AB，如图7.4所示，电流为I，场点P到导线的距离为r_0，P与导线两端点A、B的连线与电流的夹角分别为θ_1、θ_2，试应用毕奥-萨伐尔定律计算场点P的$\boldsymbol{B}$。

在AB导线上取电流元$I\mathrm{d}z$，设场点P到电流元的距离为r，点P与$I\mathrm{d}z$的连线与电流的夹角为θ，由毕奥-萨伐尔定律得到$I\mathrm{d}z$在场点P产生的磁感应强度$\mathrm{d}\boldsymbol{B}$的大小为：

$$\mathrm{d}B=\frac{\mu_0}{4\pi}\cdot\frac{I\mathrm{d}z\sin\theta}{r^2} \qquad (7.3.6)$$

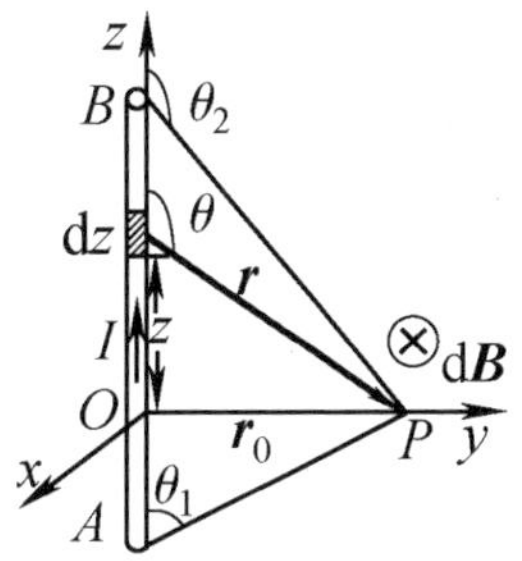

图7.4　载流直导线周围的磁场

其中$\mathrm{d}\boldsymbol{B}$的方向垂直纸面向里，由于直导线AB上所有电流元在点P所产生的磁感应强度都具有相同的方向，故所求$\boldsymbol{B}$的大小为：

$$B=\int_{AB}\mathrm{d}B=\frac{\mu_0 I}{4\pi}\int_L\frac{\sin\theta}{r^2}\mathrm{d}z \qquad (7.3.7)$$

由图7.4所示可知$z=-\dfrac{r_0}{\tan\theta}$，$\mathrm{d}z=r_0\mathrm{d}\theta/(\sin^2\theta)$，$r=r_0/\sin\theta$，则有：

$$B=\frac{\mu_0 I}{4\pi r_0}\int_{\theta_1}^{\theta_2}\sin\theta\,\mathrm{d}\theta=\frac{\mu_0 I}{4\pi r_0}(\cos\theta_1-\cos\theta_2) \qquad (7.3.8)$$

由右手螺旋定则可判断P点$\boldsymbol{B}$的方向垂直于纸面向里。对于无限长载流直导线有$\theta_1=0$，$\theta_2=\pi$，于是由式（7.3.8）得到距直导线r_0处$\boldsymbol{B}$的值为：

$$B=\frac{\mu_0 I}{2\pi r_0} \qquad (7.3.9)$$

2．圆形电流轴线上的磁场

设真空中半径为R的圆形载流线圈如图7.5所示，电流为I，轴线上任意点P到圆心O的距离为x，试应用毕奥-萨伐尔定律计算场点P的$\boldsymbol{B}$。

在圆形载流导线上任取电流元$I\mathrm{d}\boldsymbol{l}$，点$P$相对于$I\mathrm{d}\boldsymbol{l}$的位矢为$\boldsymbol{r}$，显然$I\mathrm{d}\boldsymbol{l}\perp\boldsymbol{r}$，于是由毕奥-萨伐尔定律得到$I\mathrm{d}\boldsymbol{l}$在点$P$产生的磁感应强度的大小为：

$$\mathrm{d}B=|\mathrm{d}\boldsymbol{B}|=\left|\frac{\mu_0 I\mathrm{d}\boldsymbol{l}\times\boldsymbol{r}}{4\pi r^2}\right|=\frac{\mu_0 I\mathrm{d}l}{4\pi r^2} \qquad (7.3.10)$$

$\mathrm{d}\boldsymbol{B}$的方向垂直于$I\mathrm{d}\boldsymbol{l}$、$\boldsymbol{r}$所决定的平面，但圆形载流导线上每个电流元在点$P$产生的磁感应强度的方向不同，由于电流的分布相对于其对称轴x轴对称，因此圆形电流产生的磁场必然也相对于该轴对称，因此圆形载流线圈产生的磁感应强度一定沿x轴向，而$\mathrm{d}\boldsymbol{B}$沿x轴的分量为：

$$dB_x = dB\cos\theta = \frac{\mu_0 I dl}{4\pi r^2}\cdot\frac{R}{r} \tag{7.3.11}$$

故 $\boldsymbol{B}$ 的大小为：

$$B = \int dB_x = \frac{\mu_0 IR}{4\pi r^3}\int_0^{2\pi R} dl = \frac{\mu_0 IR^2}{2(R^2+x^2)^{3/2}} \tag{7.3.12}$$

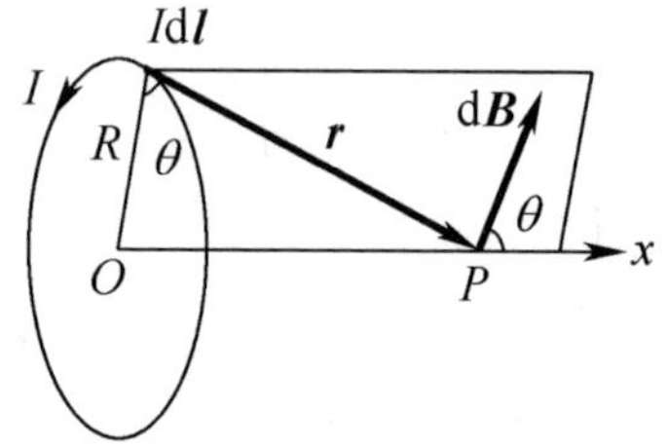

图 7.5　圆形载流线圈

在圆形电流中心 $x=0$ 处 $\boldsymbol{B}$ 的大小为：

$$B = \frac{\mu_0 I}{2R} \tag{7.3.13}$$

$\boldsymbol{B}$ 的方向由右手螺旋定则确定。

圆形电流产生磁场的磁感应线是以 x 轴对称分布的，这与条形磁铁的情形颇为相似，其磁行为也与条形磁铁相似。应用圆形电流在轴线上的磁感应强度式(7.3.12)，通过叠加原理可以计算载流直螺线管轴线上的 $\boldsymbol{B}$ 。对于长直密绕载流螺线管，其轴线上 $\boldsymbol{B}$ 的值为 $B=\mu_0 nI$ ，n 是单位长度的匝数，I 是每匝导线的电流强度。

引入磁矩描述圆形电流或平面载流线圈的磁行为，圆电流的**磁矩** $\boldsymbol{m}$ 定义为：

$$\boldsymbol{m} = IS\boldsymbol{e}_n \tag{7.3.14}$$

其中 S 为圆电流所包围的平面面积，$\boldsymbol{e}_n$ 为该平面的法向单位矢量，其指向与电流方向满足右手螺旋关系，如图 7.6 所示。对于多匝平面线圈，式（7.3.14）中的电流 I 应以所有线圈的电流的代数和代替。

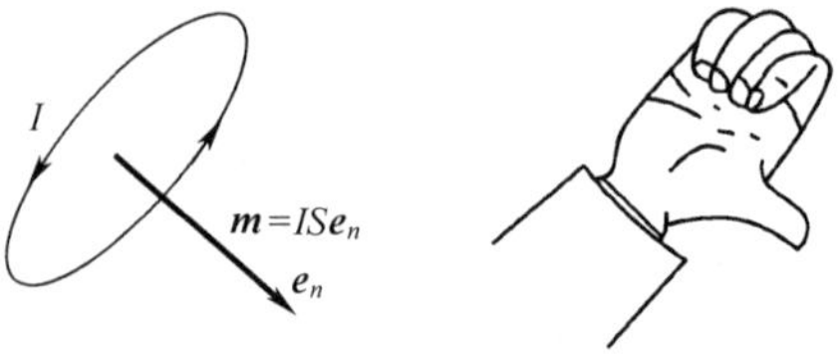

图 7.6　圆电流的磁矩

7.3.3　运动电荷的磁场

如图 7.7 所示，导体中的电流是由其中大量自由电荷定向移动所形成，因此电流元 $Id\boldsymbol{l}$ 产生的磁场是由导体中定向移动的电荷各自产生磁场的叠加，故可由毕奥-萨伐尔定律导出运动电荷产生的磁场。

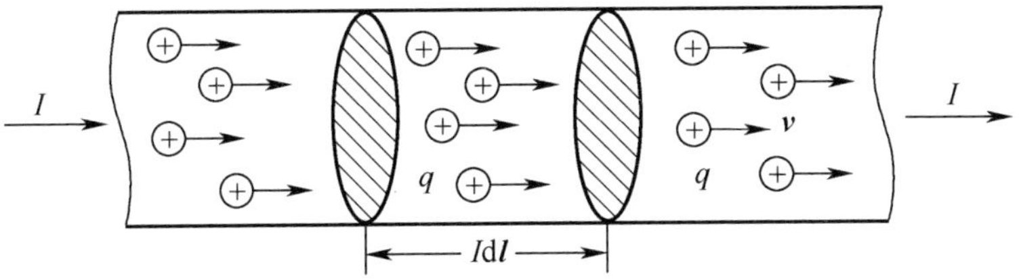

图 7.7　导体中的电流

由毕奥-萨伐尔定律可得 $I\mathrm{d}\boldsymbol{l}$ 在空间一点 P 产生的磁感应强度为：

$$\mathrm{d}\boldsymbol{B}=\frac{\mu_0 I\mathrm{d}\boldsymbol{l}\times\boldsymbol{r}}{4\pi r^3} \tag{7.3.15}$$

设 $I\mathrm{d}\boldsymbol{l}$ 的横截面面积为 S，单位体积内自由电荷数或载流子数为 n，每个载流子所带电量为 q，定向运动速度为 $\boldsymbol{v}$，则 $I\mathrm{d}\boldsymbol{l}$ 的 $I=qnvS$，如图 7.7 所示，$I\mathrm{d}\boldsymbol{l}$ 与 $q\boldsymbol{v}$ 的方向一致，因此 $I\mathrm{d}\boldsymbol{l}=qnSv\mathrm{d}\boldsymbol{l}$，于是式（7.3.15）可写为：

$$\mathrm{d}\boldsymbol{B}=\frac{\mu_0}{4\pi}\cdot\frac{qnS\mathrm{d}l\boldsymbol{v}\times\boldsymbol{r}}{r^3}=\frac{\mu_0}{4\pi}\cdot\frac{q\boldsymbol{v}\times\boldsymbol{r}}{r^3}\mathrm{d}N \tag{7.3.16}$$

其中 $\mathrm{d}N=nS\mathrm{d}l$ 是电流元内载流子总数，于是电量 q、速度 $\boldsymbol{v}$ 的单个载流子产生的 $\boldsymbol{B}$ 为：

$$\boldsymbol{B}=\frac{\mu_0}{4\pi}\cdot\frac{q\boldsymbol{v}\times\boldsymbol{r}}{r^3} \tag{7.3.17}$$

其中 $\boldsymbol{B}$ 的方向垂直于 $\boldsymbol{v}$、$\boldsymbol{r}$ 组成的平面，其方向亦符合右手螺旋法则。上述结果没有考虑相对论效应，故仅适用于载流子低速运动的情况。

7.4　磁场中的高斯定理

7.4.1　磁通量

磁场与电场一样均为矢量场，故可引入通量的概念。磁场中的通量称为**磁通量**，磁场中某点 $\boldsymbol{B}$ 与该处任意面积元 $\mathrm{d}\boldsymbol{S}$ 的标量积称为通过 $\mathrm{d}\boldsymbol{S}$ 的磁通量，简称磁通，于是有：

$$\mathrm{d}\Phi=\boldsymbol{B}\cdot\mathrm{d}\boldsymbol{S}=B\cos\theta\mathrm{d}S \tag{7.4.1}$$

磁场中任意面积 S 的磁通量等于其上所有面积元对应磁通量的代数和，即有：

$$\Phi=\int_S\boldsymbol{B}\cdot\mathrm{d}\boldsymbol{S} \tag{7.4.2}$$

等于通过 S 的磁感应线的总条数。磁通量的 SI 单位为 Wb（韦伯），$1\mathrm{Wb}=1\mathrm{T}\cdot\mathrm{m}^2$，故 $\boldsymbol{B}$ 的单位也常写作 $\mathrm{Wb}\cdot\mathrm{m}^{-2}$。通常规定闭合曲面由里向外为法线正方向，于是由

闭合曲面穿出的磁通量为正，而进入闭合曲面的磁通量为负。

7.4.2 磁场的高斯定理

由于磁感应线是无始点和终点的闭合曲线，故对任意闭合曲面 S，凡是穿入 S 的磁感应线必定由 S 穿出，故对闭合曲面磁通量的贡献为零。而不穿入 S 的磁感应线对其磁通量的贡献当然为零，故有结论：稳恒磁场中通过任意闭合曲面 S 的磁通量为零，即有：

$$\oint_S \boldsymbol{B} \cdot \mathrm{d}\boldsymbol{S} = 0 \tag{7.4.3}$$

式（7.4.3）为稳恒磁场的普遍性质，称为**磁场的高斯定理**。

7.5 磁场的安培环路定理

7.5.1 安培环路定理

安培环路定理是由毕-萨定律与叠加原理导出的恒定磁场的基本规律。其内容为：恒定磁场 $\boldsymbol{B}$ 沿任何闭合路径 L 的线积分，等于路径 L 所包围电流代数和的 μ_0 倍，表示为：

$$\oint_L \boldsymbol{B} \cdot \mathrm{d}\boldsymbol{l} = \mu_0 \sum I_i \tag{7.5.1}$$

计算电流的代数和时，应首先选定环路积分的方向，凡与选定方向成右手螺旋关系的电流为正，反之为负。

安培环路定理的推导较繁琐，下面仅以无限长载流直导线的磁场为例说明安培环路定理的正确性。

（1）环路 L 位于垂直于载流直导线的平面内，且包围载流直导线，如图 7.8 所示。

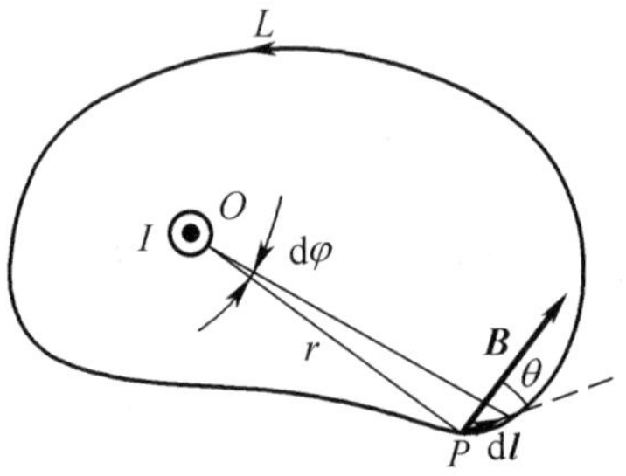

图 7.8 环路 L 包围载流直导线

在路径 L 上任一点 P 处取 $\mathrm{d}l$，P 点 $\boldsymbol{B}$ 的值为 $B = \dfrac{\mu_0 I}{2\pi r}$，磁感应线为以电流与路径 L 围成平面的交点 O 为圆心、r 为半径的圆。θ 是 $\mathrm{d}\boldsymbol{l}$ 与 $\boldsymbol{B}$ 的夹角，$\mathrm{d}\varphi$ 是 $\mathrm{d}l$ 对

点 O 的张角，$\mathrm{d}l\cos\theta$ 等于 $\mathrm{d}\varphi$ 所对应的磁感应线上的圆弧长，即 $r\mathrm{d}\varphi$，故有：

$$\oint_L \boldsymbol{B}\cdot\mathrm{d}\boldsymbol{l} = \oint_L Br\mathrm{d}\varphi = \oint_L \frac{\mu_0 I}{2\pi r} r\mathrm{d}\varphi = \mu_0 I \qquad (7.5.2)$$

式（7.5.2）说明：当闭合路径 L 包围电流 I 时，该电流对路径 L 上 $\boldsymbol{B}$ 的环路积分为 $\mu_0 I$。

（2）环路 L 位于垂直于载流直导线的平面内且不包围电流，如图 7.9 所示。过电流通过平面的交点 O 作 L 的两条切线，将 L 分为 L_1 和 L_2 两部分，沿图示方向计算 $\boldsymbol{B}$ 的环流为：

$$\oint_L \boldsymbol{B}\cdot\mathrm{d}\boldsymbol{l} = \int_{L_1} \boldsymbol{B}\cdot\mathrm{d}\boldsymbol{l} + \int_{L_2} \boldsymbol{B}\cdot\mathrm{d}\boldsymbol{l} = \frac{\mu_0 I}{2\pi}\left(\int_{L_1}\mathrm{d}\varphi + \int_{L_2}\mathrm{d}\varphi\right)$$

$$= \frac{\mu_0 I}{2\pi}[\varphi + (-\varphi)] = 0$$

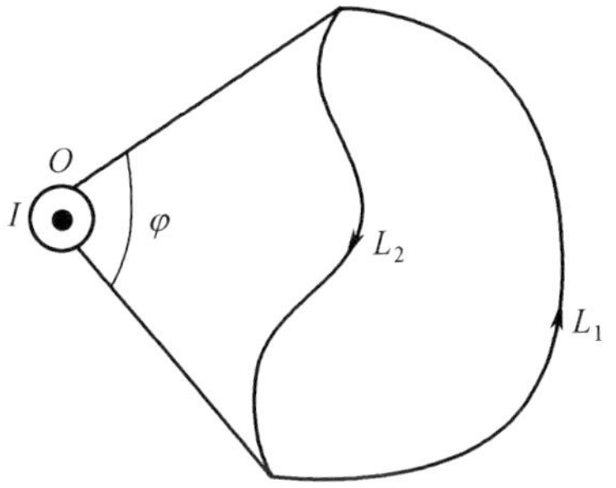

图 7.9　载流直导线在环路 L 外且垂直于其平面

由此可见闭合路径 L 不包围电流时，对沿该闭合路径 $\boldsymbol{B}$ 的环路积分为零，安培环路定理仍然成立。上述两例只是闭合路径位于垂直于无限长直电流的平面内的简单问题，但可以证明安培环路定理对任意形状的载流回路以及任意形状的闭合路径均成立。

7.5.2　安培环路定理的应用

1. 无限长均匀密绕载流直螺线管内的磁场

设有长直密绕螺线管线圈 N 匝，长为 L，通有电流 I，其方向如图 7.10 所示，由电流分布的对称性可知，管内应为匀强磁场，且方向与螺线管的轴线平行。对于密绕螺线管，其外侧磁场为零。

为求得管内任意点 P 的 $\boldsymbol{B}$，可通过 P 点作一矩形闭合路径如图 7.10 所示，闭合路径的环绕方向与包围的电流方向符合右手螺旋关系，于是有：

$$\oint_L \boldsymbol{B}\cdot\mathrm{d}\boldsymbol{l} = \int_a^b \boldsymbol{B}\cdot\mathrm{d}\boldsymbol{l} + \int_b^c \boldsymbol{B}\cdot\mathrm{d}\boldsymbol{l} + \int_c^d \boldsymbol{B}\cdot\mathrm{d}\boldsymbol{l} + \int_d^a \boldsymbol{B}\cdot\mathrm{d}\boldsymbol{l} = B\overline{ab}$$

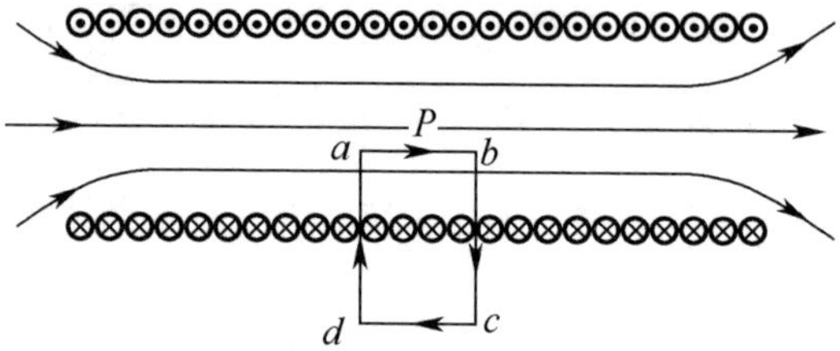

图 7.10　长直密绕螺线管

由安培环路定理知：

$$B\overline{ab} = \mu_0 n\overline{ab}I$$

即

$$B = \mu_0 nI \tag{7.5.3}$$

其中 $n = \dfrac{N}{L}$ 为单位长度的线圈匝数，式（7.5.3）表明 P 处为匀强磁场。由于所选点 P 是管内任意一点，故式（7.5.3）是管内任意点的 $\boldsymbol{B}$，于是有结论，长直密绕螺线管管内为匀强磁场。

2．载流螺绕环内的磁场

设螺绕环均匀密绕 N 匝线圈，环内、外半径分别为 r_1、r_2，通有电流 I，其方向如图 7.11（a）所示。由电流分布的对称性可知，磁感应线应为螺绕环的同心圆，与圆心 O 距离相等点的 $\boldsymbol{B}$ 具有相等的数值，其方向为该点磁感应线的切线方向。

为计算管内任一点 P 的 $\boldsymbol{B}$，选过该点的磁感应线为闭合路径如图 7.11（b）所示，路径为半径 r 的圆，应用安培环路定理得：

$$\oint_L \boldsymbol{B}\cdot \mathrm{d}\boldsymbol{l} = B\cdot 2\pi r = \mu_0 NI \rightarrow B = \frac{\mu_0 NI}{2\pi r}$$

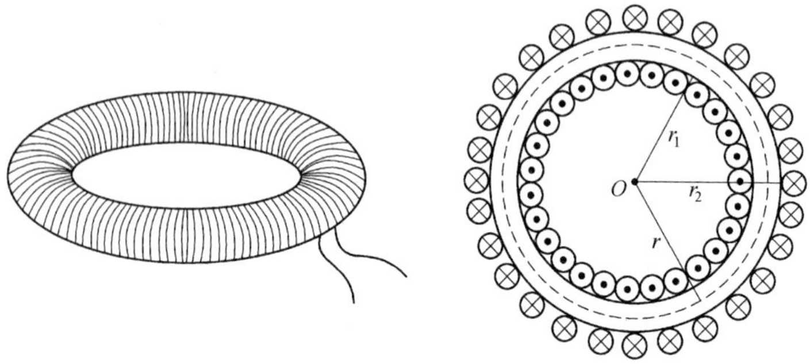

（a）螺绕环　　（b）螺绕环内的磁场

图 7.11　载流密绕螺绕环

可见螺绕环内 $\boldsymbol{B}$ 的大小与 r 成反比。若环的内外半径之差比 r 小得多，则可认为 $r \approx r_1 \approx r_2 \approx \dfrac{r_1 + r_2}{2}$，环内各点 $\boldsymbol{B}$ 值近似相等，其大小为：

$$B = \mu_0 \frac{NI}{2\pi r} = \mu_0 nI \tag{7.5.4}$$

其中 $n = \dfrac{N}{2\pi r}$ 为单位长度线圈匝数。

7.6 安培定律

7.6.1 安培定律

磁场的基本性质之一是对处于其中的运动电荷有力的作用。关于磁场对载流导线的作用力，物理学家安培通过对大量实验分析，总结出载流导线电流元受磁场作用力的规律，此类力称为安培力，相应的规律称为**安培定律**：磁场对电流元 $I\mathrm{d}\boldsymbol{l}$ 的作用力 $\mathrm{d}\boldsymbol{F}$ 与其大小、电流元所在处 $\boldsymbol{B}$ 的大小，以及 $\boldsymbol{B}$ 与 $I\mathrm{d}\boldsymbol{l}$ 夹角 θ 的正弦成正比，其方向垂直于 $I\mathrm{d}\boldsymbol{l}$ 与 $\boldsymbol{B}$ 决定的平面，其方向遵守右手螺旋法则，表示为：

$$\mathrm{d}\boldsymbol{F} = I\mathrm{d}\boldsymbol{l} \times \boldsymbol{B} \tag{7.6.1}$$

任意形状的载流导线在磁场中所受的安培力，等于各段电流元所受安培力的矢量和，即有：

$$\boldsymbol{F} = \int_L I\mathrm{d}\boldsymbol{l} \times \boldsymbol{B} \tag{7.6.2}$$

设有两条相互平行相距 a 的长直载流导线如图 7.12 所示，分别载有同向电流 I_1、I_2，于是 I_1 在导线 2 各点产生 $\boldsymbol{B}$ 的大小为：

$$B_{12} = \frac{\mu_0 I_1}{2\pi a} \tag{7.6.3}$$

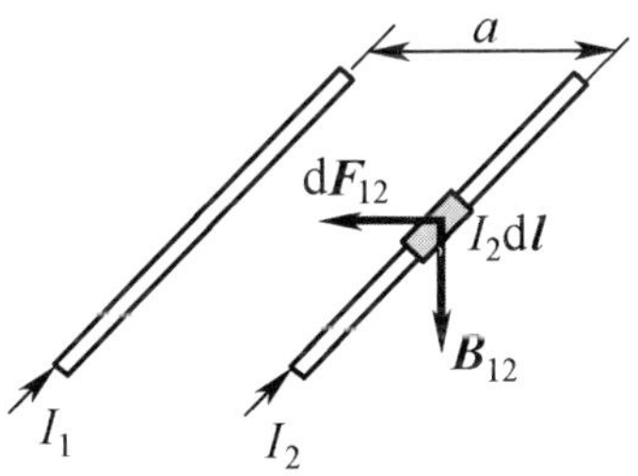

图 7.12　相互平行的两条长直载流导线

其方向如图 7.12 所示，对导线 2 任意电流元 $I_2\mathrm{d}\boldsymbol{l}_2$ 的作用力由安培定律可得：

$$\mathrm{d}\boldsymbol{F}_{12} = I_2\mathrm{d}\boldsymbol{l}_2 \times \boldsymbol{B}_{12} \tag{7.6.4}$$

其方向在两平行导线所在平面内且垂直指向导线 1，如图 7.12 所示。其大小为：

$$\mathrm{d}F_{12} = I_2\mathrm{d}l_2 B_{12} = \frac{\mu_0 I_1 I_2 \mathrm{d}l_2}{2\pi a}$$

载流导线 2 单位长度所受导线 1 作用力大小为：

$$f_{12}=\frac{F_{12}}{\mathrm{d}l_2}=\frac{\mu_0 I_1 I_2}{2\pi a} \tag{7.6.5}$$

同理可求得导线 1 单位长度所受导线 2 作用力大小为：

$$f_{21}=\frac{\mu_0 I_1 I_2}{2\pi a} \tag{7.6.6}$$

f_{21} 与 f_{12} 大小相等、方向相反，两导线的相互作用均为引力，若两平行导线中的电流方向相反，则彼此的相互作用均为斥力。

SI 基本物理量电流的单位为 A，就是利用上述载流导线作用力定义的，即真空中载有等量电流、相距为 1m 的两平行长直导线，当导线每米长度上所受作用力为 2×10^{-7} N 时，每一导线中的电流值定义为 1A。

7.6.2 磁场作用在载流线圈的磁力矩

应用安培定律可以分析刚性载流线圈在匀强磁场中的受力情况。设刚性载流线圈通有电流 I，其方向如图 7.13（a）所示。若线圈为矩形平面线圈，其边长 $ab=cd=l_2$、$bc=da=l_1$，规定线圈平面法线正方向 $\boldsymbol{e}_n$ 与电流方向满足右手螺旋关系，并设线圈的法线与磁场方向成 ϕ 角。

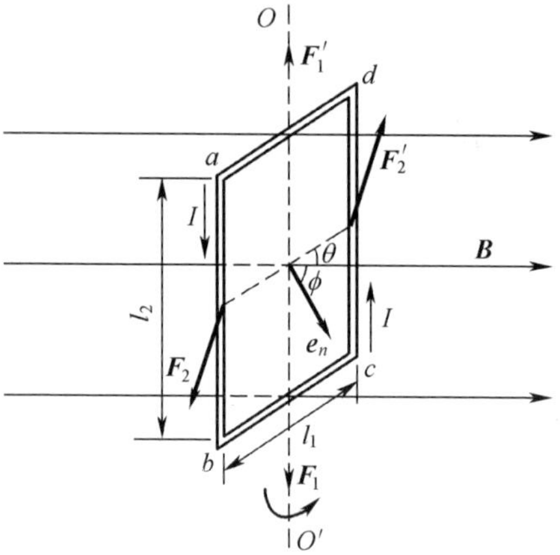

（a）正视图

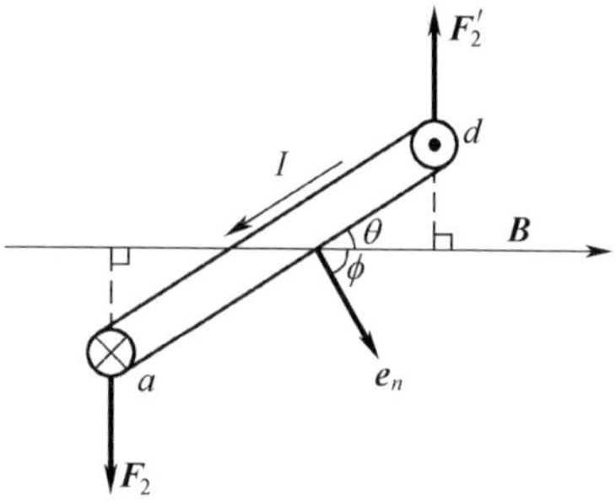

（b）俯视图

图 7.13 矩形载流平面线圈

由安培定律可知：ad、bc 所受磁场力始终处于线圈平面内，且大小相等、方向相反，作用在同一条直线上，因而相互抵消。由于电流的方向始终与磁场垂直，故 ab、cd 所受磁力 $\boldsymbol{F}_2$、$\boldsymbol{F}_2'$ 的大小相等均为：

$$F_2=F_2'=Il_2B \tag{7.6.7}$$

但 $\boldsymbol{F}_2$、$\boldsymbol{F}_2'$ 方向相反，且不在同一直线上，故形成力偶，如图 7.13（b）所示，为线圈提供的力矩大小为：

$$M=\frac{1}{2}l_1\sin\phi F_2+\frac{1}{2}l_1\sin\phi F_2'=BIS\sin\phi=mB\sin\phi \tag{7.6.8}$$

磁矩为

$$\boldsymbol{m}=IS\boldsymbol{e}_n \tag{7.6.9}$$

线圈所受力矩为

$$\boldsymbol{M}=\boldsymbol{m}\times\boldsymbol{B} \tag{7.6.10}$$

若线圈为 N 匝，其所受磁力矩为：

$$\boldsymbol{M}=NIS\boldsymbol{e}_n\times\boldsymbol{B} \tag{7.6.11}$$

（1）当线圈平面与磁场方向平行时，$\phi=\pi/2$，线圈所受力矩最大。在此力矩作用下，线圈将绕其中心并以平行于 AB 边的轴转动；

（2）当线圈平面与磁场方向垂直时，$\phi=0$，力矩等于零，线圈达到稳定平衡状态；

（3）当 $\phi=\pi$ 时，力矩也为零，但在该位置线圈稍受扰动就会转动到 $\phi=0$ 的位置，故为线圈的非稳定平衡位置。

以上结论虽由矩形载流线圈所得，但对任意形状载流平面线圈均成立。

7.7 磁场对运动电荷的作用

载流导线在磁场中所受安培力，是导线中运动电荷在磁场中受力的宏观表现，磁场对电流元的作用是磁场对运动电荷作用的整体体现，而运动电荷在磁场中受到的磁场力称为**洛伦兹力**，因此安培力起源于洛伦兹力。

应用安培定律可以导出洛伦兹力公式。设电流元 $I\mathrm{d}\boldsymbol{l}$ 的横截面积为 S，电量为 q 的载流子均以速度 v 做定向运动，单位体积内的载流子数为 n，则通过导体的电流为：

$$I=nqSv \tag{7.7.1}$$

电流元 $I\mathrm{d}\boldsymbol{l}$ 的方向为带正电荷的载流子定向运动方向，于是安培定律可写为：

$$\mathrm{d}\boldsymbol{F}=I\mathrm{d}\boldsymbol{l}\times\boldsymbol{B}=nqS\mathrm{d}l\boldsymbol{v}\times\boldsymbol{B}=Nq\boldsymbol{v}\times\boldsymbol{B} \tag{7.7.2}$$

其中 N 是电流元所包含载流子的总数。于是单个载流子受的磁场作用为：

$$\boldsymbol{f}_m=q\boldsymbol{v}\times\boldsymbol{B} \tag{7.7.3}$$

式（7.7.3）为电量 q，且以速度 $\boldsymbol{v}$ 运动的带电粒子，在磁感应强度 $\boldsymbol{B}$ 的磁场中受到的洛伦兹力。由于该力始终垂直于粒子的运动方向，故该力对带电粒子不做功。

当带电粒子以垂直于磁场的方向进入磁场时，粒子在垂直于磁场的平面内做匀速圆周运动，于是有：

$$qvB=\frac{mv^2}{R} \tag{7.7.4}$$

其中 m、q 分别是粒子的质量、电量，R 是圆轨道的半径。由式（7.7.4）可得：

$$R=\frac{mv}{qB} \tag{7.7.5}$$

粒子运动的周期为：

$$T = \frac{2\pi R}{v} = \frac{2\pi m}{qB} \tag{7.7.6}$$

综上所述，速率大的粒子在半径大的圆周上运动，速率小的粒子在半径小的圆周上运动，但其运行周期相同，该结论为回旋加速器的工作原理。

7.8 磁场中的磁介质

7.8.1 磁介质及磁化强度

1．*磁介质*

受到磁场作用并对磁场产生影响的物质为**磁介质**，磁介质在磁场作用下的变化称为磁介质的磁化。实验证明：真空中磁感应强度为 $\boldsymbol{B}_0$ 的匀强磁场放入均匀磁介质后，由于磁介质的磁化自身产生 $\boldsymbol{B}'$，由叠加原理得总磁感应强度为：

$$\boldsymbol{B} = \boldsymbol{B}_0 + \boldsymbol{B}' \tag{7.8.1}$$

由磁介质磁化磁场的性质不同，可将其分为三类：一类为顺磁质，如锰、铬、氧、铂、氮等，顺磁质的 $\boldsymbol{B}'$、$\boldsymbol{B}_0$ 同向；第二类为抗磁质，如水银、铜、铋、氢、银、金、铅等，抗磁质的 $\boldsymbol{B}'$、$\boldsymbol{B}_0$ 反向；第三类为铁磁质，如铁、钴、镍、钆及此类金属的合金等，铁磁质的 $\boldsymbol{B}'$、$\boldsymbol{B}_0$ 为非线性关系。

安培的分子电流学说可简要说明顺磁性、抗磁性的起源。物质中电子同时参与两种运动，一是绕原子核的轨道运动，二是自旋。两种运动对应轨道磁矩与自旋磁矩。而原子磁矩是其拥有全部电子两种磁矩的矢量和。不同物质的原子拥有的电子数目不同，电子所处状态不同，其两种磁矩合成的结果也不同。故有些物质原子磁矩大，有些物质原子磁矩小，还有些物质原子磁矩恰好为零。另外有些物质原子磁矩虽不为零，但多个原子合成一个分子时，合成结果使得分子磁矩为零。

分子磁矩不为零的物质，其分子磁矩对应一个等效圆电流，该电流称为分子电流。无外磁场时，由于分子的热运动，物质中各分子磁矩混乱取向，致使宏观体积元内分子磁矩矢量和为零，故宏观上不显磁性。当受到外磁场作用时，使得分子磁矩在一定程度上沿外磁场方向排列，宏观体积元内所有分子磁矩矢量和不再为零，从而对外显磁性，且外磁场越强，分子磁矩排列有序度越高，相同体积内分子磁矩矢量和越大，对外显示的磁性越强。分子热运动会破坏分子磁矩的有序排列，一旦将外磁场撤除，分子磁矩立即回到无序状态，磁性消失，称之为顺磁性，具有顺磁性的物质为顺磁质。

分子磁矩为零的物质其磁性来源于原子中电子在外磁场作用下产生的附加运动，该运动等效于圆电流并对应一定磁矩。但由于电子带负电，故该磁矩的方向总与外磁场方向相反，故得名抗磁性，具有抗磁性的物质为抗磁质。

2．*磁化强度*

磁介质磁化的实质，是由于在外磁场作用下分子磁矩取向发生变化并产生附加磁矩，为描述磁介质磁化的强弱程度，引入**磁化强度**矢量 $\boldsymbol{M}$，SI单位为 $\mathrm{A\cdot m^{-1}}$，其定义为单位体积内分子磁矩的矢量和，即有：

$$\boldsymbol{M}=\frac{\sum_i \boldsymbol{m}_i}{\Delta V} \tag{7.8.2}$$

其中 $\sum_i \boldsymbol{m}_i$ 是体积 ΔV 内分子磁矩的矢量和。若磁介质中各处 $\boldsymbol{M}$ 的大小和方向均一致，就称为均匀磁化。

7.8.2 磁介质中的安培环路定理 磁场强度

磁介质磁化的另一个宏观表现是出现束缚电流，也称磁化电流。以 N 匝线圈、长为 L 的长直螺线管为例研究圆柱形磁介质的磁化，设每匝线圈内的电流为 I，单位长度线圈数为 n，I 产生的磁场 $\boldsymbol{B}_0$ 使圆柱侧面出现磁化电流 I_S，如图 7.14 所示。

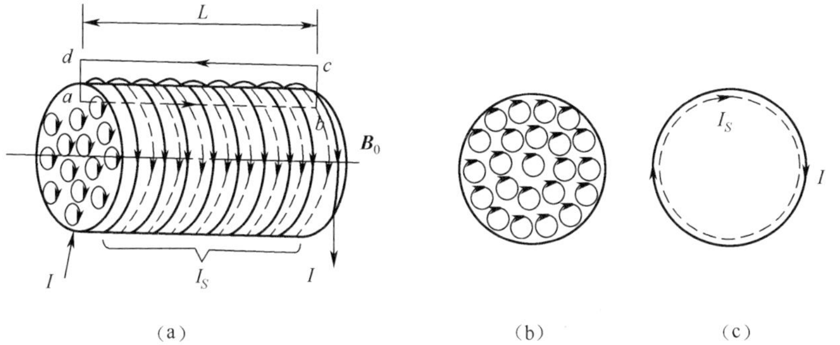

图 7.14 长直螺线管中圆形磁介质的磁化

在被磁化的介质内任取闭合回路 $abcd$，可以计算穿过回路的磁化电流。磁化电流是分子电流的宏观表现，如图 7.14（a）所示，可得穿过 $abcd$ 的磁化电流为：

$$I_S=\oint_L \boldsymbol{M}\cdot \mathrm{d}\boldsymbol{l} \tag{7.8.3}$$

I_S 与传导电流一样，也有磁效应，考虑到其贡献，介质中磁场的安培环路定理为：

$$\oint_L \boldsymbol{B}\cdot \mathrm{d}\boldsymbol{l}=\mu_0\sum(I+I_S) \tag{7.8.4}$$

将式（7.8.3）代入上式得：

$$\oint_L\left(\frac{\boldsymbol{B}}{\mu_0}-\boldsymbol{M}\right)\cdot \mathrm{d}\boldsymbol{l}=\sum I_i \tag{7.8.5}$$

现引入**磁场强度** $\boldsymbol{H}$，即有：

$$\boldsymbol{H}=\frac{\boldsymbol{B}}{\mu_0}-\boldsymbol{M} \tag{7.8.6}$$

于是式（7.8.5）写为：

$$\oint_L \boldsymbol{H}\cdot d\boldsymbol{l}=\sum I_i \qquad (7.8.7)$$

此即介质中的安培环路定理。式（7.8.7）表明：$\boldsymbol{H}$ 沿任意闭合路径的线积分等于此闭合回路所包围传导电流的代数和。

磁场分布具有一定对称性时，应用式（7.8.7）可求解磁介质中给定电流分布时的 $\boldsymbol{H}$，进而可求 $\boldsymbol{B}$。

对于各向同性线性磁介质，$\boldsymbol{M}$ 与 $\boldsymbol{H}$ 成正比，即有：

$$\boldsymbol{M}=\chi_m\boldsymbol{H} \qquad (7.8.8)$$

其中 χ_m 称为磁介质的磁化率，将式（7.8.8）代入式（7.8.6）得：

$$\boldsymbol{B}=\mu_0(1+\chi_m)\boldsymbol{H}=\mu_0\mu_r\boldsymbol{H}=\mu\boldsymbol{H} \qquad (7.8.9)$$

$$\mu_r=1+\chi_m=\frac{\mu}{\mu_0} \qquad (7.8.10)$$

其中 μ_r 称为磁介质的相对磁导率，μ 称为磁介质的绝对磁导率。式（7.8.9）是式（7.8.6）在各向同性线性非铁磁物质条件下的简化。$\boldsymbol{M}$、$\boldsymbol{H}$ 的 SI 单位均为 $A\cdot m^{-1}$。

7.8.3 铁磁质

铁磁质具有较大的磁导率，且其中的 $\boldsymbol{B}$ 与铁磁质的磁导率 μ_r，均随 $\boldsymbol{H}$ 的变化呈现出非线性关系。以下简要介绍铁磁质的基本特性。

1. 磁化曲线

实验研究铁磁质性质时通常把铁磁质试样做成环状，外面绕上若干匝线圈，如图 7.15 所示。当线圈通有励磁电流 I 时，铁磁质就被磁化，环中 $\boldsymbol{H}$ 的值为：

$$H=\frac{NI}{2\pi r} \qquad (7.8.11)$$

其中 N 为环上线圈的总匝数，r 为环的平均半径。通过改变励磁电流的大小，由式（7.8.9）～式（7.8.11）及实验可以得到 B 与 μ_r 随 H 的变化曲线，称为磁化曲线，如图 7.16 所示。

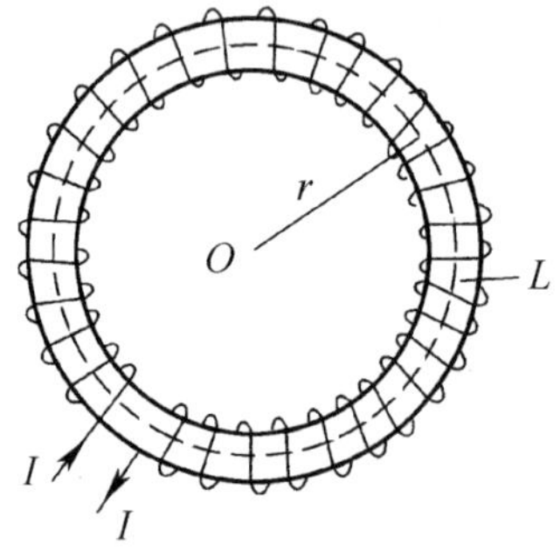

图 7.15 环状铁磁质

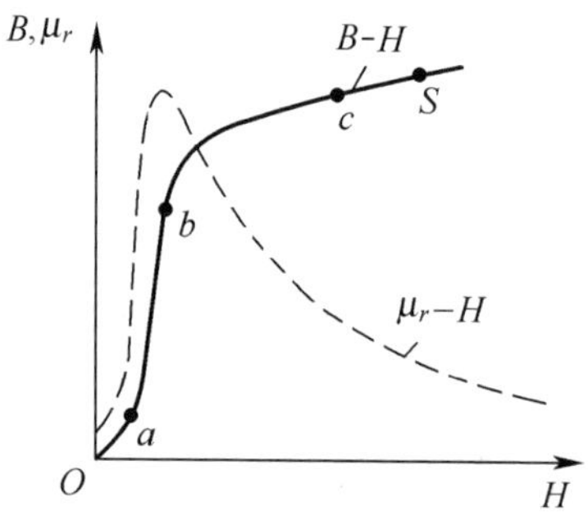

图 7.16 磁化曲线

通过反复改变电流的大小和方向可以得到 $B-H$ 曲线，如图 7.17 所示，称为磁滞回线。由曲线 OS 看出，随 H 值增大，B 达到饱和值 B_s，称 OS 为初始磁化曲线。由曲线 SR 知，当 $H=0$ 时，B 保持一定值并不为零，称该现象为磁滞效应。H 恢复到零时铁磁质内仍保留的磁化状态称为剩磁，相应的磁感应强度常用 B_r 表示。当励磁电流 I 反向增加时，H 达到反向 H_c，且 B 为零，H_c 称为矫顽力。

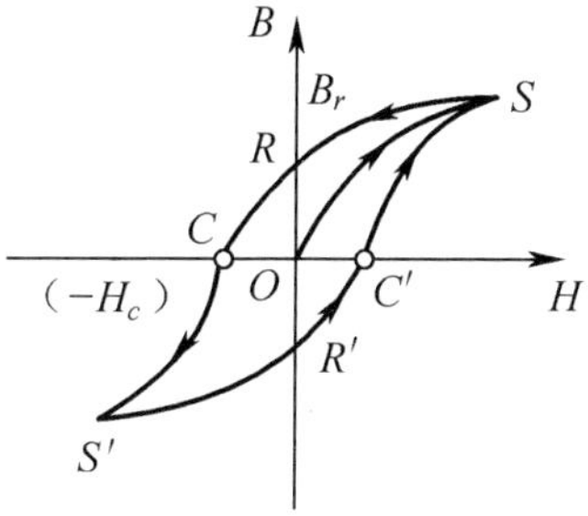

图 7.17　磁滞回线

不同铁磁质的磁滞回线的形状不同，表示其具有不同剩磁和矫顽力。纯铁、硅钢、坡莫合金等材料的 H_c 较小，因而磁滞回线较“瘦”，如图 7.18（a）所示，此类材料称为软磁材料，常用作变压器和电磁铁的铁芯。

碳钢、钨钢、铝镍钴合金等材料具有较大的矫顽力 H_c，因而磁滞回线显得较“肥”，如图 7.18（b）所示，当外磁场撤去后，该类材料能保留较强的剩磁，称其为硬磁材料，常用作永磁体。

锰-镁铁氧体、锂-锰铁氧体，其磁滞回线接近于矩形，如图 7.18（c）所示，此类材料称为矩磁材料，其特征是矫顽力较小，且剩磁 B_r 接近饱和值 B_s。因此当外磁场趋于零时，只能处于 B_s 和 $-B_s$ 两种剩磁状态。当外磁场方向改变时，可以从一个稳定状态“翻转”到另一个稳定状态，若用该材料的两种剩磁状态分别代表二进制的两个数码 0 和 1，则能在计算机技术中起到“记忆”作用。故电子计算机储存元件的环形磁芯，录音、录像磁带以及现代电机的铁芯均要广泛应用此类材料。

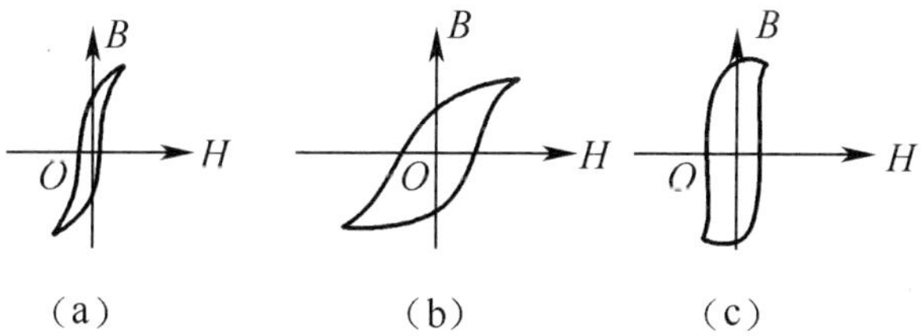

图 7.18　不同铁磁质的磁滞回线

2．磁畴

铁磁性不能用一般的顺磁质的磁化理论解释。因为铁磁质的单个原子或分子并不具有任何特殊的磁性。例如，铁原子和铬原子的结构大致相同，铁是典型的铁磁质，而铬是普通的顺磁质。铁磁质总是固相，该事实表明铁磁性是一种与固体结构有关的性质。

理论和实验都证明在铁磁质内存在许多线度约为10^{-4}m 的小区域，此类小区域内相邻原子间存在特殊的相互作用力，称为交互耦合作用。此类相互作用致使其磁矩平行排列，在无外磁场时这些小区域已自发磁化到饱和状态。这种自发磁化小区域称为磁畴，如图 7.19 所示。对未磁化的铁磁质，各磁畴的磁矩取向无规则，因而整个铁磁质在宏观上无明显磁性。但当加上外磁场并逐渐增大时，铁磁质的磁矩方向与外磁场方向相近的磁畴体积逐渐扩大，而方向相反的磁畴体积逐渐缩小，直至自发磁化方向与外磁场偏离较大的磁畴全部消失。随着外磁场的进一步增加，留存的磁畴逐渐转向外磁场方向，直到所有的磁畴都与外磁场的方向相同，磁化达到饱和状态。

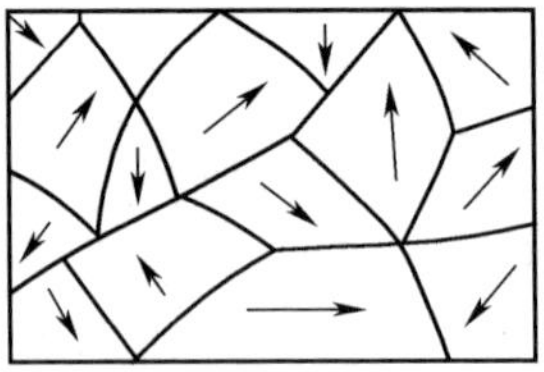

图 7.19　磁畴

上述磁化过程为不可逆过程。在磁化停止后，各磁畴之间的某种排列仍保留下来，表现为剩磁和磁滞现象。铁磁性和磁畴结构的存在分不开，当铁磁体受到强烈震动，或在高温下剧烈的热运动使磁畴瓦解时，铁磁体的铁磁性也就消失了，对任何铁磁质来说，各有一特定温度，当铁磁体的温度高于该温度时，铁磁性就完全消失而成为普通的顺磁质，该温度称为居里温度。例如，铁与铁硅合金的居里温度分别为770°C 、690°C 。

习题 7

一、选择题

7.1　关于磁场和磁感线的特点，试分析如下正确的表述为：______。

A．磁场为无源场，磁感线无头无尾；

B．磁场为有源场，磁感线有头有尾；

C．磁场为保守场，磁感线为闭合曲线；

D．磁场为标量场，磁感线有头有尾。

7.2　设半径4×10^{-3}m 的裸铜线表面的磁感强度大小7.0×10^{-5}T，试确定铜线中的电流为：______。

A．0.14 A；　　B．1.4 A；　　C．2.8 A；　　D．14 A。

7.3　若载流I的导线分别均匀密绕在半径R、r的长直圆筒上，形成两个螺线管。设两者单位长度的匝数相等，且 $R=2r$ ，试判断两螺线管中磁感强度数值 B_R 、 B_r 的关系为：______。

A． $B_R=2B_r$ ；　　B． $B_R=B_r$ ；　　C． $2B_R=B_r$ ；　　D． $B_R=4B_r$ 。

7.4　若均匀磁场的磁感强度垂直于半径 R 的圆面，若以该圆周为边线，作半球面 S ，试确定通过 S 磁通量的数值为：______。

A． $2\pi R^2 B$ ；　　B． $\pi R^2 B$ ；　　C．0；　　D．无法确定。

7.5　设半径 R 的半球面置于均匀磁场中，α 为其底面法线方向与磁感强度的夹角，试判断通过该半球面的磁通量为：______。

A． $2\pi R^2 B$ ；　　B． $\pi R^2 B$ ；　　C． $2\pi R^2 B$ ；　　D． $\pi R^2 B\cos\alpha$ 。

7.6　依据磁场高斯定理 $\oint_S \boldsymbol{B}\cdot \mathrm{d}\boldsymbol{S}=0$ ，试判断如下正确的表述为：______。

（1）穿入、穿出闭合曲面 S 的磁感线条数必然相等；

（2）穿入、穿出闭合曲面 S 的磁感线条数不相等；

（3）一根磁感线可以终止于闭合曲面 S 内；

（4）一根磁感线可以完全处于闭合曲面 S 内。

A．（1）（4）；　　B．（1）（3）；

C．（3）（4）；　　D．（1）（2）。

7.7　试分析如下可用环路定理求解磁感强度的是：______。

A．有限长载流直导体；　　B．圆电流；

C．有限长载流螺线管；　　D．无限长螺线管。

7.8　设电流 I_1 穿过回路 l ，而电流 I_2 则在该回路外，试判断如下结论正确的是：______。

A． l 上各点的 B 及 $\oint_L \boldsymbol{B}\cdot \mathrm{d}\boldsymbol{l}$ 均与 I_1 有关；

B． l 上各点的 B 只与 I_1 有关，而 $\oint_L \boldsymbol{B}\cdot \mathrm{d}\boldsymbol{l}$ 与 I_1 、 I_2 有关；

C． l 上各点的 B 与 I_1 、 I_1 有关，而 $\oint_L \boldsymbol{B}\cdot \mathrm{d}\boldsymbol{l}$ 与 I_2 无关；

D． l 上各点的 B 及 $\oint_L \boldsymbol{B}\cdot \mathrm{d}\boldsymbol{l}$ 均与 I_1 、 I_2 有关。

7.9　对于回路 l ，积分 $\oint_L \boldsymbol{B}\cdot \mathrm{d}\boldsymbol{l}$ 等于零，试由此判定：______。

A．回路 l 内一定有电流；

B．回路 l 内可能有电流；

C．回路 l 内一定无电流；

D．回路 l 内可能有电流，但代数和为零。

7.10　边长0.2m的正方形线圈共有50匝，处于磁感强度大小0.05T的均匀磁场中，若线圈平面与 $\boldsymbol{B}$ 平行，且通以电流2A，试确定该线圈所受磁力矩为：______。

A． $0.2\ \mathrm{N\cdot m}$ ；　　B． $0.4\ \mathrm{N\cdot m}$ ；　　C． $0.8\ \mathrm{N\cdot m}$ ；　　D． $1\ \mathrm{N\cdot m}$ 。

二、计算题

7.11　应用 X 射线电离空气时，平衡情况下每立方米约有 10×10^{13} 对离子，已知离子的电量均为 1.6×10^{-19} C，且正、负离子的平均定向速率分别为 $1.3\mathrm{cm\cdot s^{-1}}$、$1.8\mathrm{cm\cdot s^{-1}}$。试应用 $j=qnv_d$ 求解空气中 $\boldsymbol{j}$ 的大小，其中 q 为离子的电量，n 为离子的数密度，v_d 为离子的平均定向速率。

7.12　用彼此平行的两根直导线将半径为 R 的均匀导体圆环与电源连接，如图 7.20 所示 b 点为切点，试求 O 点的 $\boldsymbol{B}$。

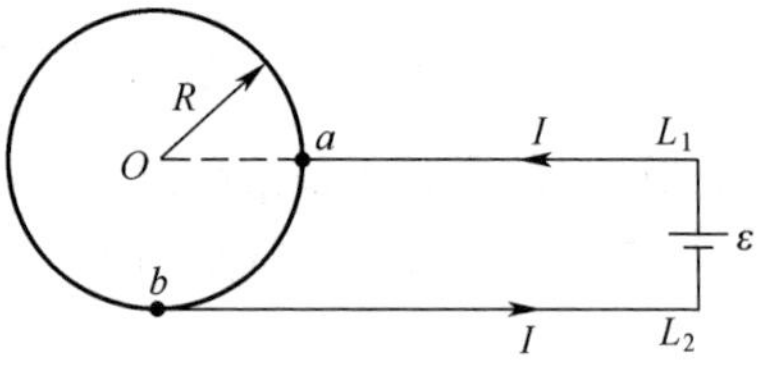

图 7.20　7.12 题用图

7.13　正方形载流线圈的边长为 l，通以电流 I，试求线圈轴线上距其中心距离为 a 处的 $\boldsymbol{B}$。当 $l=2.0\mathrm{cm}$，$I=10\mathrm{A}$，$a=0$ 和 5cm 时，$\boldsymbol{B}$ 大小等于多少？

7.14　半径为 $R=20\mathrm{cm}$、$r=5\mathrm{cm}$ 的两圆周之间，有一均匀密绕平面线圈，总匝数 $N=10$，如图 7.21 所示。若通过线圈的电流为 2A，试求线圈中心处的 $\boldsymbol{B}$。

7.15　氢原子处于基态时，可以认为其电子在半径为 $R=0.5\times10^{-8}\mathrm{cm}$ 的轨道上做匀速圆周运动，速率 $v=2.4\times10^{8}\mathrm{cm\cdot s^{-1}}$。已知电子电荷 $e=1.6\times10^{-19}\mathrm{C}$，试求由于电子的运动在其轨道中心处产生的 $\boldsymbol{B}$。

7.16　设有半径为 R 的塑料圆盘，电荷 q 均匀分布于其表面，若圆盘绕过圆心且垂直盘面的转轴以角速度 ω 转动，试求圆盘中心处的 $\boldsymbol{B}$。

7.17　匀强磁场的 $B=5.0\mathrm{T}$，方向指向 x 轴正方向，且 $ab=4\mathrm{cm}$，$bc=3\mathrm{cm}$，$ae=5\mathrm{cm}$，如图 7.22 所示。试求通过面积 S_1（$abcd$）、S_2（$befc$）和 S_3（$aefd$）的磁通量 Φ_1、Φ_2、Φ_3 分别为多少？

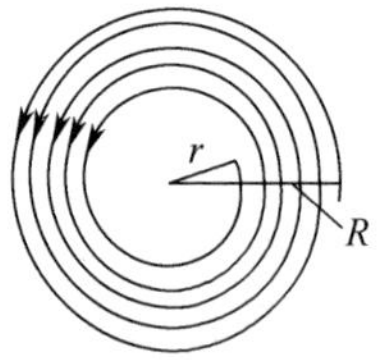

图 7.21　7.14 题用图

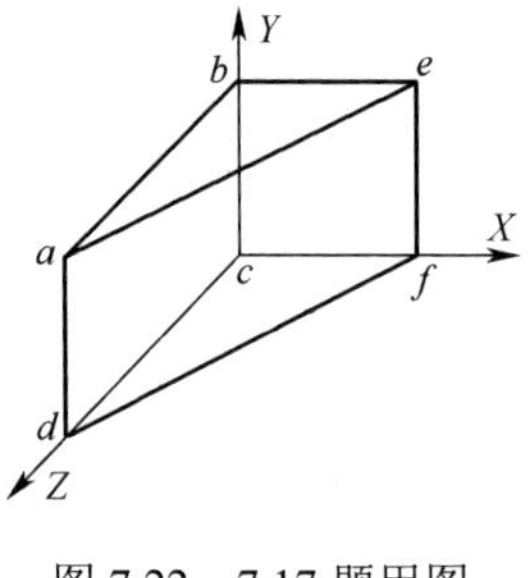

图 7.22　7.17 题用图

7.18 真空中无限长圆柱形铜导体如图 7.23 所示，磁导率为 μ_0，半径为 R，电流 I 均匀分布，试求通过阴影区 S 的磁通量。

7.19 有一长直导线 AB 内通有电流 I，如图 7.24 所示，等边三角形 CDE 与其共面，三角形高为 h，平行于直导线的一边 CE 到直导线的距离为 b。试求穿过此三角形线圈的磁通量。

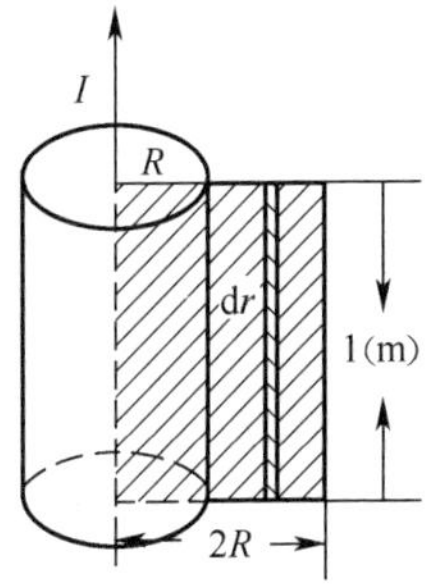

图 7.23 7.18 题用图

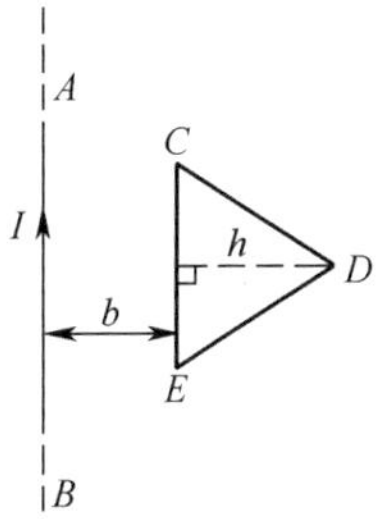

图 7.24 7.19 题用图

7.10 有一顶角为 2α 的圆锥面，在其表面密绕 N 匝线圈，使其通过电流 I，圆锥台的上、下底半径分别为 r 和 R，试求圆锥顶点处的 $\boldsymbol{B}$ 的大小。

7.21 有一空心柱形导体，如图 7.25 所示，柱的内、外半径分别为 a 和 b，导体内载有电流 I，设电流 I 均匀分布在导体的横截面上。试证明：导体内部各点 $\boldsymbol{B}$ 的值为：$B=\dfrac{\mu_0 I}{2\pi(b^2-a^2)}\cdot\dfrac{r^2-a^2}{r}$。

7.22 有一根很长的由两个同轴圆筒状导体组成的同轴电缆，这两个圆筒状导体的尺寸如图 7.26 所示。在这两个导体中，有大小相等而方向相反的电流 I 流过，试求：

（1）内圆筒导体内各点（$r<a$）的 B；

（2）两导体之间（$a<r<b$）的 B；

（3）外圆筒导体内（$b<r<c$）的 B；

（4）电缆外（$r>c$）各点的 B。

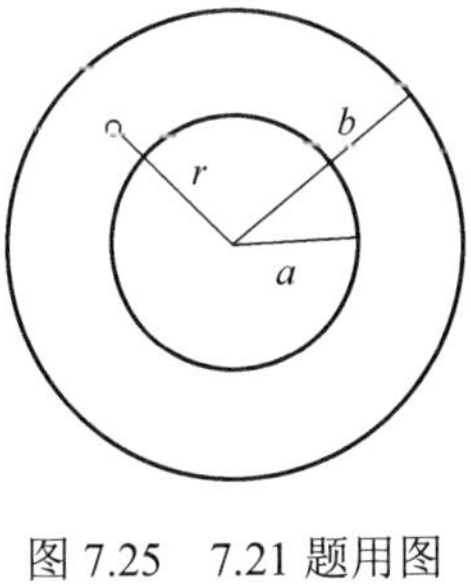

图 7.25 7.21 题用图

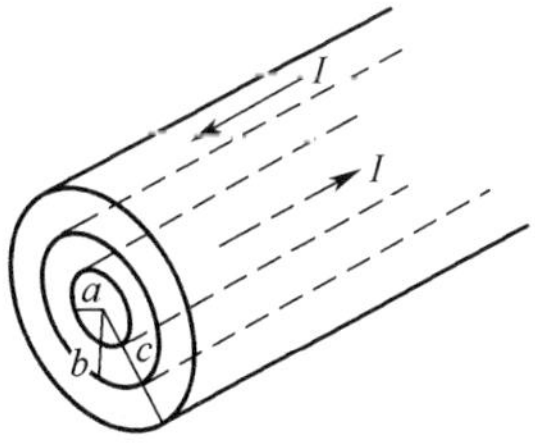

图 7.26 7.22 题用图

7.23 设电视机显像管内电子束电子的动能为 E_k=2000 eV。该显像管的位置取向刚好使电子由南向北水平运动。已知地磁场的竖直向下分量为 $B=5.5\times10^{-5}\text{T}$，电子质量为 $m=9.1\times10^{-31}\text{kg}$，电量为 $e=1.6\times10^{-19}\text{C}$，试求：

（1）电子束的偏转方向；

（2）电子束在显像管内通过 $y=20$ cm 的路程，受洛伦兹力作用偏转的距离。

7.24　设电子在 $B=5\times10^{7}\text{T}$ 的匀强磁场中做圆周运动，若半径 $r=2.0\text{cm}$，某时刻电子位于 A 点，速度为 $\boldsymbol{v}$，如图 7.27 所示。

（1）试画出电子运动的轨道；

（2）试求电子速度的大小；

（3）试求电子的动能。

7.25　设长直导线旁置有矩形线圈，如图 7.28 所示，导线、线圈分别通有电流 $I_1=25\text{A}$、$I_2=15\text{A}$，已知 $a=2\text{cm}$，$b=10\text{cm}$，$l=20\text{cm}$。试求矩形线圈所受的合力。

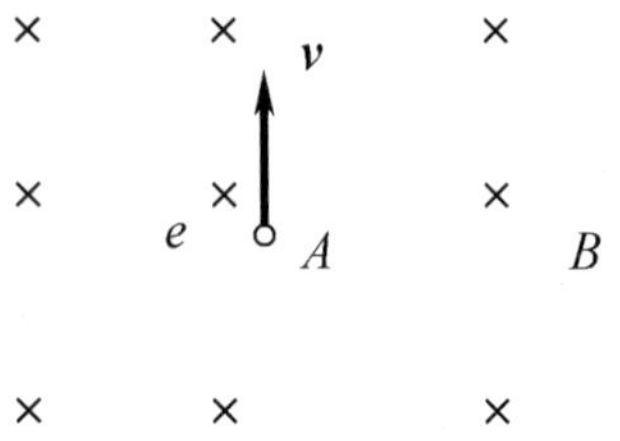

图 7.27　7.24 题用图

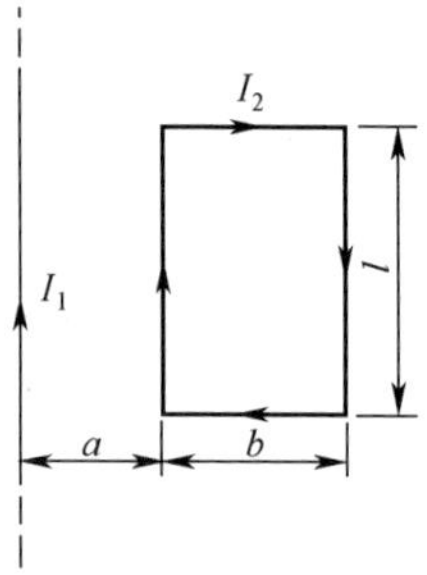

图 7.28　7.25 题用图

7.26　设长直电流 I_1 旁有一等腰梯形载流线框 $ABCD$，通有电流 I_2，已知 BC、AD 边的倾斜角为 α。如图 7.29 所示，AB 边与 I_1 平行，AB 距 I_1 为 a，梯形高为 b，上、下底长分别为 c、d。试求梯形线框所受 I_1 的作用力。

7.27　横截面积为 $S=2\text{mm}^2$ 的铜线弯成如图 7.30 所示的形状，可以绕水平轴转动，导线放在方向为竖直向上的匀强磁场中，当导线的电流为 $I=10\text{A}$ 时，导线离开原来的竖直位置偏转角度 $\theta=15°$ 而平衡，试求 $\boldsymbol{B}$ 的大小。

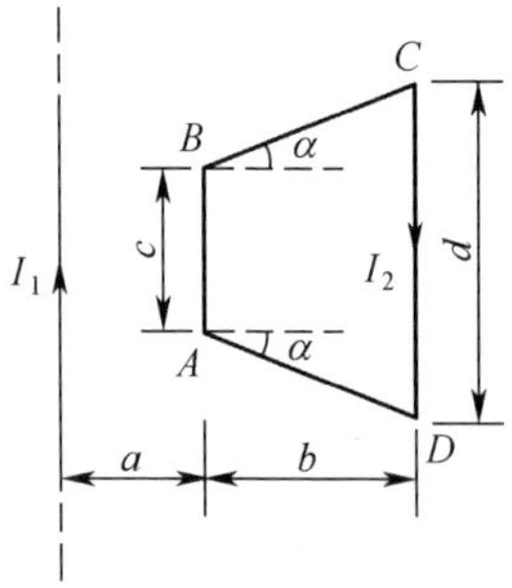

图 7.29　7.26 题用图

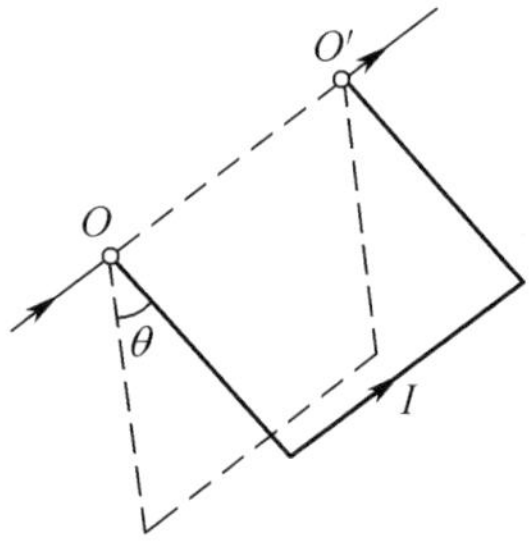

图 7.30　7.27 题用图

7.28　均匀磁场中有半径为 R 的圆线圈载有电流 I，线圈的右旋法线方向与 $\boldsymbol{B}$ 方向相同，试求线圈导线的张力。

7.29　螺绕环中心周长 20cm，环上均匀密绕线圈 200 匝，管内充满相对磁导率 $\mu_r = 4000$ 的磁介质，若线圈通有电流 0.2A，试求：

（1）管内的 $\boldsymbol{B}$ 和 $\boldsymbol{H}$ 的大小；

（2）线圈电流、磁化电流分别产生的 $\boldsymbol{B}$ 、$\boldsymbol{B}'$ 的大小。

第 8 章

电磁感应与电磁场

电子教案

1820 年丹麦物理学家奥斯特（H.C.Oersted，1777～1851 年）发现载流导线附近产生磁场的现象，揭示了电和磁之间存在着联系。英国物理学家法拉第（M.Faraday，1791～1867 年）经历了近 10 年的实验研究，发现了电磁感应现象，并进一步总结得到电磁感应定律。电磁感应现象的发现是电磁学领域中的重大发现之一，揭示了电、磁之间的内在联系，为后来电磁场理论的建立奠定了基础，对生产实践起了巨大的促进作用，使得电力技术、电工和电子技术得以建立和发展，从而开启了人类的电气化时代。英国物理学家麦克斯韦（J.C.Maxwell，1831～1879 年）在法拉第电磁理论基础上，对电场、磁场的本质关系和基本规律进行了深入的探索，最终建立了电磁场所遵循的普遍规律——麦克斯韦方程组，统一了电磁学，并预言电磁波的存在，电磁波理论最终被德国的物理学家赫兹（Hertz，1854～1894 年）通过实验所证实。

本章主要介绍电磁感应现象、法拉第电磁感应定律与楞次定律，讨论动生电动势、感生电动势、自感和互感的机理，以及磁场的能量，最后简要介绍麦克斯韦方程组及电磁场理论。

8.1 电磁感应定律

8.1.1 电磁感应现象

奥斯特发现电流磁效应之后的 10 年间，法拉第通过大量实验探索磁场产生电流的途径，于 1831 年发现磁场产生电流的现象。以下通过两个典型实验介绍该现象。

如图 8.1 所示线圈与检流计 G 构成闭合回路。当条形磁铁靠近或远离线圈时，G 指针发生偏转，其偏转方向、偏转角度与磁铁、线圈间的相对运动方向及速度有关。但是当磁铁相对线圈静止时，G 指针无偏转。

如图 8.2 所示，线圈 A、B 分别缠绕环形铁芯上，线圈 A、电池和电键 S 构成回路，线圈 B 连接 G 也构成回路。当电键 S 闭合或断开瞬间，G 指针发生不同方向的偏转，当电键 S 闭合或断开之后，G 指针不再发生偏转。

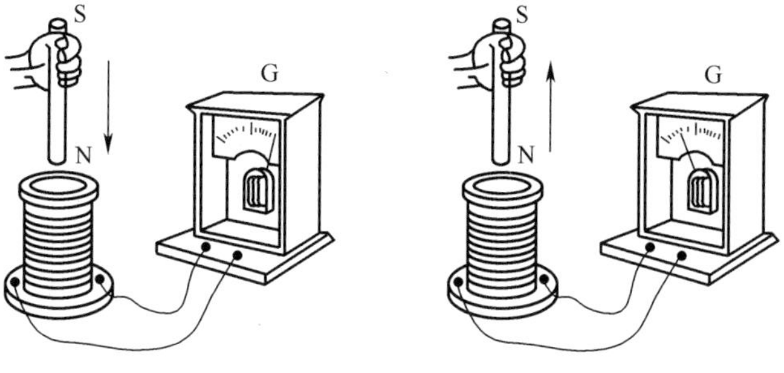

图 8.1　磁铁靠近或远离线圈时 G 指针发生偏转

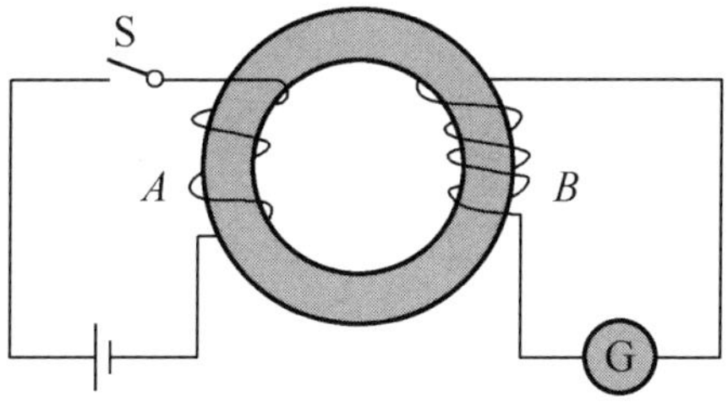

图 8.2　电键 S 闭合或断开瞬间 G 指针发生偏转

以上两个实验 G 指针均发生偏转，表明回路存在电流。分析电流产生的规律可以发现，尽管闭合回路产生电流的方式不同，但穿过闭合回路所包围面积的磁通量均发生变化，导体回路均产生电流，该现象称为**电磁感应现象**，回路中的电流、电动势分别称为感应电流、感应电动势。当导体回路不闭合时，虽不会产生感应电流，但感应电动势依然存在。

8.1.2　法拉第电磁感应定律

法拉第通过总结大量实验结果得出结论，导体回路中产生感应电动势 $\mathcal{E}_i$ 的大小，与穿过导体回路磁通量对时间的变化率成正比，该结论称为**法拉第电磁感应定律**，表示为：

$$\mathcal{E}_i = -k\frac{\mathrm{d}\Phi}{\mathrm{d}t} \tag{8.1.1}$$

其中感应电动势 $\mathcal{E}_i$ 的 SI 单位为 V，k 为比例系数。当式（8.1.1）中的物理量均取 SI 单位，比例系数 $k=1$ 时式（8.1.1）变为：

$$\mathcal{E}_i = -\frac{\mathrm{d}\Phi}{\mathrm{d}t} \tag{8.1.2}$$

其中 Φ 为穿过导体回路所围面积的磁通量，表示为：

$$\Phi = \int_s \boldsymbol{B}\cdot \mathrm{d}\boldsymbol{s} = \int_s B\cos\theta \mathrm{d}s \tag{8.1.3}$$

其中 $\boldsymbol{s}$ 为闭合回路 l 所围面积。$\boldsymbol{s}$ 的法线方向与回路 l 的绕行方向成右手螺旋关系。

式（8.1.1）的负号表示$\mathcal{E}_i$的方向。通过如下方法可判断$\mathcal{E}_i$的方向，如图 8.3（a）所示，当磁铁靠近闭合回路时，若规定回路的绕向为逆时针方向如图中l方向，由右手螺旋法则可知，回路的法线方向向右。可以看出$\boldsymbol{B}$与回路法线方向夹角大于 90°，故$\Phi<0$，磁铁逐渐靠近回路时，Φ越来越小，即有$\mathrm{d}\Phi<0$，由$\mathcal{E}_i=-\dfrac{\mathrm{d}\Phi}{\mathrm{d}t}$得到$\mathcal{E}_i>0$，即$\mathcal{E}_i$为逆时针方向。同理，如图 8.3（b）所示当磁铁远离闭合回路时，$\Phi<0$，$\mathrm{d}\Phi>0$，由$\mathcal{E}_i=-\dfrac{\mathrm{d}\Phi}{\mathrm{d}t}$得到$\mathcal{E}_i<0$，即$\mathcal{E}_i$与前述规定的回路绕向相反，为顺时针方向。另外，也可规定回路的绕向为顺时针方向，利用同样的方法判定$\mathcal{E}_i$的方向。

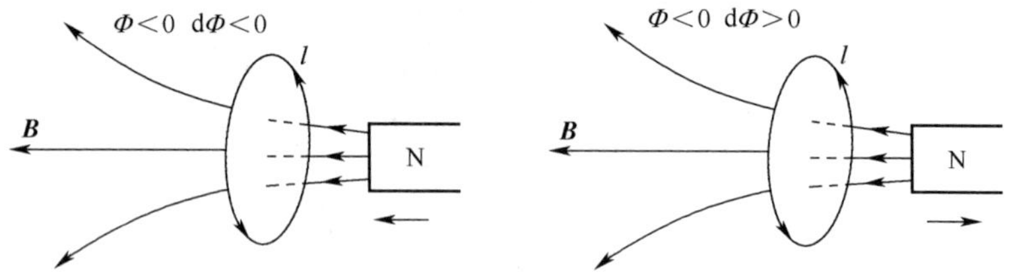

图 8.3 $\mathcal{E}_i$方向的判定

式（8.1.2）仅适用于单匝回路，若回路为N匝串联线圈，由于每个线圈的磁通量均发生变化，当穿过各匝线圈的磁通量分别为$\Phi_1,\Phi_2,\cdots,\Phi_N$时，整个回路的感应电动势$\mathcal{E}_i$就等于各匝线圈$\mathcal{E}_{i1},\mathcal{E}_{i2},\cdots,\mathcal{E}_{iN}$的代数和，即有：

$$\mathcal{E}_i=\mathcal{E}_{i1}+\mathcal{E}_{i2}+\cdots+\mathcal{E}_{iN}=\left(-\frac{\mathrm{d}\Phi_1}{\mathrm{d}t}\right)+\left(-\frac{\mathrm{d}\Phi_2}{\mathrm{d}t}\right)+\cdots+\left(-\frac{\mathrm{d}\Phi_N}{\mathrm{d}t}\right)$$
$$=-\frac{\mathrm{d}}{\mathrm{d}t}(\Phi_1+\Phi_2+\cdots+\Phi_N)=-\frac{\mathrm{d}\Psi}{\mathrm{d}t} \qquad (8.1.4)$$

其中Ψ是穿过整个回路的总磁通量，也称磁通匝数或磁链，若穿过各匝线圈的磁通量相等均为Φ，则磁通匝数$\Psi=N\Phi$，法拉第电磁感应定律则为：

$$\mathcal{E}_i=-\frac{\mathrm{d}\Psi}{\mathrm{d}t}=-N\frac{\mathrm{d}\Phi}{\mathrm{d}t} \qquad (8.1.5)$$

若导体回路的总电阻为R，由欧姆定律得到回路中的感应电流为：

$$i=\frac{\mathcal{E}_i}{R}=-\frac{1}{R}\cdot\frac{\mathrm{d}\Psi}{\mathrm{d}t}=-\frac{N}{R}\cdot\frac{\mathrm{d}\Phi}{\mathrm{d}t} \qquad (8.1.6)$$

上式表明i的大小与磁通量对时间的变化率有关。

由电流定义$i=\dfrac{\mathrm{d}q}{\mathrm{d}t}$，可求得$\Delta t=t_2-t_1$内通过闭合导体回路任一截面的电荷为：

$$q=\int_{t_1}^{t_2}i\mathrm{d}t=-\frac{N}{R}\int_{\Phi_1}^{\Phi_2}\mathrm{d}\Phi=\frac{N}{R}(\Phi_1-\Phi_2) \qquad (8.1.7)$$

其中Φ_1、Φ_2分别是t_1、t_2时刻穿过导体回路每匝线圈的磁通量。上式表明通过线圈的电荷的电量只与磁通量的变化量$\Delta\Phi$有关。若已知回路电阻R、线圈匝数N，并由实验测出通过某一截面的电量q，由式（8.1.7）即可计算$\Delta\Phi$，应用该原理可制作磁强计，在地质勘探和地震监测工作中常用磁强计探测地磁场的变化。

8.1.3 楞次定律

对于感应电流的方向，也可由楞次定律判断。该定律为俄国物理学家楞次（Heinrich Friedrich Lenz，1804～1865年）于1833年发现。**楞次定律**表述为：闭合回路中感应电流的方向，总是使得其自身产生的磁通量反抗引起感应电流的磁通量的变化。当引起感应电流的磁通量增加时，感应电流产生的磁通量将阻碍磁通量的增加，当引起感应电流的磁通量减小时，感应电流产生的磁通量将阻碍磁通量的减少。式（8.1.1）中的负号正是该定律的体现，而在判定感应电流方向的作用上，楞次定律比电磁感应定律更方便。

楞次定律表明感应电流激发的磁场总是阻碍磁通量的变化，故磁通量要不断发生变化，连续产生感应电流，就必须有外力克服感应电流的阻碍作用不断做功。可见，感应电流产生的过程就是其他形式的能量转化为电能的过程。因此，楞次定律的实质是能量守恒定律在电磁现象的具体反映。

8.2 动生电动势和感生电动势

式（8.1.1）表明，不论什么原因，只要穿过闭合回路的磁通量发生变化，回路中将产生$\mathcal{E}_i$。由式（8.1.3）可以看出，磁通量由$\boldsymbol{B}$的大小和方向、回路面积的大小和方向等多个因素共同决定，只要其中任一因素发生变化，即可使磁通量发生变化。依据其变化原因的不同，$\mathcal{E}_i$分为两类：一是$\boldsymbol{B}$不变，回路面积的大小或方向发生变化，由此产生的$\mathcal{E}_i$称为**动生电动势**；二是回路面积的大小和方向不发生变化，$\boldsymbol{B}$发生变化，由此产生的$\mathcal{E}_i$称为**感生电动势**。

8.2.1 动生电动势

设长为l的导体棒在恒定磁场中以匀速$\boldsymbol{v}$在垂直于磁场的平面内向右运动，如图8.4所示，导体棒中的自由电子随棒以相同的速度$\boldsymbol{v}$在磁场中运动，于是自由电子受到洛伦兹力的作用：

$$\boldsymbol{f}_m = -e(\boldsymbol{v}\times\boldsymbol{B}) \tag{8.2.1}$$

由右手螺旋定则判定$\boldsymbol{f}_m$的方向由a到b。在$\boldsymbol{f}_m$的作用下自由电子沿棒由a到b运动，最终使得棒的a端积累正电荷、b端积累负电荷。从而在棒内形成方向由a到b的电场$\boldsymbol{E}$，于是自由电子在$\boldsymbol{E}$的作用下受到静电场力$\boldsymbol{f}_e$的作用，$\boldsymbol{f}_e$与$\boldsymbol{f}_m$的方向相反。随电荷的累积$\boldsymbol{f}_e$逐渐增大，当两力相等时$\boldsymbol{f}_e+\boldsymbol{f}_m=\boldsymbol{0}$，$a$、$b$两端电荷不再变化，于是棒两端形成稳定的电势差。在电势差形成的过程中，洛伦兹力充当了非静电力，故非静电场强度为：

$$\boldsymbol{E}_k=\frac{\boldsymbol{f}_m}{-e}=\boldsymbol{v}\times\boldsymbol{B} \tag{8.2.2}$$

其中 $\boldsymbol{E}_k$ 与 $\boldsymbol{v}\times\boldsymbol{B}$ 同方向。由电动势的定义，导体棒在磁场中以匀速 $\boldsymbol{v}$ 运动时其两端产生的动生电动势为：

$$\mathcal{E}_i=\int_{ba}\boldsymbol{E}_k\cdot\mathrm{d}\boldsymbol{l}=\int_{ba}(\boldsymbol{v}\times\boldsymbol{B})\cdot\mathrm{d}\boldsymbol{l} \tag{8.2.3}$$

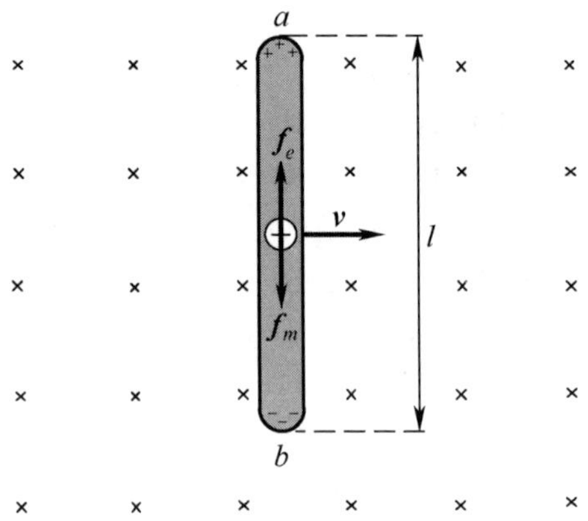

图 8.4　动生电动势

若考虑到图 8.4 所示 $\boldsymbol{v}$ 与 $\boldsymbol{B}$ 的方向垂直，$\boldsymbol{v}\times\boldsymbol{B}$ 与 $\mathrm{d}\boldsymbol{l}$ 的方向相同，且棒以匀速 $\boldsymbol{v}$ 在垂直于恒定磁场 $\boldsymbol{B}$ 的平面内运动，故式（8.2.3）可写为：

$$\mathcal{E}_i=\int_0^l(\boldsymbol{v}\times\boldsymbol{B})\cdot\mathrm{d}\boldsymbol{l}=vBl \tag{8.2.4}$$

式（8.2.4）仅适用于恒定磁场中导体棒以恒定速度在垂直磁场平面内运动产生的电动势，而任意形状的导体棒在非恒定磁场产生的电动势，则需应用式（8.2.3）计算。

例题 8.2.1　长为 l 的直导线在均匀磁场中如图 8.5 所示，以角速度 ω 绕其一端 O 点沿逆时针方向匀速转动，求直导线的动生电动势。

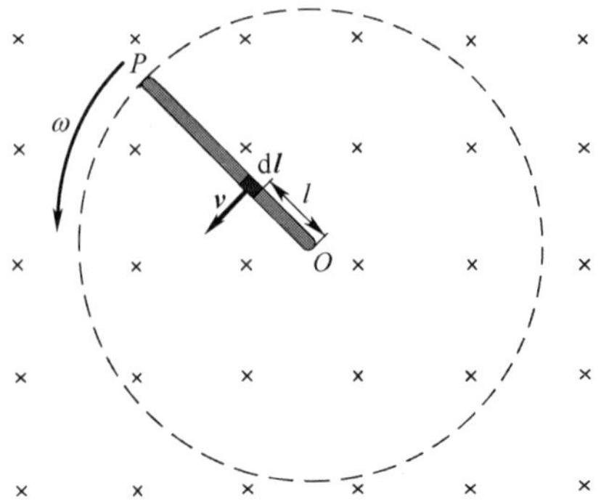

图 8.5　长为 l 的直导线在均匀磁场中匀速转动

解：直导线在均匀磁场中转动时切割磁感应线，故导线中产生动生电动势。由于导线上不同位置的线速度不同，故将导线微分，任取其中一线元 $\mathrm{d}\boldsymbol{l}$，设其方向由 O 到 P，且为积分路径方向，$\mathrm{d}\boldsymbol{l}$ 到 O 点的距离为 l，其速度大小为 $v=\omega l$，速度方向如图 8.5 所示。由式（8.2.3）得到导线的动生电动势为：

$$\mathcal{E}_i=\int_0^l \mathrm{d}\mathcal{E}_i=\int_0^l(\boldsymbol{v}\times\boldsymbol{B})\cdot\mathrm{d}\boldsymbol{l}=\int_0^l -l\omega B\mathrm{d}l=-\frac{1}{2}\omega Bl^2$$

由于 $\mathcal{E}_i<0$，说明其方向由 $P\to O$，即 O 点电势较高。

例题 8.2.2 通有电流 I 的长直导线附近置有长为 L 的金属棒 ab，棒与导线位于同一平面内且相互垂直，棒的 a 端与导线相距为 d，如图 8.6 所示，棒以匀速 $\boldsymbol{v}$ 平行于导线运动，求金属棒的动生电动势。

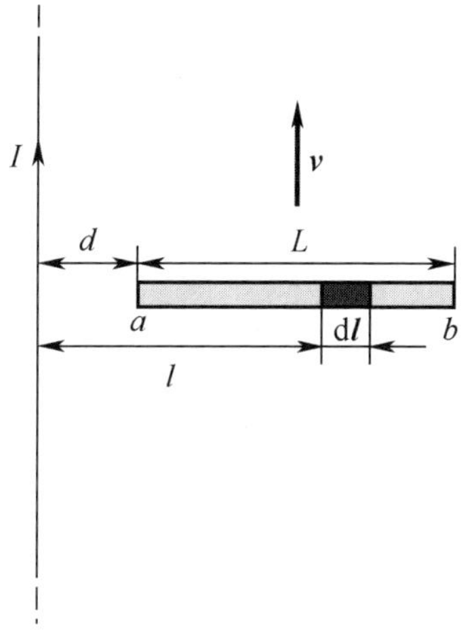

图 8.6 通有电流的长直导线与运动的金属棒

解：导线在其右侧产生的磁场方向垂直纸面向里，由安培环路定理得到距导线 r 处 $\boldsymbol{B}$ 的大小为：

$$B=\frac{\mu_0 I}{2\pi r}$$

由于棒上不同位置处 $\boldsymbol{B}$ 的大小不同，故将棒微分，设任一线元 $\mathrm{d}\boldsymbol{l}$，其方向由 a 到 b，$\mathrm{d}\boldsymbol{l}$ 距离导线为 l，则 $\mathrm{d}\boldsymbol{l}$ 的动生电动势为：

$$\mathrm{d}\mathcal{E}_i=(\boldsymbol{v}\times\boldsymbol{B})\cdot\mathrm{d}\boldsymbol{l}$$

其中 $\boldsymbol{v}$ 、 $\boldsymbol{B}$ 、 $\mathrm{d}\boldsymbol{l}$ 相互垂直，$\boldsymbol{v}\times\boldsymbol{B}$ 、 $\mathrm{d}\boldsymbol{l}$ 方向相反，故上式写为：

$$\mathrm{d}\mathcal{E}_i=-vB\mathrm{d}l=-v\frac{\mu_0 I}{2\pi l}\mathrm{d}l$$

棒的电动势为：

$$\mathcal{E}_i=\int_d^{d+L}\mathrm{d}\mathcal{E}_i=\int_d^{d+L}-v\frac{\mu_0 I}{2\pi l}\mathrm{d}l=-\frac{\mu_0 Iv}{2\pi}\ln\frac{d+L}{d}$$

由于 $\mathcal{E}_i < 0$，说明 $\mathcal{E}_i$、$\mathrm{d}\boldsymbol{l}$ 方向相反，即 a 点电势较高。

8.2.2 感生电动势

当导体回路在磁场中固定不动时，由于磁场随时间变化引起磁通量的改变，此时导体回路中产生的电动势称为感生电动势。麦克斯韦研究了此类电磁感应现象后提出：变化磁场的周围产生一种电场，称为感生电场，用 $\boldsymbol{E}_v$ 表示。

$\boldsymbol{E}_v$ 和静电场有共同的性质，如均对电荷产生力的作用，均具有能量等。其不同之处在于，静电场由静止电荷激发，其场线起止于正负电荷，静电场是保守场。而由磁场变化激发的 $\boldsymbol{E}_v$，其场线为无头无尾的闭合曲线，$\boldsymbol{E}_v$ 是非保守场。由电动势的定义和法拉第电磁感应定律可知，感生电动势等于 $\boldsymbol{E}_v$ 沿任意闭合回路的线积分，即有：

$$\mathcal{E}_i = \oint_l \boldsymbol{E}_v \cdot \mathrm{d}\boldsymbol{l} = -\frac{\mathrm{d}\Phi}{\mathrm{d}t} = -\frac{\mathrm{d}}{\mathrm{d}t}\int_s \boldsymbol{B} \cdot \mathrm{d}\boldsymbol{s} \qquad (8.2.5)$$

当导体回路固定不变时，其所围面积保持不变，磁通量的变化仅取决于磁场的变化，故式（8.2.5）改写为：

$$\mathcal{E}_i = -\frac{\mathrm{d}}{\mathrm{d}t}\int_s \boldsymbol{B} \cdot \mathrm{d}\boldsymbol{s} = -\int_s \frac{\mathrm{d}\boldsymbol{B}}{\mathrm{d}t} \cdot \mathrm{d}\boldsymbol{s} \qquad (8.2.6)$$

其中 $\mathrm{d}\boldsymbol{B}/\mathrm{d}t$ 表示闭合回路所围面积内任意点处 $\boldsymbol{B}$ 随时间的变化率。

8.3 自感和互感

法拉第电场感应定律表明，不论以何方式，只要使穿过闭合回路的磁通量发生变化，闭合回路中就一定产生 $\mathcal{E}_i$。考虑图 8.7 所示的情况，通有电流 I_1 的闭合回路 1 附近置有另一通有电流 I_2 的闭合回路 2，当 I_1、I_2 变化时，闭合回路 1、2 在空间激发的磁场也发生变化，相应穿过回路 1、2 的磁通量也发生变化，从而产生 $\mathcal{E}_i$。把仅由回路 1 中 I_1 的变化而在回路 1 自身产生的 $\mathcal{E}_i$ 称为自感电动势，用 $\mathcal{E}_L$ 表示。而把仅由回路 2 中的 I_2 的变化在回路 1 中产生的 $\mathcal{E}_i$ 称为互感电动势，用 $\mathcal{E}_{12}$ 表示。

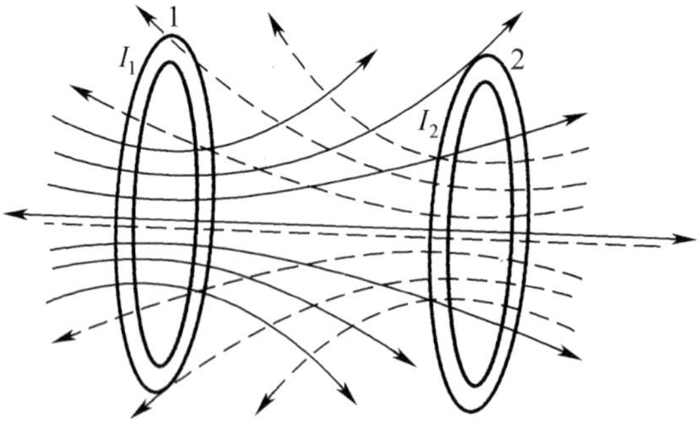

图 8.7　通有电流的两个闭合回路

8.3.1 自感 自感电动势

设闭合回路通有电流I，由毕奥-萨伐尔定律可知：I在空间激发的$\boldsymbol{B}$与I成正比，故穿过该回路本身的磁通量也正比于电流I，即有：

$$\Phi = LI \tag{8.3.1}$$

其中比例系数L称为该回路的自感系数，简称**自感**。SI单位为H（亨利）、mH（毫亨）或μH（微亨）。即当线圈中的电流为1A时，若穿过线圈本身的磁通量为1Wb，则该线圈的L为lH。

实验表明若回路周围不存在铁磁质时，L与电流I无关，仅与回路匝数、回路形状及其周围介质的磁导率有关。当上述因素都保持不变时L为常量。

由式（8.3.1）看出，一个回路的L在数值上等于回路电流为一个单位时，穿过该回路所围面积的磁通量的大小。当回路由N匝线圈构成时，式（8.3.1）可写为：

$$\Psi = N\Phi = LI \tag{8.3.2}$$

上式表明，当回路由N匝线圈构成时，其自感是一匝线圈自感的N倍。

当线圈的电流发生变化时，通过线圈的磁通量也发生改变，由法拉第电磁感应定律可知，线圈中的**自感电动势**为：

$$\mathcal{E}_L = -\frac{\mathrm{d}\Phi}{\mathrm{d}t} = -\frac{\mathrm{d}(LI)}{\mathrm{d}t} \tag{8.3.3}$$

若回路匝数、回路形状及周围介质的磁导率均保持不变时，L是常量，故式（8.3.3）可以写为：

$$\mathcal{E}_L = -L\frac{\mathrm{d}I}{\mathrm{d}t} \tag{8.3.4}$$

式（8.3.4）中的负号表示$\mathcal{E}_L$总是反抗线圈中电流的改变。当电流增加时，$\mathcal{E}_L$与原电流的方向相反；当电流减小时，$\mathcal{E}_L$与原电流的方向相同。由式（8.3.4）知，对一个确定的回路，L在数值上等于回路中电流变化率$\mathrm{d}I/\mathrm{d}t$为$1\mathrm{A}\cdot\mathrm{s}^{-1}$时，该回路中产生的$\mathcal{E}_L$的大小。由式（8.3.4）还可以看出：当电流变化率相同时，L越大的线圈，其$\mathcal{E}_L$越大，改变该线圈中的电流就越不容易。该特性与力学中物体的惯性相似，因而称L为描述“电磁惯性”的物理量。L可由实验测定，只有某些简单的情形才可应用式（8.3.1）、式（8.3.4）计算。

在工程技术领域和日常生活中，自感现象有着广泛的应用，如无线电技术、电工技术常用的扼流圈、日光灯的镇流器等。同时自感现象也会带来危害，如自感较大的电网，当电闸断电时会产生较大的$\mathcal{E}_L$，在电网和电闸之间形成较高的电压，会导致空气隙“击穿”产生电弧，从而损坏电网。大功率电机和强力电磁铁的L均较大，在启动和断开电路时，往往形成瞬间过大的电流，造成事故。为避免此类事故发生，通常采用降压启动电机的方法。如断路时，增加电阻使电流减小，然后再断开电路。

例题 8.3.1 设长直密绕螺线管通有电流$I = I_0\cos\omega t$，其长为l、横截面积为

S，线圈的总匝数为N，管内介质的磁导率为μ，试求：（1）螺线管的 L；（2）螺线管的$\mathcal{E}_L$。

解：（1）对于通有电流I的长直密绕螺线管，管内近似为均匀磁场，其磁感应强度$\boldsymbol{B}$的大小为：

$$B=\mu\frac{N}{l}I$$

$\boldsymbol{B}$的方向与螺线管的轴线平行。故穿过螺线管每一匝线圈的磁通量均相等，为：

$$\Phi=BS=\mu\frac{N}{l}IS$$

穿过螺线管的磁通匝数为：

$$\Psi=N\Phi=\mu\frac{N^2}{l}IS$$

故自感为：

$$L=\frac{\Psi}{I}=\mu\frac{N^2}{l}S$$

设螺线管单位长度线圈的匝数为n，螺线管的体积为V，则有：

$$n=\frac{N}{l},\quad V=lS$$

故得到长直密绕螺线管的自感为：

$$L=\mu n^2 V$$

可见L只与螺线管线圈本身性质及管内的磁介质有关。要获得较大自感的螺线管，可采用较细的导线绕制，以增加单位长度匝数n，还可以选取较大磁导率的磁介质放入螺线管内。

（2）当螺线管通有电流$I=I_0\cos\omega t$时，螺线管自身的磁通量也随时间变化，故螺线管的自感电动势为：

$$\mathcal{E}_L=-L\frac{\mathrm{d}I}{\mathrm{d}t}=\mu n^2 V I_0\omega\sin\omega t$$

8.3.2　互感　互感电动势

如图8.8所示，有两个彼此靠近的回路1、2，分别通有电流I_1、I_2，在其他条件不变的情况下，当其中一回路的电流发生变化时，则在另一回路产生互感电动势。

由毕奥-萨伐尔定律知，回路1的I_1在回路2处激发的$\boldsymbol{B}$应与I_1成正比，故通过回路2的磁通量Ψ_{21}也正比于I_1，即有：

$$\Psi_{21}=M_{21}I_1 \tag{8.3.5}$$

同理，通过回路1的磁通量Ψ_{12}也正比于I_2，即有：

$$\Psi_{12}=M_{12}I_2 \tag{8.3.6}$$

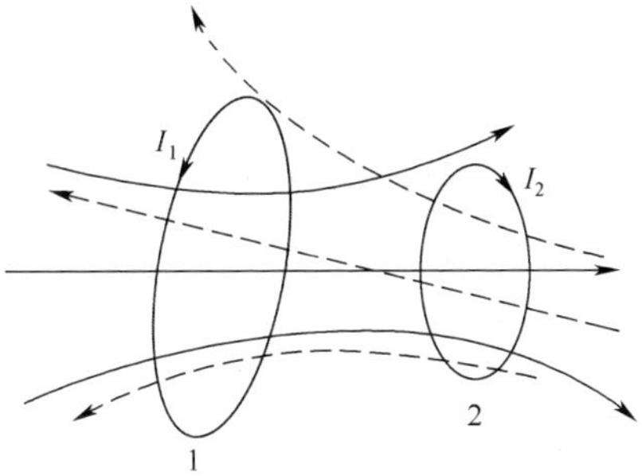

图 8.8　互感电动势的产生

式（8.3.5）、（8.3.6）中的比例系数 M_{21}、M_{12} 为两回路间的互感系数，简称互感。SI 中 M 与 L 的单位相同。而且 M 仅与两回路的结构形状、匝数、相对位置及周围磁介质的情况有关，与回路的电流无关。理论和实验均证明对于给定的回路与确定的磁介质有：

$$M_{21} = M_{12} = M \tag{8.3.7}$$

故式（8.3.5）、（8.3.6）可简化为：

$$\Psi_{21} = MI_1\text{，}\ \Psi_{12} = MI_2 \tag{8.3.8}$$

由法拉第电磁感应定律知，当回路 1 的 I_1 发生变化时，在回路 2 中激发的互感电动势为：

$$\mathcal{E}_{21} = -\frac{\mathrm{d}\Psi_{21}}{\mathrm{d}t} = -M\frac{\mathrm{d}I_1}{\mathrm{d}t} \tag{8.3.9}$$

当回路 2 的 I_2 发生变化时，在回路 1 激发的互感电动势为：

$$\mathcal{E}_{12} = -\frac{\mathrm{d}\Psi_{12}}{\mathrm{d}t} = -M\frac{\mathrm{d}I_2}{\mathrm{d}t} \tag{8.3.10}$$

式（8.3.9）、（8.3.10）中的负号是楞次定律的体现，即在一个回路中所激发的互感电动势总要反抗另一回路中电流的变化。与 L 一样，通常 M 也由实验测定，只有一些简单情况，才能应用式（8.3.9）、（8.3.10）计算。

互感在电子技术领域应用广泛，通过互感可以把能量或信号由一个线圈方便地传递到另一个线圈，变压器、感应线圈等均为互感的具体应用。但是互感也存在有害的一面，例如，收录机、电视机等家用电器，以及工程技术领域的众多电子设备，会因导线或元器件间的互感而影响正常工作，此类由于互感而产生的电磁干扰要尽量避免。

例题 8.3.2　如图 8.9 所示，两个长度均为 l，半径分别为 r_1、r_2（$r_1 < r_2$），匝数分别为 N_1、N_2 的同轴长直螺线管，试求其 M。

解：设其中一线圈通以电流 I，求穿过另一个线圈的磁通量，再由 $M = \Phi/I$ 可得结果。

设半径为 r_1 的螺线管通有 I_1，则螺线管内 $\boldsymbol{B}$ 的值为：

$$B_1 = \mu_0 n_1 I_1$$

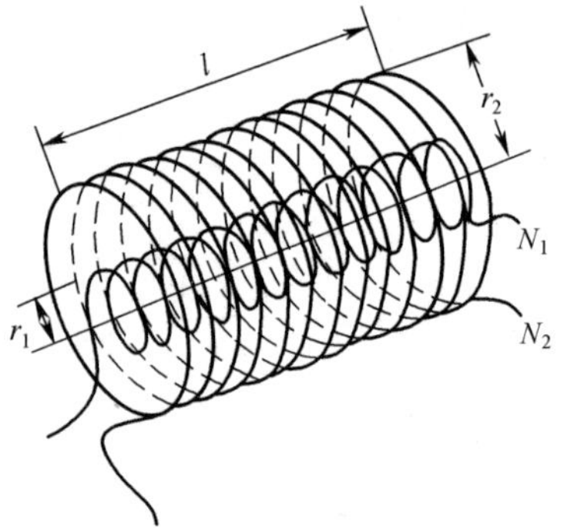

图 8.9　两同轴长直螺线管

螺线管外 $\boldsymbol{B}$ 为零，故半径为 r_2 的螺线管内的磁通量为：

$$\Psi_{21}=N_2B_1\pi r_1^2=n_2l\mu_0n_1I_1\pi r_1^2$$

由互感定义式得：

$$M_{21}=\frac{\Psi_{21}}{I_1}=\frac{n_2l\mu_0n_1I_1\pi r_1^2}{I_1}=\mu_0n_1n_2l\pi r_1^2$$

还可以设半径为 r_2 的螺线管通有 I_2，故该螺线管内 $\boldsymbol{B}$的值为：

$$B_2=\mu_0n_2I_2$$

螺线管外 $\boldsymbol{B}$为零，故半径为 r_1 的螺线管内的磁通量为：

$$\Psi_{12}=N_1B_2\pi r_1^2=n_1l\mu_0n_2I_2\pi r_1^2$$

由互感定义得：

$$M_{12}=\frac{\Psi_{12}}{I_2}=\frac{n_1l\mu_0n_2I_2\pi r_1^2}{I_2}=\mu_0n_1n_2l\pi r_1^2$$

由上述结果知：对于两个形状、半径、磁介质和相对位置均确定的长直螺线管，其互感是确定的，并且有 $M_{21}=M_{12}=M$ 。

例题 8.3.3　如图 8.10 所示，长直导线附近置有长为 a、宽为 b 的矩形导体框，导体框的一边与导线相距 d，当导线通电流 $I=I_0\cos\omega t$ 时，试求导体框的互感电动势。

解：设导线通有向上的电流 I 如图 8.10 所示，由安培环路定理可得距导线 r 处 $\boldsymbol{B}$的值为：

$$B=\frac{\mu_0I}{2\pi r}$$

对导体框所围面积取如图 8.10 所示的面元 $\mathrm{d}S=a\mathrm{d}r$ ，设其法线方向垂直纸面向里，则穿过面元的磁通量为：

$$\mathrm{d}\Phi=\boldsymbol{B}\cdot\mathrm{d}\boldsymbol{S}=\frac{\mu_0I}{2\pi r}a\mathrm{d}r$$

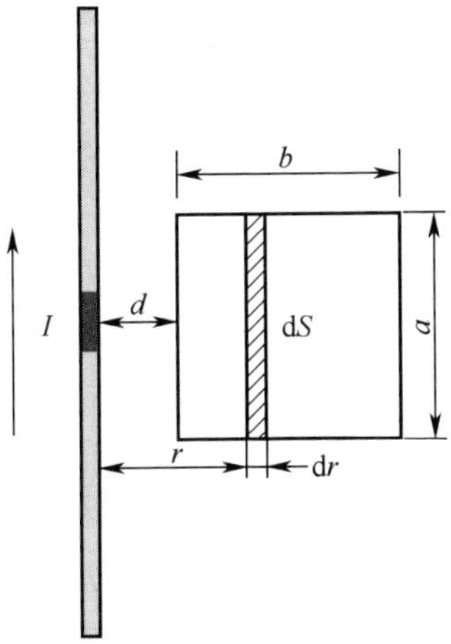

图 8.10　通电直导线与矩形导体框

穿过整个导体框的磁通量为：

$$\Phi = \int_S \mathrm{d}\Phi = \int_S \boldsymbol{B}\cdot \mathrm{d}\boldsymbol{S} = \int_d^{d+b} \frac{\mu_0 I}{2\pi r} a\mathrm{d}r = \frac{\mu_0 I a}{2\pi}\ln\frac{d+b}{d}$$

可得互感为：

$$M = \frac{\Phi}{I} = \frac{\mu_0 a}{2\pi}\ln\frac{d+b}{d}$$

8.4　磁场能量 磁场能量密度

与电场一样，磁场也具有能量，以下将通过分析由电阻为 R 、自感为 L 的线圈构成的回路的磁能，从而获得**磁场能量**和**磁场能量密度**的规律。

图 8.11 所示为包含电阻为 R 、自感为 L 的线圈、电源电动势为 $\mathcal{E}$ 的回路，电键 S 未闭合时，电路无电流，线圈内无磁场。但当电键闭合后，线圈的电流从零逐渐增大，最后达到稳定值。与此同时，线圈的 $\mathcal{E}_L$ 阻止磁场的建立，电流在线圈内激发的磁场由零逐渐达到恒定值。在此过程电源做功，部分转化为 R 释放的热量，部分转化为线圈内形成的磁场能量。后者是电源反抗 $\mathcal{E}_L$ 做功消耗的能量，即由功转化为磁场的能量。

电路中电键接通后回路电流为 I 时，线圈的自感电动势为：

$$\mathcal{E}_L = -L\frac{\mathrm{d}I}{\mathrm{d}t} \tag{8.4.1}$$

由闭合电路欧姆定律得：

$$\mathcal{E} - L\frac{\mathrm{d}I}{\mathrm{d}t} = RI \tag{8.4.2}$$

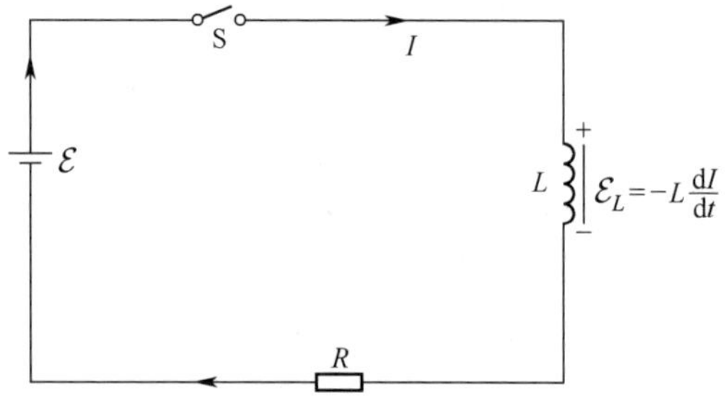

图 8.11　含有电阻 R 和自感 L 线圈的回路

式（8.4.2）两边同乘以 $I\mathrm{d}t$ 得：

$$\mathcal{E}I\mathrm{d}t - LI\mathrm{d}I = RI^2\mathrm{d}t \tag{8.4.3}$$

在由 $0\to t$ 内，电流由 $0\to I$，对上式积分得：

$$\int_0^t \mathcal{E}I\mathrm{d}t - \int_0^I LI\mathrm{d}I = \int_0^t RI^2\mathrm{d}t \tag{8.4.4}$$

即有：

$$\int_0^t \mathcal{E}I\mathrm{d}t = \frac{1}{2}LI^2 + \int_0^t RI^2\mathrm{d}t \tag{8.4.5}$$

其中 $\int_0^t \mathcal{E}I\mathrm{d}t$ 为在 $0\to t$ 内电源做的功，即 $0\to t$ 内电源输出的能量。$\int_0^t RI^2\mathrm{d}t$ 为 $0\to t$ 内 R 释放的焦耳热，而 $\frac{LI^2}{2}$ 则为电源反抗 $\mathcal{E}_L$ 所做的功，也就是线圈内磁场的能量。故对于自感为 L 的线圈，当电流为 I 时，磁场的能量为：

$$W_m = \frac{1}{2}LI^2 \tag{8.4.6}$$

若考虑体积 V 的长直螺线管，管内充满磁导率为 μ 的磁介质，通有电流 I，则螺线管的 L 及管内 $\boldsymbol{B}$ 的值分别为 $L=\mu n^2V$、$B=\mu nI$，带入式（8.4.6）得到长直螺线管内的磁能表达式为：

$$W_m = \frac{1}{2}\mu n^2V\left(\frac{B}{\mu n}\right)^2 = \frac{B^2}{2\mu}V \tag{8.4.7}$$

可得长直螺线管内磁场的能量密度为：

$$w_m = \frac{B^2}{2\mu} \tag{8.4.8}$$

其中 w_m 的 SI 单位为 $\mathrm{J\cdot m^{-3}}$。式（8.4.8）表明：磁场能量密度与 B 的二次方成正比。式（8.4.8）虽为由螺线管中均匀磁场的特例导出的结果，但可以证明该式普遍成立。

例题 8.4.1　如图 8.12 所示，同轴电缆由两层金属圆筒组成，内、外筒半径分别为 R_1、R_2，其间充满磁导率为 μ 的磁介质。设内、外筒的电流均为 I，方向相反，试求该同轴电缆单位长度存储的磁能和自感。

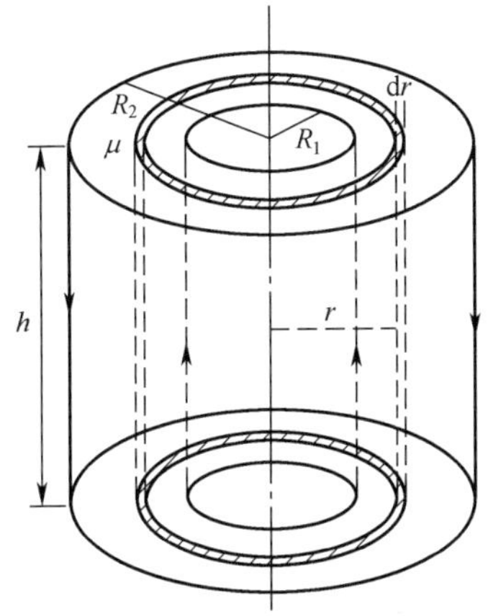

图 8.12　两层金属圆筒组成的同轴电缆

解：由安培环路定理可知，同轴电缆内、外区间 $\boldsymbol{B}$ 的值分别为：

$$B=\begin{cases}0 & r<R_1\\ \dfrac{\mu I}{2\pi r} & R_1<r<R_2\\ 0 & r>R_2\end{cases}$$

由上述结果可知，磁场能量只能存储于内外筒之间的区域，相应磁能密度为：

$$w_m=\frac{B^2}{2\mu}=\frac{1}{2\mu}\left(\frac{\mu I}{2\pi r}\right)^2=\frac{\mu I^2}{8\pi^2 r^2}$$

如图 8.12 所示，在同轴电缆上截取长为 h 的一段，并在其内部取一半径为 r，厚度为 $\mathrm{d}r$ 的薄圆筒，其体积为 $\mathrm{d}V=2\pi rh\mathrm{d}r$，该体元内的磁场能量为：

$$\mathrm{d}W_m=w_m\mathrm{d}V=\frac{\mu I^2}{8\pi^2r^2}\mathrm{d}V=\frac{\mu I^2}{8\pi^2r^2}\cdot 2\pi rh\mathrm{d}r=\frac{\mu I^2 h}{4\pi r}\mathrm{d}r$$

则长为 h 的同轴电缆内总的磁场能量为：

$$W_m=\int_V \mathrm{d}W_m=\int_V w_m\mathrm{d}V=\int_{R_1}^{R_2}\frac{\mu I^2 h}{4\pi r}\mathrm{d}r=\frac{\mu I^2 h}{4\pi}\ln\frac{R_2}{R_1}$$

同轴电缆单位长度储存的磁能为：

$$W_m'=\frac{W_m}{h}=\frac{\mu I^2}{4\pi}\ln\frac{R_2}{R_1}$$

与式（8.4.6）对比可得同轴电缆单位长度的自感为：

$$L=\frac{\mu}{2\pi}\ln\frac{R_2}{R_1}$$

本题给出了求解自感系数的另一种方法，即通过磁能求解 L。

8.5 麦克斯韦电磁场理论简介

19 世纪 60 年代麦克斯韦在总结前人成果的基础上，进一步提出感生电场和位移电流的概念，并将电场和磁场的基本规律概括为一组方程，即麦克斯韦方程组。该方程组高度概括电磁场领域中已有的各种规律，并预言电磁波的存在。1888 年赫兹通过电磁振荡实验证实了电磁波的存在，从而实现了电、磁的大统一。

8.5.1 位移电流

恒定电流的磁场遵从安培环路定理：

$$\oint_L \boldsymbol{H}\cdot d\boldsymbol{l}=\sum I_i \tag{8.5.1}$$

其中的电流为穿过以闭合曲线 L 为边界的任意曲面 S 的传导电流的代数和。对于非恒定电流产生的磁场，例如，电容器充放电过程，传导电流在电容器处断开不再连续，安培环路定理是否还能适用？设如图 8.13 所示以闭合回路 L 为边界，分别作曲面 S_1、S_2，S_1 与导线相交，S_2 过电容器两极板之间与导线不相交。

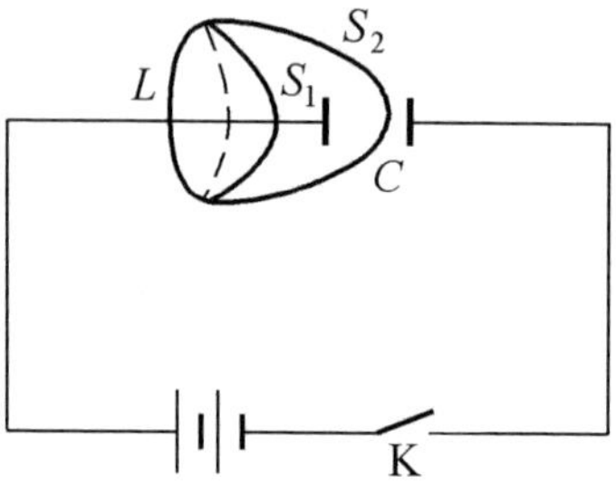

图 8.13　含有电容器的电路

电容器放电过程有传导电流穿过 S_1 曲面。应用安培环路定理得：

$$\oint_L \boldsymbol{H}\cdot d\boldsymbol{l}=I \tag{8.5.2}$$

因无传导电流穿过 S_2，由安培环路定理得：

$$\oint_L \boldsymbol{H}\cdot d\boldsymbol{l}=0 \tag{8.5.3}$$

由此可见，在非恒定电流的磁场中，将安培环路定理应用于同一闭合回路 L 为边界的不同曲面时，得到完全不同的结果。这说明该定理在非恒定电流的情况下不再适用。

为了解决上述问题，1862 年麦克斯韦提出位移电流的假设，修正了安培环路定理，使之适用于非恒定电流的情况。他发现：虽然在电容器两极板间传导电流不连续，但电容器充放电过程中电容器两极板上的电荷 q 仍随时间变化，因此两极板间存在变化的电场。

如图 8.14 所示为电容器的放电过程，设在任意时刻电容器极板 A、B 上分别有电荷 $+q$ 、$-q$ ，对应电荷面密度为 $+\sigma$ 、$-\sigma$ 。电容器放电时，正电荷经导线由极板 A 向 B 流动，在 $\mathrm{d}t$ 内通过电路任一截面的电荷为 $\mathrm{d}q$ ，即 $\mathrm{d}q$ 为极板失去或获得的电荷。故极板上电荷对时间的变化率 $\mathrm{d}q/\mathrm{d}t$ 即为导线中的传导电流。设极板面积为 S ，则两极板间经导线的传导电流为：

$$I_c=\frac{\mathrm{d}q}{\mathrm{d}t}=\frac{\mathrm{d}(S\sigma)}{\mathrm{d}t}=S\frac{\mathrm{d}\sigma}{\mathrm{d}t} \tag{8.5.4}$$

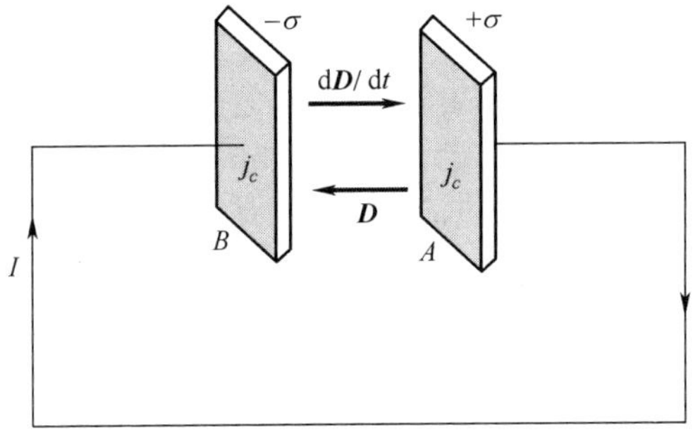

图 8.14　位移电流

传导电流密度为：

$$j_c=\frac{\mathrm{d}\sigma}{\mathrm{d}t} \tag{8.5.5}$$

但是在电容器两极板间，由于无自由电荷移动，故传导电流在此中断。因此对于图 8.14 所示的电路 I_c 始终不连续。但是在电容器放电过程中，极板上的电荷面密度随时间变化，同时两极板间电场的 $\boldsymbol{D}$ 的值 $D=\sigma$ 和电位移通量 $\varPsi=S\sigma$ 均随时间变化，即有：

$$\frac{\mathrm{d}D}{\mathrm{d}t}=\frac{\mathrm{d}\sigma}{\mathrm{d}t},\quad \frac{\mathrm{d}\varPsi}{\mathrm{d}t}=S\frac{\mathrm{d}\sigma}{\mathrm{d}t} \tag{8.5.6}$$

由式（8.5.6）可以看出，极板间电位移矢量随时间的变化率 $\mathrm{d}D/\mathrm{d}t$ 在数值上等于 j_c，极板间电位移通量随时间的变化率 $\mathrm{d}\varPsi/\mathrm{d}t$ 在数值上等于 I_c 。电容器放电时，由于极板上电荷面密度减小，两板间的电场减弱，故 $\mathrm{d}\boldsymbol{D}/\mathrm{d}t$ 的方向与 $\boldsymbol{D}$ 的方向相反。如图 8.14 所示，$\boldsymbol{D}$ 的方向由右向左，而 $\mathrm{d}\boldsymbol{D}/\mathrm{d}t$ 的方向则由左向右。因此可以设想若采用 $\mathrm{d}\varPsi/\mathrm{d}t$ 表示某种电流，即可代替极板间中断的 I_c，从而保证电流的连续性。麦克斯韦进一步分析了电磁场的对称性后提出：既然变化的磁场可以产生感生电场，变化的电场也应与 I_c 一样能够产生磁场。他给出**位移电流**的定义：电场中任意点的位移电流密度为 $\boldsymbol{j}_d$，等于该点 $\boldsymbol{D}$ 对时间的变化率，通过电场中任一截面的位移电流 I_d 等于通过该截面的电位移通量 $\varPsi$ 对时间的变化率，即有：

$$\boldsymbol{j}_d=\frac{\partial\boldsymbol{D}}{\partial t},\quad I_d=\frac{\mathrm{d}\varPsi}{\mathrm{d}t} \tag{8.5.7}$$

麦克斯韦假设 I_d 和 I_c 一样，会在其周围激发磁场。按照麦克斯韦 I_d 的假设，在含有电容器的电路中，极板间存在 I_d，I_d 和 I_c 一起保证整个电路电流的连续性，将两者之和称为全电流 I_s：

$$I_s = I_c + I_d \tag{8.5.8}$$

利用全电流的概念，可以将安培环路定理推广到更普遍情况，即有：

$$\oint_L \boldsymbol{H}\cdot \mathrm{d}\boldsymbol{l} = I_c + I_d = I_c + \int_s \frac{\partial \boldsymbol{D}}{\partial t}\cdot \mathrm{d}\boldsymbol{S} \tag{8.5.9}$$

式（8.5.9）表明：磁场强度沿任一闭合回路 L 的线积分在数值上等于穿过以该闭合回路为边界的任意曲面的 I_s，此即全电流安培环路定理。

I_d 的引入，深刻揭示了变化的电场、磁场之间的内在联系。I_d 和 I_c 均激发磁场，两者与磁场的关系均遵从安培环路定理，电流与磁场的方向也满足右手螺旋关系。因此就磁效应而言，两种电流等效。但是两者又有本质的区别，I_c 起源于自由电荷的定向运动，而 I_d 的本质是变化的电场，无论空间有无导体存在，均可有 I_d。值得强调的是，基于麦克斯韦 I_d 假设推导的结果，与实验符合得极好。

8.5.2 麦克斯韦方程组的积分形式

麦克斯韦引入感生电场、位移电流两个重要概念，进一步揭示了电场、磁场之间的内在联系，指出了空间的电场既包括静电场，也包括变化磁场所激发的感生电场，而空间的磁场既包括传导电流产生的磁场，也包括变化的电场产生的磁场。变化的电场、磁场相互联系，构成了统一的电磁场。1865 年麦克斯韦首先将电磁场规律加以总结和推广，归纳出全面反映宏观电磁场规律的方程组，称为麦克斯韦方程组。

总结第 5～7 章静止电荷激发的静电场和恒定电流激发的恒定磁场的基本规律为：

（1）静电场的高斯定理：

$$\oint_s \boldsymbol{D}\cdot \mathrm{d}\boldsymbol{s} = Q_0 \tag{8.5.10}$$

（2）静电场的环流定理：

$$\oint_L \boldsymbol{E}\cdot \mathrm{d}\boldsymbol{l} = 0 \tag{8.5.11}$$

（3）磁场的高斯定理：

$$\oint_s \boldsymbol{B}\cdot \mathrm{d}\boldsymbol{s} = 0 \tag{8.5.12}$$

（4）安培环路定理：

$$\oint_L \boldsymbol{H}\cdot \mathrm{d}\boldsymbol{l} = \int_s \boldsymbol{j}\cdot \mathrm{d}\boldsymbol{s} = I_c \tag{8.5.13}$$

麦克斯韦在引入感生电场和位移电流两个重要概念后，将静电场的环流定理修正为：

$$\oint_L \boldsymbol{E}\cdot \mathrm{d}\boldsymbol{l} = -\frac{\mathrm{d}\Phi}{\mathrm{d}t} = -\int_s \frac{\partial \boldsymbol{B}}{\partial t}\cdot \mathrm{d}\boldsymbol{S} \tag{8.5.14}$$

将安培环路定理修正为：

$$\oint_L \boldsymbol{H}\cdot \mathrm{d}\boldsymbol{l} = I_c + I_d = \int_s \left(\boldsymbol{j}_c + \frac{\partial \boldsymbol{D}}{\partial t}\right)\cdot \mathrm{d}\boldsymbol{S} \tag{8.5.15}$$

使之能适用于一般电磁场。同时，麦克斯韦经过研究得到静电场的高斯定理和磁场高斯定理不仅适用于静电场和恒定电流产生的磁场，也适用于一般电磁场。于是得到电磁场的四个基本方程：

$$\oint_s \boldsymbol{D}\cdot \mathrm{d}\boldsymbol{s} = Q_0 \tag{8.5.16}$$

$$\oint_L \boldsymbol{E}\cdot \mathrm{d}\boldsymbol{l} = -\int_s \frac{\partial \boldsymbol{B}}{\partial t}\cdot \mathrm{d}\boldsymbol{S} \tag{8.5.17}$$

$$\oint_s \boldsymbol{B}\cdot \mathrm{d}\boldsymbol{s} = 0 \tag{8.5.18}$$

$$\oint_L \boldsymbol{H}\cdot \mathrm{d}\boldsymbol{l} = I_c + I_d = \int_s \left(\boldsymbol{j}_c + \frac{\partial \boldsymbol{D}}{\partial t}\right)\cdot \mathrm{d}\boldsymbol{S} \tag{8.5.19}$$

式（8.5.16）～式（8.5.19）称为麦克斯韦方程组的积分形式，该方程组是对电磁场基本规律的总结性、统一性、简明完美的描述。结合初始条件和边界条件，该方程组理论上可以解决经典电磁学的所有问题。麦克斯韦方程组可以应用于各种宏观电磁现象，可以研究高速运动电荷所产生的电磁场及一般辐射问题。然而对于分子、原子等微观粒子的电磁现象，则需要应用量子电动力学解决，而麦克斯韦电磁场理论可视为量子电动力学在特殊情况下的近似。麦克斯韦电磁场理论的建立，是19世纪物理学发展史上具有里程碑意义的伟大成就，因此麦克斯韦被誉为世界上最伟大的物理学家之一。

习题 8

一、选择题

8.1 若将条形磁铁竖直插入木质圆环，试判断圆环中：______。

A．产生感应电动势，也产生感应电流；

B．产生感应电动势，不产生感应电流；

C．不产生感应电动势，也不产生感应电流；

D．不产生感应电动势，产生感应电流。

8.2 关于电磁感应现象，试分析下列表述正确的是：______。

A．变化的电场产生的磁场，一定随时间变化；

B．变化的磁场产生的电场，一定随时间变化；

C．有电流就有磁场，无电流一定无磁场；

D．变化的电场产生的磁场，不一定随时间变化。

8.3 若磁场变化的空间无导体存在，试分析该空间：______。

A．既无感应电场又无感应电流；

B．既无感应电场又无感应电动势；

C．感应电场及感应电动势均存在；

D．有感应电场无感应电动势。

8.4 若磁场变化的空间没有实体物质，试确定该空间一定没有：______。

A．电场；　　B．电力；　　C．感生电动势；　D．感生电流。

8.5 将两全同磁铁分别以相同速度同时插入两全同木、铜细环内。在不考虑互感现象的条件下，试分析同一时刻过两细环所围圆面积的磁通量：______。

A．相同；　　B．铜环磁通量大于木环磁通量；

C．木环磁通量大于铜环磁通量；　D．木环磁通量为零。

8.6 设半径确定的圆线圈置于磁感强度为 B 的均匀磁场中，且线圈平面与磁场方向垂直，线圈电阻为 R。当线圈转动使其法向与 B 的夹角 $\alpha=60^\circ$ 时，试判断线圈通过的电量与线圈面积及转动时间的关系是：______。

A．与线圈面积成正比，与时间无关；

B．与线圈面积及时间均成正比；

C．与线圈面积成反比，与时间无关；

D．与线圈面积成反比，与时间成正比。

8.7 设圆线圈位于均匀磁场中作如下运动，试分析线圈产生感应电流的是：______。

A．线圈沿磁场方向平移；

B．线圈沿垂直于磁场方向平移；

C．线圈以平行磁场的自身直径为轴转动；

D．线圈以垂直磁场的自身直径为轴转动。

8.8 设有电阻 R、自感系数 L 的线圈，现将其接入电动势 $\mathcal{E}(t)$ 的交变电源。若线圈的自感电动势为 $\mathcal{E}_L$，试确定线圈的电流为：______。

A．$\dfrac{\mathcal{E}(t)}{R}$；　　B．$\dfrac{\mathcal{E}(t)-\mathcal{E}_L}{R}$；

C．$\dfrac{\mathcal{E}_L}{R}$；　　D．$\dfrac{\mathcal{E}(t)+\mathcal{E}_L}{R}$。

8.9 设有自感 0.25H 的线圈，若电流在(1/16)s 内由 2A 均匀减小至零，试判断该线圈自感电动势的大小为：______。

A．7.8×10^{-3}V；　B．2.0V；　C．8.0V；　D．3.1×10^{-2}V。

8.10 用自感系数 L 表示载流线圈的磁场能量 $W_m=\dfrac{1}{2}LI^2$，试分析如下表述正确的是：______。

A．该式仅适用于无限长密绕螺线管；

B．该式仅适用于单匝圆线圈；

C．该式仅适用于匝数较多且密绕的螺绕环；

D．该式适用于自感系数一定的任意线圈。

8.11　为完成电、磁场的统一，英国物理学家麦克斯韦提出两个假说，试确定两个假说是指：______。

A．涡旋电场、涡旋磁场；　　B．位移电流、位移电流密度；

C．涡旋磁场、位移电流；　　D．位移电流、涡旋电场。

8.12　试分析如下所述位移电流为零的条件是：______。

A．$B=0$；　　B．电场不随时间改变；

C．电路处于开路状态；　　D．磁场不随时间改变。

二、计算题

8.13　设铁芯绕有线圈 200 匝，已知铁芯的磁通量与时间的关系为 $\Phi=6.0\times10^{-4}\sin200\pi t$，试求在 $t=5\times10^{-3}$s 时，线圈 $\mathcal{E}_i$ 的大小。

8.14　设有测量磁感应强度的线圈，其横截面积为 $S=5.0\text{cm}^2$，线圈为 150 匝，电阻为 $R=100\Omega$。其与内阻为 $R_i=20\Omega$ 的冲击电流计相连，若开始时线圈的平面与均匀磁场的磁感应强度 $\boldsymbol{B}$ 相垂直，然后将线圈迅速转动到与 $\boldsymbol{B}$ 平行的位置，该过程冲击电流计测量的电量为 $Q=5.0\times10^{-5}\text{C}$，试求该均匀磁场的 $\boldsymbol{B}$ 的大小。

8.15　如图 8.15 所示金属杆的 AB 以 $v=2\text{m}\cdot\text{s}^{-1}$ 的速度平行于长直载流导线匀速运动，导线与 AB 共面且相互垂直，已知导线载有电流 $I=40\text{A}$，试求金属杆的 $\mathcal{E}_i$，判断电势较高的一端。

8.16　试求长度为 L 的金属杆，在均匀磁场 $\boldsymbol{B}$ 中绕平行于磁场方向的定轴 OO'，以角速度 ω 转动时的动生电动势。已知杆与 $\boldsymbol{B}$ 的夹角为 θ，转向如图 8.16 所示。

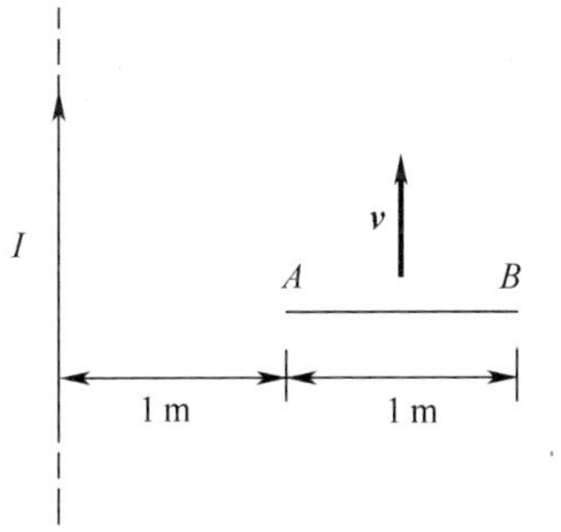

图 8.15　8.15 题用图

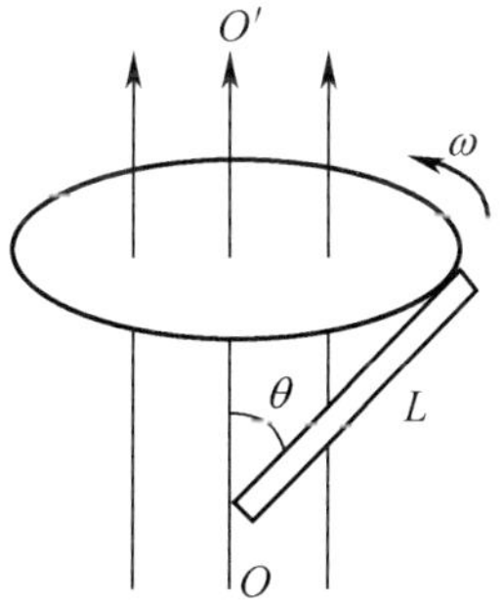

图 8.16　8.16 题用图

8.17　设有长直导线在与其相距 d m 处置有 N 匝矩形线圈，线圈长为 L m，宽为 a m，如图 8.17 所示，试求：

（1）若线圈以速度 $\boldsymbol{v}$ 沿垂直于通有电流 $I=5\text{A}$ 的导线向右运动，线圈的动生电动势。

（2）若线圈不动，导线通有交变电流 $I=5\sin(100\pi t)\mathrm{A}$，线圈的感生电动势。

8.18 弯成 θ 角的金属架 COD 放入磁感应强度为 $\boldsymbol{B}$ 的磁场中，$\boldsymbol{B}$ 的方向垂直于金属架所在平面，如图 8.18 所示。导体杆 MN 垂直于 OD，并在金属架上以恒定速度 $\boldsymbol{v}$ 向右滑动，且 $\boldsymbol{v}$ 与 MN 垂直。设 $t=0$ 时 $x=0$。试求下列两情形框架的 $\mathcal{E}_i$：

（1）磁场分布均匀，$\boldsymbol{B}$ 不随时间改变；

（2）非均匀的时变磁场 $B=kx\cos\omega t$。

8.19 若螺线管的管芯为两个套在一起的同轴圆柱体，如图 8.19 所示，其横截面积分别为 S_1、S_2，且置有磁导率为 μ_1、μ_2 的磁介质，设管长为 l，匝数为 N，试求该螺线管的 L。

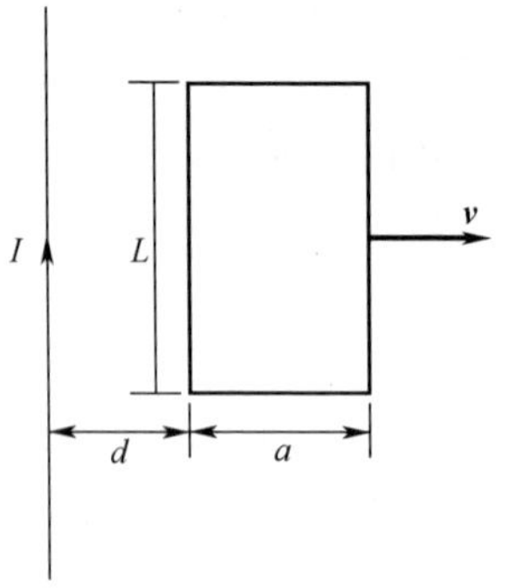

图 8.17 8.17 题用图

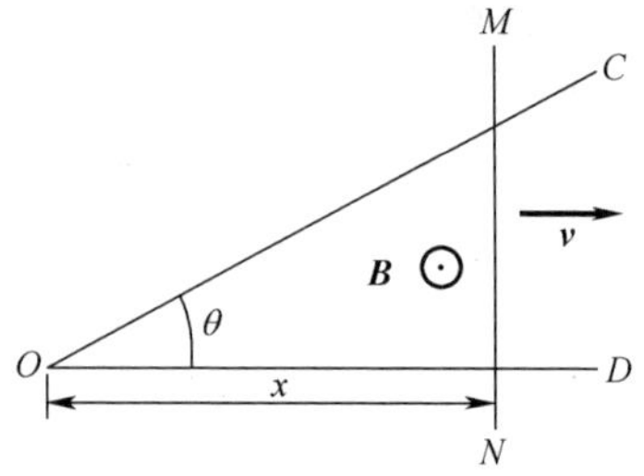

图 8.18 8.18 题用图

8.20 无限长直导线通以电流 $I=I_0\cos\omega t$，矩形线框与导线位于同一平面内，其短边与直导线相互平行，线框的尺寸及位置如图 8.20 所示，且 $b/c=3$。试求：

（1）直导线和线框的 M；

（2）线框的互感电动势。

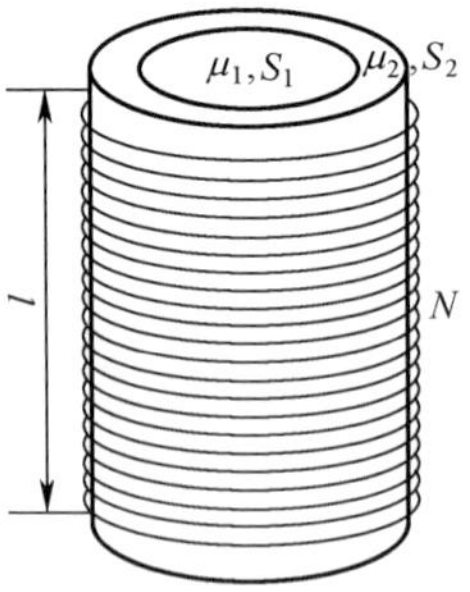

图 8.19 8.19 题用图

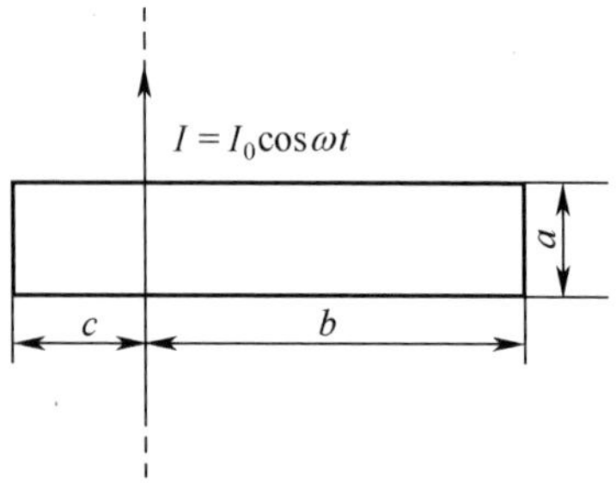

图 8.20 8.20 题用图

8.21 设无限长直导线通有电流 I，且电流密度均匀，试证明单位长度导线的磁能为 $\mu I^2/16\pi$。

附录

常用数学公式

1．微积分运算

（1）常用求导公式

$\frac{dC}{dx}=0$　　$\frac{da^x}{dx}=a^x\ln a$　　$\frac{d(\log_a x)}{dx}=\frac{1}{x\ln a}$　　$\frac{d(\sin x)}{dx}=\cos x$

$\frac{dx^\alpha}{dx}=\alpha x^{\alpha-1}$　　$\frac{de^x}{dx}=e^x$　　$\frac{d(\ln x)}{dx}=\frac{1}{x}$　　$\frac{d(\cos x)}{dx}=-\sin x$

（2）常用不定积分公式

$\int k\mathrm{d}x=kx+C$

$\int x^\alpha \mathrm{d}x=\frac{1}{\alpha+1}x^{\alpha+1}+C \quad (\alpha\neq -1)$

$\int \frac{1}{x}\mathrm{d}x=\ln|x|+C \quad (x\neq 0)$

$\int e^x\mathrm{d}x=e^x+C$

$\int a^x\mathrm{d}x=\frac{1}{\ln a}a^x+C \quad (a>0)$

$\int \sin x\mathrm{d}x=-\cos x+C$

$\int \cos x\mathrm{d}x=\sin x+C$

$\int \sec^2 x\mathrm{d}x=\tan x+C$

$\int \csc^2 x\mathrm{d}x=-\cot x+C$

2．矢量运算

（1）矢量的正交分解

$\boldsymbol{A}=A_x\boldsymbol{i}+A_y\boldsymbol{j}+A_z\boldsymbol{k}$

$A=|\boldsymbol{A}|=\sqrt{A_x^2+A_y^2+A_z^2}$

$\cos\alpha=\frac{A_x}{A}$，　$\cos\beta=\frac{A_y}{A}$，　$\cos\gamma=\frac{A_z}{A}$

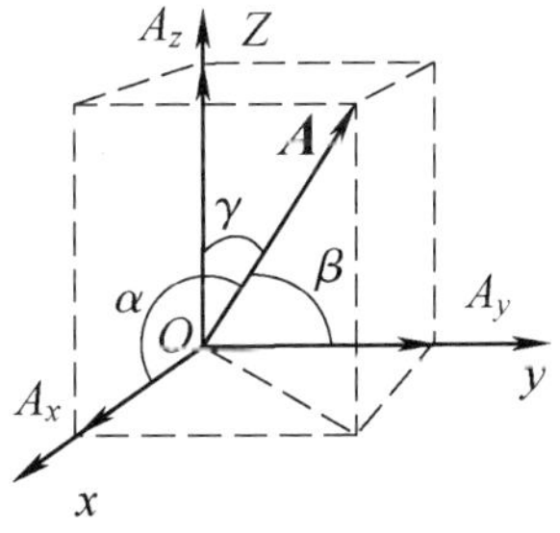

附录图 1　矢量的正交分解图

（2）矢量的积

① 标量积

$$\boldsymbol{A}\cdot\boldsymbol{B}=\boldsymbol{B}\cdot\boldsymbol{A}=AB\cos\theta=A_xB_x+A_yB_y+A_zB_z$$

② 矢量积

$$\boldsymbol{C}=\boldsymbol{A}\times\boldsymbol{B}=-\boldsymbol{B}\times\boldsymbol{A}=\begin{vmatrix}\boldsymbol{i} & \boldsymbol{j} & \boldsymbol{k}\\ a_x & a_y & a_z\\ b_x & b_y & b_z\end{vmatrix}=(a_yb_z-a_zb_y)\boldsymbol{i}+(a_zb_x-a_xb_z)\boldsymbol{j}+(a_xb_y-a_yb_x)\boldsymbol{k}$$

$$C=|\boldsymbol{C}|=AB\sin\theta$$

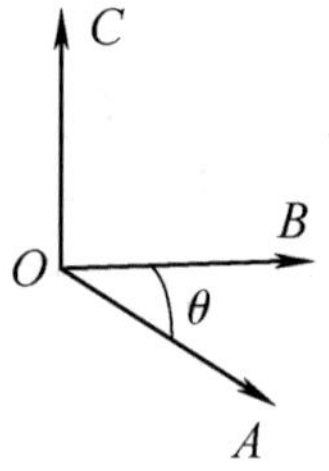

附录图 2　标量积和矢量积图

习题答案

第1章

1.19　由粒子运动学方程可以求得其速度、加速度，还可以得到离子的初始状态、最终状态的位置、速度、加速度等信息，速度、加速度方程式为：

$$v=\frac{\mathrm{d}x}{\mathrm{d}t}=C_2\alpha \mathrm{e}^{-\alpha t}(\mathrm{m}\cdot\mathrm{s}^{-1}),\quad a=\frac{\mathrm{d}v}{\mathrm{d}t}=-C_2\alpha^2\mathrm{e}^{-\alpha t}=-\alpha v(\mathrm{m}\cdot\mathrm{s}^{-2})$$

1.20　$g=\dfrac{8h}{t_2^2-t_1^2}(\mathrm{m}\cdot\mathrm{s}^{-2})$

1.21　（1）彗星的位置矢量：$\boldsymbol{r}(t)=[(a\cos t)\boldsymbol{i}+(b\sin t)\boldsymbol{j}](\mathrm{m})$；

（2）彗星的轨道方程：$\dfrac{x^2}{a^2}+\dfrac{y^2}{b^2}=1$；

（3）彗星的运行速度、加速度分别为：

$$\boldsymbol{v}=\frac{\mathrm{d}x}{\mathrm{d}t}\boldsymbol{i}+\frac{\mathrm{d}y}{\mathrm{d}t}\boldsymbol{j}=[(-a\sin t)\boldsymbol{i}+(b\cos t)\boldsymbol{j}](\mathrm{m}\cdot\mathrm{s}^{-1})$$

$$\boldsymbol{a}=\frac{\mathrm{d}^2x}{\mathrm{d}t^2}\boldsymbol{i}+\frac{\mathrm{d}^2y}{\mathrm{d}t^2}\boldsymbol{j}=-(a\cos t)\boldsymbol{i}-(b\sin t)\boldsymbol{j}=-\boldsymbol{r}(\mathrm{m}\cdot\mathrm{s}^{-2})$$

1.22　经过 t 秒后该赛车的速度及运动距离为：

$$v=\int_0^t a\mathrm{d}t=\int_0^t\left(a_0+\frac{a_0}{\tau}t\right)\mathrm{d}t=\left(a_0t+\frac{a_0}{2\tau}t^2\right)(\mathrm{m}\cdot\mathrm{s}^{-1})$$

$$x=\int_0^t v\mathrm{d}t=\int_0^t\left(a_0t+\frac{a_0}{2\tau}t^2\right)\mathrm{d}t=\left(\frac{a_0}{2}t^2+\frac{a_0}{6\tau}t^3\right)(\mathrm{m})$$

1.23　跳水运动员垂直入水后速度随时间的变化关系为：

$$v_y=v_0/(kv_0t+1)\ (\mathrm{m}\cdot\mathrm{s}^{-1})$$

1.24　当发射角为 $\theta_0=\dfrac{\pi}{4}+\dfrac{\alpha}{2}$ 时，炮弹沿山坡射得最远，距离为：

$$s_{\max}=\frac{v_0^2}{g\cos^2\alpha}(1-\sin\alpha)(\mathrm{m})$$

1.25　炮弹最高点和落地点运动轨迹的曲率半径分别为：

$$\rho=v^2/a_n=(v_0\cos\alpha)^2/g=413.3(\mathrm{m})$$

$$\rho=\frac{v^2}{a_n}=\frac{v_0^2}{g\cos(45^\circ)}\approx 1169(\mathrm{m})$$

1.26　（1）子弹 t 时刻的坐标和轨道方程为：

$$x = v_0 t(\text{m}), \quad y = \frac{1}{2}gt^2(\text{m}); \quad y = \frac{gx^2}{2v_0^2}$$

（2）子弹 t 时刻的速度及切向、法向加速度为：

$\boldsymbol{v} = v_0\boldsymbol{i} + gt\boldsymbol{j}(\text{m}\cdot\text{s}^{-1})$；

$$a_t = \frac{\mathrm{d}v}{\mathrm{d}t} = \frac{g^2 t}{\sqrt{v_0^2 + g^2t^2}}(\text{m}\cdot\text{s}^{-2}), \quad a_n = \sqrt{g^2 - a_t^2} = \frac{v_0 g}{\sqrt{v_0^2 + g^2t^2}}(\text{m}\cdot\text{s}^{-2})$$

1.27　越野汽车在 $t = 1\text{s}$ 时的加速度为：

$$a_n = \frac{(19.4)^2}{200}(\text{m/s}^2) \approx 1.88(\text{m}\cdot\text{s}^{-2}), \quad a_t = -1.2(\text{m}\cdot\text{s}^{-2})$$

$$\tan\alpha = \frac{a_n}{a_t} \approx \frac{1.88}{-1.2} = -1.5667 \Rightarrow \alpha \approx 122°33'$$

$$a = \sqrt{a_n^2 + a_t^2} = \sqrt{(1.88)^2 + (-1.2)^2} \approx 2.23(\text{m}\cdot\text{s}^{-2})$$

1.28　风速为：

$$v = |\boldsymbol{v}| = \sqrt{10^2 + 5^2}\text{m/s} = 11.2(\text{m}\cdot\text{s}^{-1})$$

$$\tan\phi = \frac{v_y}{v_x} = \frac{5}{10} = 0.5 \Rightarrow \phi = 27°$$

第2章

2.11　$\boldsymbol{f} = -m\dfrac{v_y}{c}\boldsymbol{j} = -\gamma v_y \boldsymbol{j}$

2.12　（1）$t = 6(\text{s})$；（2）$x = 144(\text{m})$

2.13　（1）$v = v_0 \mathrm{e}^{-\frac{k}{m}t}$；（2）$H = \dfrac{mv_0}{k}$

2.14　（1）$v = \left(\dfrac{k}{m}t + \dfrac{1}{v_0}\right)^{-1}$；（2）$x = \dfrac{m}{k}\ln\left(\dfrac{k}{m}v_0 t + 1\right)$；（3）$v = v_0\mathrm{e}^{-\frac{k}{m}x}$

2.15　$v < \sqrt{\mu g R}$

2.16　$N = m\dfrac{v^2}{R} + mg\sin\theta$

2.17　$H = 4\times10^{-23}(\text{m})$

2.18　$\alpha = 49°$，此时 $t = 0.99$（s）

2.19　（1）-1.98×10^3（N）；（2）$F_T' = 3.24\times10^3$（N），$F_{N2}' = -1.08\times10^3$（N）

2.20　（1）$a_1 = \dfrac{1}{5}g = 1.96(\text{m}\cdot\text{s}^{-2})$，$a_2 = \dfrac{1}{5}g = 1.96(\text{m}\cdot\text{s}^{-2})$，

$$a_3 = \frac{3}{5}g = 5.88(\text{m}\cdot\text{s}^{-2})$$

（2）$T_1 = 0.16g = 1.568$（N），$T_2 = 0.08g = 0.784$（N）

2.21　（1）$a_1 = \dfrac{(m_1 - m_2)g + m_2 a_2}{m_1 + m_2}$；$a_3 = \dfrac{(m_1 - m_2)g - m_1 a_2}{m_1 + m_2}$

（2）$F_f = \frac{m_1 m_2 (2g - a_2)}{(m_1 + m_2)}$

2.22　（1）$v_0 = \sqrt{gR\tan\theta}$

（2）$v > v_0$，$F_1 = m\left(\frac{v^2}{R}\cos\theta - g\sin\theta\right)$；

$v < v_0$，$F_2 = m\left(g\sin\theta - \frac{v^2}{R}\cos\theta\right)$

2.23　$F_0 = \frac{1}{2}F' = \frac{5}{8}mg$

2.24　$v' = \sqrt{2(a - \mu g)L} = 2.45(\mathrm{m \cdot s^{-1}})$

2.25　（1）$a = g\sin\theta$，方向与 L_1 垂直

（2）$a = g\tan\theta$，方向与 T_2 方向相反

第3章

3.11　12(N)

3.12　1.63×10^6(N)

3.13　$1.98(\mathrm{m \cdot s^{-1}})$

3.14　$2v$

3.15　（1）300(J)；（2）$1.73 \times 10^2(\mathrm{m \cdot s^{-1}})$；（3）$3.46(\mathrm{kg \cdot m \cdot s^{-1}})$

3.16　$-0.4(\mathrm{m \cdot s^{-1}})$；$3.6(\mathrm{m \cdot s^{-1}})$

3.17　$-691.8(\mathrm{kg \cdot m \cdot s^{-1}})$；$-4899.3$(J)

3.18　$3.06 \times 10^4(\mathrm{kg \cdot m \cdot s^{-1}})$；$7.67 \times 10^4$(J)

3.19　$3m$

3.20　0.414(cm)

3.21　（1）$2mg^{\frac{1}{2}}R_e^{\frac{3}{2}}$；（2）$\frac{1}{8}mgR_e$；（3）$-\frac{1}{8}mgR_e$

3.22　459.5 :1

3.23　27.6(m)

3.24　（1）$F = (m_1 + m_2)g$；（2）F 不变

3.25　（1）$\frac{4}{3}(\mathrm{m \cdot s^{-1}})$；（2）$\frac{2}{3}$(s)

3.26　502.5(m)

第4章

4.11　（1）2(rad)；0；（2）$32(\mathrm{rad \cdot s^{-2}})$；（3）$128(\mathrm{rad \cdot s^{-1}})$

4.12　$10.5(\mathrm{rad \cdot s^{-2}})$；512.5 圈

4.13　（1）$-4\pi(\mathrm{rad \cdot s^{-2}})$；（2）225 转；（3）$15.7(\mathrm{m \cdot s^{-1}})$；$a_t = -3.14(\mathrm{m \cdot s^{-2}})$；$a_n = 987(\mathrm{m \cdot s^{-2}})$

4.14 （1）$M=50(\mathrm{kN\cdot m})$；（2）$\frac{\pi}{2}$

4.15 314（N）

4.16 $1.26\times10^{3}(\mathrm{N\cdot m})$

4.17 $\alpha=0$；$\omega=\sqrt{\frac{3g}{l}}$

4.18 $\alpha=\frac{3g}{2l}\cos\theta$；$\omega=\sqrt{\frac{3g}{l}\sin\theta}$

4.19 $W=\frac{1}{2}mgl$；$E_k=\frac{1}{2}mgl$

4.20 （1）$\frac{1}{2}mR^2$；（2）$\frac{3}{2}mR^2$；（3）$\frac{15}{32}mR^2$

4.21 $a=\frac{m_B g}{m_A+m_B+\frac{1}{2}m_C}$；$F_{T1}=\frac{m_A m_B g}{m_A+m_B+\frac{1}{2}m_C}$；$F_{T2}=\frac{\left(m_A+\frac{1}{2}m_C\right)m_B g}{m_A+m_B+\frac{1}{2}m_C}$

4.22 $2\omega_0$

4.23 （1）$\omega=0.2(\mathrm{rad\cdot s^{-1}})$，逆时针；$E_k=0.4(\mathrm{J})$

第5章

5.11 $1\times10^{-6}(\mathrm{C})$和$-3\times10^{-6}(\mathrm{C})$；或$-1\times10^{-6}(\mathrm{C})$和$3\times10^{-6}(\mathrm{C})$

5.12 $8.22\times10^{-8}(\mathrm{N})$

5.13 364.8（N）

5.14 在两带电球外侧，距离q_1为0.5m处

5.15 $5.13\times10^{11}(\mathrm{N\cdot C^{-1}})$

5.16 $E=\frac{q}{2\pi^2\varepsilon_0 r^2}$

5.17 $E=\frac{q}{4\pi\varepsilon_0 y\sqrt{\frac{l^2}{4}+y^2}}$

5.18 $3.07\times10^{21}(\mathrm{N\cdot C^{-1}})$

5.19 $r<R_1$，$E=0$；$r>R_2$，$E=\frac{Q}{4\pi\varepsilon_0 r^2}$；$R_1<r<R_2$，$E=\frac{Q(r^3-R_1^3)}{4\pi\varepsilon_0(R_2^3-R_1^3)r^2}$

5.20 （1）$-8.85\times10^{-10}(\mathrm{C\cdot m^{-2}})$；（2）$4.43\times10^{-13}(\mathrm{C\cdot m^{-3}})$

5.21 7.5(m)

5.22 $r<R_1$，$E=0$；$r>R_2$，$E=0$；$R_1<r<R_2$，$E=\frac{\lambda}{2\pi\varepsilon_0 r}$

5.23 $r<R$，$E=\frac{\rho r}{2\varepsilon_0}$；$r>R$，$E=\frac{\rho R^2}{2\varepsilon_0 r}$

5.24 两板间 $E=0$，两板外侧 $E=\dfrac{\sigma}{\varepsilon_0}$

5.25 3.01×10^{-14}（J）

5.26 $W=-\dfrac{qq_0 l}{2\pi\varepsilon_0\left(R^2-\dfrac{l^2}{4}\right)}$

5.27 $E_P=-qlE\cos\theta$

5.28 （1）$V=1.63\times10^7$（V）；（2）$V=2.44\times10^7$（V）

5.29 （1）$r=9\times10^{-4}$（m）；（2）$V=476.19$（V）

5.30 取距离直导线 r_0 处为电势零点，距离导线 r 处的电势为 $\dfrac{\lambda}{2\pi\varepsilon_0}\ln\dfrac{r_0}{r}$

5.31 $\dfrac{q}{4\pi\varepsilon_0}\left(\dfrac{1}{R_1}-\dfrac{1}{R_2}\right)$

5.32 $E=\dfrac{p(4x^2+y^2)^{1/2}}{4\pi\varepsilon_0(x^2+y^2)^2}$

5.33 （1）$V=\dfrac{k}{4\pi\varepsilon_0}(\sqrt{l^2+y^2}-y)$；（2）$E_y=\dfrac{k}{4\pi\varepsilon_0}\left(1-\dfrac{y}{\sqrt{l^2+y^2}}\right)$

第6章

6.11 $r<R$ 时，$E=0$，$r>R$ 时，$E=\dfrac{Q}{4\pi\varepsilon_0 r^2}$

6.12 （1）$Q_1=\dfrac{2QR_1}{R_1+R_2}$，$Q_2=\dfrac{2QR_2}{R_1+R_2}$；

（2）$U_1=U_2=\dfrac{Q_1}{4\pi\varepsilon_0 R_1}=\dfrac{2Q}{4\pi\varepsilon_0(R_1+R_2)}$

6.13 （1）内表面带电：$-q$，外表面带电：$q+Q$

（2）$\dfrac{q}{4\pi\varepsilon_0}\left(\dfrac{1}{r}-\dfrac{1}{R_1}+\dfrac{1}{R_2}\right)+\dfrac{Q}{4\pi\varepsilon_0 R_2}$

6.14 $\dfrac{Q}{4\pi\varepsilon_0\varepsilon_r r^2}$

6.15 （1）$E=\dfrac{\lambda}{2\pi\varepsilon_0\varepsilon_r r}$；$D=\dfrac{\lambda}{2\pi r}$；$P=\dfrac{(\varepsilon_r-1)}{2\pi\varepsilon_r r}\lambda$

（2）$\sigma_1'=(\varepsilon_r-1)\dfrac{\lambda}{2\pi\varepsilon_r R_1}$；$\sigma_2'=(\varepsilon_r-1)\dfrac{\lambda}{2\pi\varepsilon_r R_2}$

6.16 （1）$D_1=D_2=\sigma$；$E_1=\dfrac{\sigma}{\varepsilon_1}$，$E_2=\dfrac{\sigma}{\varepsilon_2}$

（2）$\sigma_1' = \left(1 - \dfrac{1}{\varepsilon_{r1}}\right)\sigma$；$\sigma_2' = \left(1 - \dfrac{1}{\varepsilon_{r2}}\right)\sigma$；（3）$C = \dfrac{S}{\dfrac{d_1}{\varepsilon_1} + \dfrac{d_2}{\varepsilon_2}}$

6.17 $d' = d - \dfrac{\varepsilon_0 S}{C}$

6.18 708（μF）

6.19 $\dfrac{\Delta C d^2}{\Delta C d + \varepsilon_0 S}$

6.20 $Q = CU = aU + bUh$，其中 $a = \dfrac{2\pi\varepsilon_0 L}{\ln\dfrac{D}{d}}$，$b = \dfrac{2\pi\varepsilon_0(\varepsilon_r - 1)}{\ln\dfrac{D}{d}}$

6.21 $\dfrac{Q^2}{8\pi\varepsilon_0\varepsilon_r}\left(\dfrac{1}{R_A} - \dfrac{1}{R_B}\right)$

第7章

7.11 50.0×10^{-7}（$A \cdot m^{-2}$）

7.12 $\dfrac{\mu_0 I}{4\pi R}$

7.13 $a = 0$ 时，$B = 5.66 \times 10^{-4}$（T）；$a = 5$（cm），$B = 5.9 \times 10^{-6}$（T）

7.14 1.2×10^{-4}（T），方向垂直纸面向外

7.15 15.36（T）

7.16 $\dfrac{\mu_0 \omega q}{2\pi R}$

7.17 -6.0×10^{-3}（Wb）；0；6.0×10^{-3}（Wb）

7.18 $\dfrac{\mu_0 I}{4\pi}(1 + 2\ln 2)$

7.19 $\dfrac{\sqrt{3}\mu_0 I}{3\pi}\left[(b+h)\ln\dfrac{b+h}{b} - h\right]$

7.20 $\dfrac{\mu_0 N I \sin^3\alpha}{2(R-r)}\ln\dfrac{R}{r}$

7.21 略

7.22 （1）0；（2）$\dfrac{\mu_0 I}{2\pi r}$；（3）$\dfrac{\mu_0 I(r^2 - b^2)}{2\pi(c^2 - b^2)r} - \dfrac{\mu_0 I}{2\pi r}$；（4）0

7.23 向东偏转；7.31×10^{-3}（m）

7.24 运动轨迹为由 A 点出发，刚开始向右转弯半径为 r 的圆形轨道；1.76×10^{17}（$m \cdot s^{-2}$）；1.41×10^{4}（J）

7.25 6.25×10^{-4}（N），方向向左

7.26 $\left[\dfrac{\mu_0 I_1 I_2 d}{2\pi(a+b)} - \dfrac{\mu_0 I_1 I_2 c}{2\pi a} - \dfrac{\mu_0 I_1 I_2}{\pi}\tan\alpha\ln\dfrac{a+b}{a}\right]\boldsymbol{i}$，方向垂直 I_1 向左

7.27　9.35×10^{-3}（T）

7.28　IBR

7.29　（1）$H=200$（$\mathrm{A\cdot m^{-1}}$），$B=1.00$（T）；1.0T；（2）$B_0=2.5\times10^{-4}$（T），$B'=1.00$（T）

第8章

8.13　$\mathcal{E}_i=75.36$（V）

8.14　0.08（T）

8.15　$\mathcal{E}_i=1.109\times10^{-5}$（V）；$A$端电势高

8.16　$\mathcal{E}_i=-\frac{1}{2}\omega B(L\sin\theta)^2$

8.17　（1）$\mathcal{E}_i=\frac{N\mu_0 IvaL}{2\pi d(d+a)}$；（2）$\mathcal{E}_i=-250N\mu_0 L\left(\ln\frac{d+a}{d}\right)\cos(100\pi t)$

8.18　（1）$\mathcal{E}_i=Btv^2\tan\theta$；（2）$\mathcal{E}_i=kv^3t^2\tan\theta\cos\omega t$

8.19　$L=\frac{N^2}{l}(\mu_1 S_1+\mu_2 S_2)$

8.20　（1）$M=\frac{\mu_0 a}{2\pi}\ln 3$；（2）$\mathcal{E}_i=\frac{\mu_0 a\omega I_0}{2\pi}\ln 3\sin\omega t$

8.21　略

参考文献

[1] 东南大学等七所工科院校．物理学（上册）．5 版．北京：高等教育出版社，2006．
[2] 吴百诗．大学物理（上册）．西安：西安交通大学出版社，2009．
[3] 芶秉聪，胡海云．大学物理．北京：国防工业出版社，2011．
[4] 李相波，何丽萍．大学物理．北京：科学出版社，2006．
[5] 刘建科，李险峰．大学物理．北京：科学出版社，2011．
[6] 付林茂，彭志华．大学物理．武汉：华中科技大学出版社，2009．
[7] 姚乾凯，梁富增．大学物理教程．郑州：郑州大学出版社，2007．
[8] 陈钦生，武步宇．大学物理．北京：科学出版社，2007．
[9] 廖耀发等．大学物理．武汉：武汉大学出版社，2005．
[10] 李金锷．大学物理．北京：科学出版社，2001．
[11] 倪光炯，王炎森．文科物理．北京：高等教育出版社，2005．
[12] 甘承泰等．大学物理学．成都：电子科技大学出版社，1994．
[13] 戴剑锋等．大学应用物理学．北京：科学出版社，2010．
[14] 刘永胜．物理学．天津：天津大学出版社，2009．
[15] 吴於人，于明章，刘云龙．大学物理．上海：同济大学出版社，2003．
[16] 王少杰，顾牡，毛骏键．大学物理学．上海：同济大学出版社，2002．
[17] [美]Halliday，Resnick，Walker．哈里德大学物理学．张三慧等译．北京：机械工业出版社，2009．
[18] [美]休 D．杨，罗杰・弗里德曼・西尔斯．物理学（上册）英文版．北京：机械工业出版社，2007．
[19] [美]罗纳德・莱恩・里斯．大学物理（上册）英文版．北京：机械工业出版社，2007．
[20] [美]保罗・彼得・尤荣．大学物理学英文版．北京：机械工业出版社，2003．
[21] [美]Douglas C.Giancoli．大学物理学英文版．滕小瑛改编．3 版．北京：高等教育出版社，2005．